AF397014

TRAITÉ

D'ANALYSE CHIMIQUE

QUANTITATIVE

PAR ÉLECTROLYSE

1789-98. — CORBEIL. Imprimerie ÉD. CRÉTÉ.

TRAITÉ

D'ANALYSE CHIMIQUE

QUANTITATIVE

PAR ÉLECTROLYSE

PAR

J. RIBAN

PROFESSEUR CHARGÉ DU COURS D'ANALYSE CHIMIQUE
ET MAITRE DE CONFÉRENCES A LA FACULTÉ DES SCIENCES DE L'UNIVERSITÉ DE PARIS

Avec 96 figures dans le texte.

PARIS

MASSON ET Cie, ÉDITEURS

LIBRAIRES DE L'ACADÉMIE DE MÉDECINE

120, BOULEVARD SAINT-GERMAIN

1899

PRÉFACE

L'analyse quantitative par électrolyse acquiert chaque jour une plus grande importance dans les laboratoires consacrés à la science ou aux essais industriels. Ses méthodes ont très heureusement simplifié bien des problèmes délicats et introduit dans les dosages ordinaires, tout en conservant l'exactitude indispensable, une grande rapidité d'exécution.

Le livre que je présente aujourd'hui sur ce sujet n'est que le développement d'une portion du cours d'analyse quantitative que je professe depuis bien des années à la Faculté des sciences de l'Université de Paris. Il a pour but, non seulement d'initier le lecteur à l'analyse chimique par électrolyse, mais encore de lui servir de guide dans ses applications journalières.

Tenu au courant des derniers progrès accomplis, il résume l'état actuel de la science sur la question qui en fait l'objet.

Cet ouvrage est divisé en quatre parties :

La première partie est consacrée aux notions préliminaires de physique les plus indispensables au chimiste qui veut aborder avec fruit l'étude et la pratique de l'analyse électrolytique : définitions, généralités, lois, sources d'électricité, appareils de mesure, leur maniement et leur contrôle, appareils d'électrolyse, etc... Ces notions, exposées en vue de la pratique, sont mises sous une forme élémentaire à la portée de tous.

La deuxième partie traite du dosage individuel des métaux et des métalloïdes par électrolyse.

La troisième, de la séparation des métaux par le même moyen.

La quatrième, enfin, n'est qu'un recueil d'exemples et de marches à suivre dans les analyses complexes en général, et plus particulièrement dans les analyses des produits industriels et des minerais.

De nombreux tableaux numériques, pour les mesures ou les calculs relatifs à l'électrolyse, terminent l'ouvrage.

On trouvera en quelques-unes de ces pages, à côté des méthodes exactes, quelques procédés controversés ou douteux. Dans l'état actuel d'une branche de l'analyse encore en voie d'élaboration, on ne saurait les rejeter sans qu'ils aient été l'objet de nombreuses expériences de contrôle, car l'électrolyse est une des parties délicates de la chimie physique. Ses lois ou ses règles disparaissent souvent, masquées par des actions secondaires d'ordre chimique; de telle sorte que la marche normale de certaines électrolyses, alors fonction de nombreuses variables, est singulièrement troublée par la nature ou la complexité des électrolytes.

Donner, à côté des méthodes exactes, un résumé des procédés controversés ou douteux, nous paraît offrir l'avantage de laisser entrevoir au lecteur les points sur lesquels doivent porter ses efforts pour améliorer cette branche, relativement nouvelle et si importante, de l'analyse chimique.

J. RIBAN.

Janvier 1899.

TRAITÉ
D'ANALYSE CHIMIQUE QUANTITATIVE
PAR ÉLECTROLYSE

PREMIÈRE PARTIE

Notions préliminaires touchant l'électrolyse. — Généralités. — Courants. — Potentiel. — Force électromotrice. — Action chimique des courants. —. Électrolyse. — Lois. — Lois des courants. — Sources d'électricité. — Appareils de mesure et de réglage des courants. — Électrolytes. — Appareils et dispositions électrolytiques.

CHAPITRE PREMIER

DÉFINITIONS. — COURANT. — PÔLES. — POTENTIEL. — FORCE ÉLECTROMOTRICE. — ÉLECTROLYSE. — LOIS RELATIVES AUX COURANTS ET A L'ÉLECTROLYSE.

On sait que si l'on plonge dans un liquide conducteur, acide sulfurique étendu le plus ordinairement employé, deux lames de nature différente, platine et zinc par exemple, il y a production d'électricité, et l'on a constitué ainsi un élément de pile (fig. 1), une source électrique ; les lames en sont les *électrodes* (1) ; à celles-ci sont fixées des pinces ou des fils de même nature appelés *pôles*.

L'électromètre permet de constater qu'il existe entre les deux pôles une différence d'état électrique, ou différence de

(1) Cette même expression, électrodes, sera employée également pour les fils ou les lames plongeant dans les électrolytes et constituant avec eux un système qui ne diffère pas d'une pile. C'est, du reste, en électrolyse, l'emploi le plus ordinaire de ce mot électrodes.

Anal. chim. quant.   1

potentiel (1), susceptible d'être mesurée au moyen de l'électromètre. On observe que l'un des pôles est à un potentiel plus élevé que l'autre. Cette différence de potentiel est absolument indépendante de la forme ou des dimensions de la pile; la surface des lames, leur distance et la charge même de la pile peuvent varier, la différence de potentiel reste la même, pourvu que la nature des corps en présence dans l'élément ne change pas. Si, au contraire, dans l'exemple précédent, nous substituions à la lame de platine une lame de cuivre, nous trouverions une nouvelle différence de potentiel.

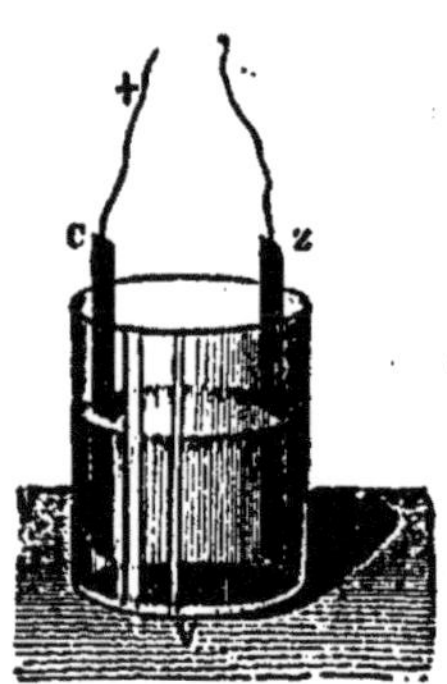

Fig. 1. — Élément de pile, circuit ouvert.

La différence de potentiel pour un élément déterminé étant une quantité constante, elle constitue sa caractéristique; on l'appelle *force électromotrice* de l'élément, on la désigne par la lettre E. Mais il est très important d'observer que ce symbole représente la différence de potentiel *en circuit ouvert*, c'est-à-dire les pôles de la pile n'étant reliés par aucun circuit extérieur.

Si l'on réunit au moyen d'un corps conducteur, un fil métallique par exemple, les deux pôles de la pile (fig. 2), on constate, par la déviation d'une aiguille aimantée ou par d'autres phénomènes, qu'il se produit un courant électrique dans le fil; l'électricité positive va, à l'extérieur de la pile, du pôle positif, qui est au potentiel le plus élevé, au pôle négatif, qui est au potentiel le plus bas, et, dans l'intérieur de la pile, du pôle

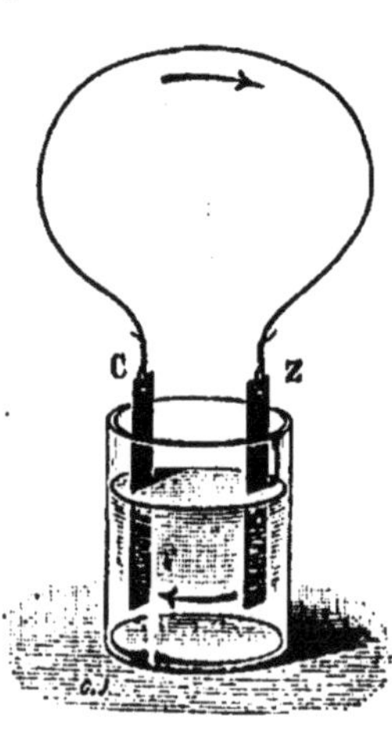

Fig. 2.

négatif au pôle positif. Il en résulte que, dans une pile où les pôles sont réunis par un corps conducteur, de manière à

(1) Voy. note 1, à la fin du volume, la définition du champ électrique et du potentiel.

constituer un circuit fermé, le sens du courant est le même dans toutes les parties du circuit. C'est le sens du mouvement de l'électricité positive que l'on prend, par convention, comme sens du courant.

On observe, en outre, les pôles étant réunis par un corps conducteur, que la différence de potentiel entre les deux pôles a diminué et l'on peut même calculer aisément cette nouvelle différence, si l'on connaît la force électromotrice de l'élément, sa résistance intérieure et celle du circuit extérieur interpolaire (Voy. p. 67).

On a voulu assimiler quelques-uns de ces états ou de ces phénomènes électriques à ceux qui ressortissent de la chaleur ou de l'hydrodynamique, et comparer un corps à un potentiel plus élevé qu'un autre, à deux corps ayant des températures inégales : l'électricité allant du potentiel le plus haut au potentiel le plus bas, comme la chaleur va du corps dont la température est la plus élevée à celui dont la température est la plus basse. On a comparé aussi ces phénomènes à des différences de niveau, un fluide allant, par exemple dans des vases communicants, du niveau le plus élevé vers le moins élevé ; d'où ces expressions de température électrique, de différence de niveau ou de pression électrique, qui ont été parfois employées dans le but de rapprocher ces conceptions nouvelles de celles qui nous étaient familières. Si la différence de potentiel entre deux points était aussi simple à constater que celle d'une température par le toucher, ou que celle d'une hauteur à simple vue, la notion de cette différence se serait depuis longtemps imposée à nos esprits. Quoi qu'il en soit, l'assimilation de certains phénomènes électriques à ceux de la chaleur ou de l'hydrodynamique ne se poursuit pas dans toutes ses conséquences ; il faut n'y voir qu'un moyen parfois commode, dans la pratique, de prévoir le sens de quelques-uns des phénomènes électriques. D'ailleurs, cette assimilation ne trompera jamais, si on considère la différence de potentiel dans un conducteur *homogène*, un fil de cuivre, par exemple.

PHÉNOMÈNES CHIMIQUES PRODUITS PAR LES COURANTS. — ÉLEC-TROLYTES ET ÉLECTRODES. — ÉLECTROLYSE. — LOIS. — IONS. — RÉACTIONS SECONDAIRES.

On sait que si l'on coupe le fil qui réunit les deux pôles d'une pile et si l'on en plonge les extrémités dans un liquide :

1° Celui-ci peut agir comme un isolant et le courant ne passe pas ;

2° Il est conducteur, le courant passe et, sauf le cas d'un métal ou d'un alliage fondus, le liquide ou les corps dissous sont décomposés.

Ce phénomène de décomposition par le courant a reçu le nom d'*électrolyse*.

On appelle *électrolyte* le liquide soumis à la décomposition, et *électrodes* les deux fils (ou lames) qui servent l'un à l'entrée, l'autre à la sortie du courant.

L'électrode qui sert à l'entrée du courant s'appelle l'*anode*, celle qui sert à la sortie la *cathode*. Remarquons que, dans le vase électrolytique, c'est l'électrode reliée au pôle positif qui est l'anode et celle qui est reliée au pôle négatif la cathode (1).

Les sels dissous ou fondus sont seuls décomposés par le courant, comme on l'a dit plus haut ; les corps non conducteurs, tels que l'eau pure, les carbures d'hydrogène, l'alcool, l'éther, etc., ne le sont pas. Les acides, les bases le sont, parce que ces composés sont assimilables à des sels dont ils ne représentent qu'un cas particulier ; l'acide sulfurique, par exemple, n'étant que du sulfate d'hydrogène, corps simple maintes fois assimilé à un métal.

Si l'on soumet une solution saline ou un sel fondu à l'électrolyse, le métal est transporté et se dépose sur la cathode, tandis que le résidu du sel est transporté sur

---

(1) Remarquons, en outre, que dans l'intérieur de la pile, traversée elle-même par le courant, il se produit des décompositions électrolytiques *semblables* à celles que nous allons décrire dans les électrolyses ordinaires ; mais ici, à l'inverse de ce qui est dit plus haut, l'électrode par laquelle entre le courant, c'est-à-dire l'anode, communique avec le pôle négatif, et la cathode avec le pôle positif ; on s'en assurera sur la figure. En employant les expressions d'anode et cathode, qui ne sont relatives qu'à l'entrée ou à la sortie des courants, les lois de l'électrolyse s'appliquent alors indifféremment aux phénomènes électrolytiques qui se produisent à l'intérieur ou à l'extérieur de la pile.

l'anode. Cette loi est générale et ne souffre aucune exception.

C'est ainsi que du chlorure de cuivre $CuCl_2$ électrolysé donnera :

Cu à la cathode et Cl_2 à l'anode.

Et pareillement le sulfate de cuivre : SO_4Cu (fig. 3).

Cu à la cathode et le groupement SO_4 à l'anode, conformément à la loi.

Les éléments ou groupements ainsi séparés par le courant s'appellent les *ions*; Cu et Cl_2, Cu et SO_4 seront les ions; on désigne parfois sous le nom de *cathion* celui qui se rend à la cathode : ici, le cuivre; et d'*anion* celui qui va à l'anode : dans les cas ci-dessus Cl_2 ou SO_4.

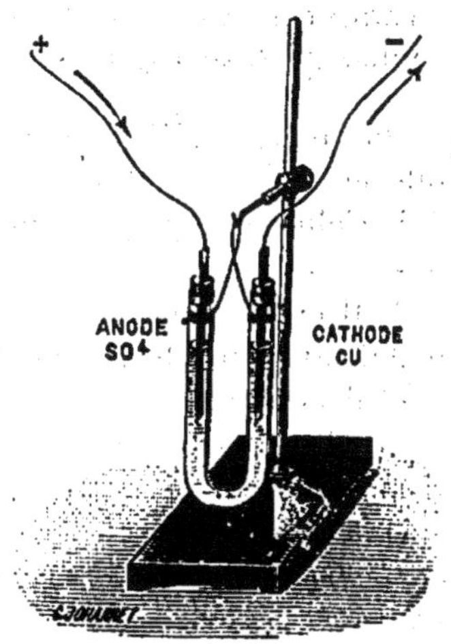

Fig. 3. — Décomposition du sulfate de cuivre par le courant.

Dans l'électrolyse du sulfate de cuivre, il advient, mais en vertu d'actions secondaires, que le groupement SO_4, n'existant pas à l'état de liberté, se scinde en $SO_3 + O$, oxygène et anhydride sulfurique, qui, en présence de l'eau, se transforme en acide sulfurique.

$$SO_3 + H_2O = SO_4H_2.$$

De telle sorte que l'on aura, comme état final, du cuivre sur la cathode et de l'acide sulfurique plus de l'oxygène à l'anode, où l'on voit ce dernier se dégager sous forme de bulles.

La décomposition par le courant des sels alcalins ou alcalino-terreux semble, elle aussi, faire exception à la règle, mais l'exception n'est encore qu'apparente.

Si l'on décompose en effet par le courant une solution de chlorure de potassium par exemple, on recueille bien du chlore à l'anode, mais on ne trouve à la cathode que de la potasse et de l'hydrogène résultant de l'action de l'eau sur le potassium transporté à l'anode.

Nous avons donc ici deux phases :

1° $KCl = K$ (cathode) $+ Cl$ (anode),

conformément à la loi, puis :

2°
$$K + H^2O = [KOH + H] \text{ (cathode)}.$$

Il est aisé d'ailleurs de montrer que c'est bien le métal lui-même qui a été transporté d'abord : il suffit de prendre pour électrode négative du mercure placé dans le tube BD, il s'y forme de l'amalgame de potassium (fig. 4). L'exception n'était

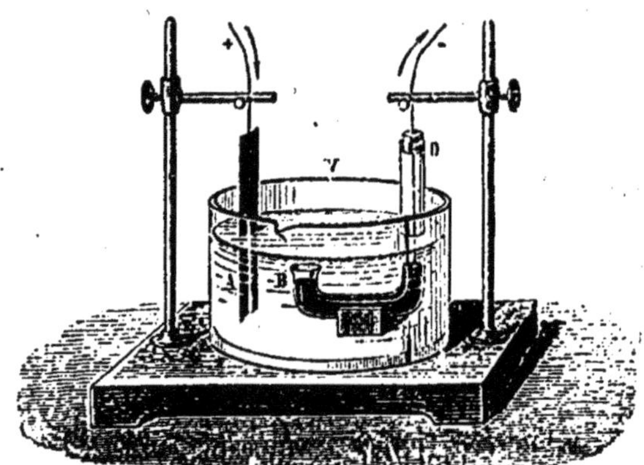

Fig. 4. — Électrolyse avec cathode de mercure.

donc qu'apparente et le résultat d'une action chimique secondaire, dont l'anhydride sulfurique nous avait déjà fourni un premier exemple à l'électrode positive. Ajoutons que, dans le cas de la décomposition du chlorure de potassium, le chlore transporté à l'anode peut, en agissant sur la potasse formée dans le bain, donner naissance, suivant les conditions, à de l'hypochlorite, ou à du chlorate de potassium. Ce sont encore des actions secondaires.

Il en serait de même dans l'électrolyse de quelques autres chlorures.

En vertu des exemples précédents, l'électrolyse d'un sulfate alcalin donnera, en deux phases successives, de la potasse et de l'hydrogène à la cathode, et de l'acide sulfurique plus de l'oxygène à l'anode. On aura d'abord :

$$K^2SO^1 = K^2 \text{ (cathode)} + SO^1 \text{ (anode)},$$

puis action chimique secondaire :

$$K^2 + 2H^2O = [2KOH + H^2] \text{ (cathode)}$$
$$SO^4 + H^2O = [SO^4H^2 + O] \text{ (anode)}.$$

Quelques composés contenant des métaux autres que les alcalins ou les alcalino-terreux seront susceptibles de donner aussi à la cathode des hydrates métalliques. C'est ainsi que dans l'électrolyse des solutions d'anhydride chromique on aura :

$$2CrO^3 = Cr^2 \text{ (cathode)} + O^6 \text{ (anode)}$$

puis :

$$Cr^2 + 6H^2O = [Cr^2(OH)^6 + 6H] \text{ (cathode)}.$$

De même pour certains composés de l'aluminium, etc.

Les acides, ou sels à base d'hydrogène, primitivement libres ou dégagés de leur combinaison métallique au cours de l'électrolyse, peuvent être décomposés par le courant.

L'acide azotique, par exemple, en peroxyde d'azote, oxygène et hydrogène :

$$AzO^3H = H \text{ (cathode)} + [AzO^2 + O] \text{ (anode)},$$

ce qui tend à diminuer l'acidité de l'électrolyte; mais il y a plus : l'hydrogène mis à nu peut réagir sur l'acide non encore électrolysé et le changer en ammoniaque :

$$AzO^3H + 8H = AzH^3 + 3H^2O.$$

De telle sorte que la liqueur contient de l'azotate d'ammoniaque et même de l'ammoniaque libre. De là cette nécessité, qui nous sera imposée par la suite, d'employer un excès d'acide nitrique, dès l'origine, dans l'électrolyse des azotates, ou de maintenir l'acidité de la liqueur, au cours des opérations, par des additions successives d'acide.

L'acide sulfurique est également susceptible d'être électrolysé, conformément aux équations suivantes :

$$SO^4H^2 = H^2 \text{ (cathode)} + SO^4 \text{ (anode)},$$

puis action chimique secondaire :

$$SO^4 + H^2O = [SO^4H^2 + O] \text{ (anode)}.$$

L'eau acidulée par l'acide sulfurique donne ainsi 2 volumes d'hydrogène pour 1 volume d'oxygène. On sait aujourd'hui que l'eau pure n'est pas susceptible d'être électrolysée et que les deux gaz qu'elle dégage ne sont que le résultat de la décomposition de l'acide sulfurique par le courant.

Lorsque l'on électrolyse certains sels de plomb ou de manganèse, l'oxygène qui se porte à l'anode oxyde ces métaux pour former de l'acide plombique PbO^2 (oxyde puce) ou du bioxyde de manganèse MnO^2 (acide manganeux). Ces composés métalliques, en leur qualité de radicaux acides, se déposeront sur l'anode, contrairement à ce qui a lieu pour les autres métaux se déposant, à l'état de liberté ou sous forme d'oxydes, à la cathode.

Les acides organiques et leurs sels sont susceptibles d'être électrolysés comme les fonctions minérales correspondantes, l'hydrogène ou le métal se rendant à la cathode et le groupement acide à l'anode, conformément à la loi générale. Mais celle-ci est fréquemment masquée par des réactions secondaires multiples; de telle sorte que le dédoublement apparaît souvent complexe; il varie sensiblement avec la concentration, la densité du courant, la température de l'électrolyte, et il n'est pas possible, dans l'état actuel de la science, de l'exprimer en une formule générale.

L'acide acétique n'est, pour ainsi dire, pas conducteur; l'acide dilué fournit, suivant Bourgoin, de l'hydrogène à la cathode, de l'oxygène, de l'acide carbonique et des traces d'oxyde de carbone à l'anode.

Parmi les sels des acides gras étudiés par Kolbe, les acétates alcalins devraient donner du potassium et de l'acide acétique; en réalité, on obtient de la potasse et de l'hydrogène à la cathode, et, sur l'anode, de l'acide carbonique et du diméthyle ou éthane, ces derniers résultant, sans doute, d'un dédoublement de l'oxacétyle transporté sur cette électrode :

$$2[CH^3.COOK] = K^2 + 2CH^3COO.$$
$$K^2 + 2H^2O + 2CH^3.COO = 2KOH + H^2 \text{(cathode)}$$
$$+ [CH^3.CH^3 + 2CO^2] \text{(anode)}.$$

Il se forme, en outre, par oxydation du diméthyle, de l'éthylène; on y a même trouvé de l'oxyde de méthyle et de l'acétate de méthyle.

Le valérate de potasse se transforme en potasse, acide carbonique et dibutyle; ce dernier, par suite d'une oxydation partielle, donnant de l'isobutylène. Le lactate de potasse fournit de l'acide carbonique et de l'aldéhyde, etc.

Les oxalates alcalins méritent une mention spéciale, depuis que Classen en a proposé l'emploi pour former des oxalates doubles constituant des électrolytes fort avantageux dans un certain nombre de dosages.

L'acide oxalique se décompose sous l'action du courant de la façon suivante :

$$C^2H^2O^4 = H^2 \text{ (cathode)} + 2\,CO^2 \text{ (anode)};$$

pour l'oxalate de potasse on a :

$$K^2C^2O^4 = K^2 \text{ (cathode)} + 2\,CO^2 \text{ (anode)}$$
$$K^2 + 2\,H^2O = 2\,KOH + H^2 \text{ (cathode)}.$$

L'acide carbonique, s'unissant à l'alcali, donne une certaine quantité de bicarbonate de potasse, qui, sous l'action prolongée du courant, peut se résoudre en potasse et acide carbonique. Quoi qu'il en soit, la liqueur tend à devenir alcaline et à précipiter les métaux sous forme de carbonates ou d'oxydes floconneux, qui échappent à l'électrolyse; aussi verrons-nous, par la suite, que l'on obvie à cet inconvénient en maintenant la liqueur franchement acide par une addition initiale ou subséquente d'acide oxalique.

L'oxalate d'ammoniaque, employé comme l'oxalate de potasse, subit le même genre de décomposition sous l'influence du courant.

L'acide oxalique et les oxalates offrent en particulier cet avantage que, n'attaquant pas sensiblement certains dépôts métalliques formés, ceux-ci peuvent être sortis et lavés assez souvent après interruption complète du courant, sans que l'on ait à redouter la dissolution de ces dépôts par l'acide du bain électrolytique.

La plupart des phénomènes de décomposition qui s'accomplissent sous l'influence des courants électriques sont connus depuis longtemps, mais les lois fondamentales qui les régissent ont été découvertes par Faraday; nous les énoncerons par la suite.

PRINCIPE DE LA MÉTHODE DE DOSAGES PAR ÉLECTROLYSE.

De tout ce qui précède se dégage, avec évidence, le principe de la méthode des dosages électrolytiques et la marche à suivre pour les réaliser. En ce qui concerne cette dernière, il suffira de plonger dans la solution métallique, convenablement choisie, deux électrodes de même nature en métal inattaquable, de préférence en platine, présentant, en outre, une surface suffisante, et préalablement tarées sur une balance de précision. Sous l'action prolongée du courant, le métal se déposera complètement sur la cathode; dans quelques cas spéciaux déjà énumérés, plomb ou manganèse, ses produits d'oxydation se précipiteront sur l'anode; on n'aura plus, après lavage et dessiccation, qu'à déterminer l'augmentation de poids de l'une ou de l'autre des électrodes, pour en déduire la quantité de matière cherchée.

Cette méthode d'analyse, simple, rapide et exacte, a pris, depuis quelques années, une grande extension. Elle permet souvent, en effet, d'effectuer en quelques heures des dosages fort longs par les procédés usuels de la voie humide; elle ne le cède en rien comme exactitude à ces derniers, à tel point que l'on a utilisé la méthode électrolytique pour la détermination de certains poids atomiques; elle est maintenant d'un usage courant dans les laboratoires consacrés à la science pure ou à l'industrie.

Historique sommaire des applications de l'électrolyse à l'analyse chimique. — Les lois qui régissent l'électrolyse sont connues de longue date, depuis les beaux travaux de Faraday. Mais l'idée d'appliquer l'action du courant à l'analyse chimique, et principalement sa réalisation pratique, semble appartenir à Gibbs et surtout à Luckow, qui l'ont appliquée presque en même temps, vers 1865, au dosage d'un assez grand nombre de métaux. Ultérieurement, en France, Lecoq de Boisbaudran (1867) a particulièrement étudié la séparation du cuivre et de certains métaux, tels que le cadmium, le zinc, le nickel, le cobalt et le fer. Vers 1869, les usines de Mansfeld d'une part, et Herpin d'autre part dans l'usine Christofle, utilisaient les procédés électrolytiques pour l'analyse des cuivres industriels ou de leurs minerais. Riche, dans un mémoire important (1) inséré aux *Annales de chimie et de physique*, année 1878, nous a fait connaître, dans une étude plus approfondie et mieux précisée, des moyens électrolytiques de dosage et de séparation du plomb, du cuivre, du zinc et du nickel, ainsi que l'analyse, par la même voie, des alliages de ces métaux et, en outre, certaines dispositions d'appareils encore en usage. Plus récemment enfin, Classen, dans une longue suite de recherches électrolytiques et dans son traité : *Quantitative Analyse durch Electrolyse*, le premier publié sur cette matière, a enrichi la science de quelques méthodes nouvelles de dosages, de dispositions pour les appareils ou les laboratoires d'électrochimie, ainsi que de modifications aux procédés déjà connus. Un grand nombre de chimistes ont ajouté, concurremment avec les précédents, ou à leur suite, une pierre à ce nouvel édifice, qui ne présente pas encore toute la perfection que l'on est en droit de lui demander. En effet, la plupart des déterminations anciennes ont été faites en un temps où les unités électriques n'étaient point encore bien définies et les appareils de mesure d'un usage peu courant; en outre, il faut l'avouer, certains expérimentateurs semblent n'avoir pas suffisamment possédé, pour ce genre de recherches, les notions élémentaires de physique indispensables et aujourd'hui, plus que jamais, inséparables de l'étude de la chimie. Il résulte de cet état de choses que l'absence de toute notion de la densité du courant, capitale en électrolyse, inconnue à une certaine époque, ou méconnue plus tard, a diminué beaucoup l'importance de travaux fort étendus et laisse planer une grande incertitude sur les méthodes qui s'y trouvent proposées.

(1) A. Riche, *Annales de chimie et de physique* [5ᵉ série], t. XIII, p. 508; année 1878.

LOIS DES COURANTS. — INTENSITÉ. — FORCE ÉLECTROMOTRICE. — RÉSISTANCE. — UNITÉS PRATIQUES ÉLECTRO-MAGNÉTIQUES : AMPÈRE, VOLT, OHM.

L'électrolyse exige que l'on dispose d'une force électromotrice suffisante et d'une intensité de courant déterminée, que l'expérience montre plus favorable à certains dépôts ou séparations. Mais, avant d'aborder ce sujet, donnons encore quelques autres notions théoriques et définitions, indispensables à ceux qui veulent se livrer à des recherches nouvelles ou à de simples déterminations. Ces notions n'auront en vue que la pratique et une compréhension nette des opérations ; elles sont mises d'ailleurs à la portée de tous les expérimentateurs, quelle que soit leur éducation première.

Lois des courants. — La marche de l'électrolyse dépendra de l'*intensité du courant*, quantité d'électricité qui traverse l'électrolyte dans l'unité de temps, la seconde, et de la force électromotrice de la source déjà définie (p. 2).

L'intensité d'un courant dans un circuit fermé, ne contenant pas d'autre force électromotrice que celle de la source électrique, pile ou autre, est donnée par la formule de Ohm :

$$(1) \qquad I = \frac{E}{R} \cdot$$

dans laquelle I représente l'intensité du courant, E la force électromotrice de la pile *en circuit ouvert*, R la résistance totale du circuit ; $R = R_1 + R_2$ si l'on appelle R_1 la résistance intérieure de la pile et R_2 la résistance de la partie du circuit qui réunit extérieurement ses deux pôles ; substituant dans l'équation précédente il vient :

$$(2) \qquad I = \frac{E}{R_1 + R_2} \cdot$$

Ces quantités sont exprimées aujourd'hui en *unités pratiques électro-magnétiques.*

L'unité pratique d'intensité s'appelle l'*ampère*, l'unité de résistance l'*ohm*, l'unité de force électromotrice (différence de potentiel) le *volt*.

Définissons ces unités dans le système électro-magnétique G. G. S.

1° L'unité de quantité de magnétisme est la quantité qui, agissant sur une quantité égale, placée à 1 centimètre, la repousse avec une force d'une dyne (1).

2° L'unité d'intensité du courant est le courant qu'il faut faire passer dans un fil circulaire de 1 centimètre de rayon, pour que la force électro-magnétique (2) agissant sur l'unité de magnétisme placée au centre *o* du cercle (fig. 5) soit égale à 2π dynes, c'est-à-dire à une dyne par unité de longueur du fil circulaire.

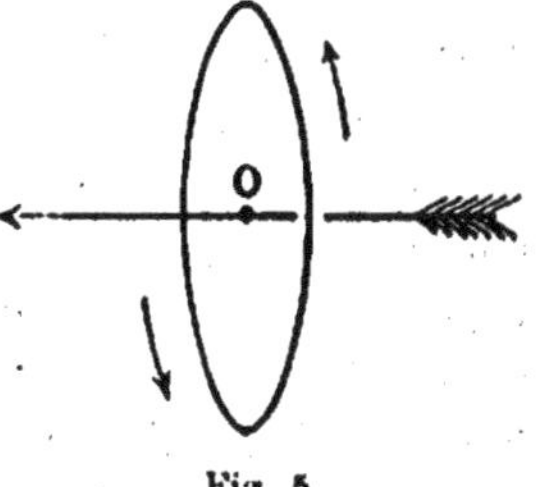

Fig. 5.

Cette unité d'intensité ainsi définie est un peu trop grande pour la pratique, et c'est le dixième de cette quantité que l'on a adopté comme unité *pratique* d'intensité de courant : on l'appelle l'*ampère*.

$$\text{Donc l'ampère} = \frac{\text{unité d'intensité électro-magnétique}}{10} \text{ ou}$$

multipliée par 10^{-1}.

Cette unité, l'ampère, est représentée, d'une manière suffisamment exacte, par l'intensité du courant uniforme qui dépose $0^{gr},001118$ d'argent par seconde dans une solution de nitrate d'argent.

3° L'unité de résistance est la résistance d'un conducteur qui, parcouru par l'unité d'intensité de courant, produit en une seconde une quantité de chaleur équivalente à un erg (3),

soit $\dfrac{1}{41\,800\,000}$ de calorie-gramme, ou petite calorie.

Cette unité serait bien faible dans la pratique ; aussi prend-t-on, comme unité *pratique* de résistance, une valeur un milliard de fois plus grande, on l'appelle l'*ohm*.

---

(1) Rappelons que le poids de 1 gramme considéré comme force vaut à Paris 981 dynes. C'est-à-dire que l'unité de force, la dyne, est celle qui, agissant sur une masse de 1 gramme, lui communique une accélération de 1 centimètre.

(2) On sait que cette force agit perpendiculairement au plan du cercle.

(3) L'unité de travail, ou l'erg, est le travail fourni par l'unité de force, la dyne, quand son point d'application se déplace de 1 centimètre. L'unité pratique de travail, le joule, vaut 10^7 ergs.

Donc l'ohm = unité de résistance électro-magnétique multipliée par 10^9.

Il est représenté d'une façon tangible par la résistance d'une colonne de mercure à 0° de 1 millimètre carré de section et de 106,3 centimètres de longueur : c'est l'ohm international étalon.

On fait aussi des ohms-étalons constitués par une longueur de fil de maillechort recouvert d'une substance isolante, roulé en bobine et présentant la résistance ci-dessus.

4° L'unité de différence de potentiel est la différence de potentiel qui existe aux extrémités d'une résistance égale à l'unité, quand elle est parcourue par un courant égal à l'unité.

Cette différence de potentiel, unité encore ici trop faible, a été multipliée par cent millions pour en faire l'unité *pratique* de différence de potentiel, que l'on appelle le *volt*.

Donc le volt = unité de différence de potentiel électro-magnétique multipliée par 10^8.

L'unité pratique, le volt, se confond sensiblement avec la différence de potentiel que l'on constate entre les deux pôles d'une pile de Volta.

Ces expressions étant bien définies, nous n'aurons plus désormais à nous occuper de leur genèse, mais seulement de leur application ; si, par exemple, une source électrique déterminée a une force électromotrice E, en circuit ouvert, de 2,1 volts, une résistance intérieure R_1 de 0,5 ohm, et si les pôles sont réunis par un circuit extérieur dont la résistance totale R_2 est de 3 ohms, nous aurons, d'après la formule de Ohm de la page 12, pour l'intensité du courant circulant dans ce système :

$$I = \frac{E}{R_1 + R} = \frac{2,1}{0,5 + 3} = 0^{amp},6.$$

L'intensité d'un courant est assimilable à un débit. L'unité d'intensité, c'est-à-dire un ampère, transporte en une seconde l'unité pratique de quantité d'électricité que l'on appelle le *coulomb* ; la quantité d'électricité q débitée par un courant de i ampères au bout d'un temps t sera dès lors :

$$(3) \qquad\qquad q = i \times t.$$

la quantité débitée étant proportionnelle à l'intensité et au temps.

Un courant dont l'intensité est de 1 ampère

Débitera donc en une seconde.....   1 coulomb.
En une minute = 6o secondes ....   6o coulombs.
En une heure = 36oo secondes..... 36oo   —

Dans la formule (2), la force électromotrice E étant constante pour une même source, on pourra modifier l'intensité, en faisant varier individuellement ou simultanément les résistances R_1 et R_2.

Il est bon de rappeler à ce sujet que la résistance d'un fil homogène est proportionnelle à sa longueur et en raison inverse de sa section; soit l la longueur, s la section, R la résistance, on a dès lors :

$$(4) \qquad\qquad R = \rho \frac{l}{s}.$$

Cette formule s'applique à un milieu conducteur quelconque, solide ou liquide; dans le cas d'un liquide, l représente l'épaisseur de la tranche liquide traversée par le courant, s sa section.

ρ est une constante particulière pour chaque corps, c'est sa résistance *spécifique* ou *résistivité*, c'est-à-dire la résistance d'une épaisseur de 1 centimètre et de 1 centimètre carré de section. Les résistances spécifiques sont données généralement en millionièmes d'ohm ou microhms, celles des liquides en ohms; celle du cuivre, par exemple, est 1,584 microhm; celle du fer 9,636 microhms, elles sont exprimées ainsi en microhms-centimètres; on les trouve dans la plupart des traités de physique, ou dans les annuaires des électriciens; nous les reproduisons dans les tables placées à la fin de cet ouvrage. On exprime souvent aussi la résistance des métaux en ohms pour des sections de 1 millimètre carré et des longueurs de 100 mètres moins commodes pour certains calculs.

L'inverse $\frac{1}{\rho}$ de la résistance spécifique ou résistivité est ce que l'on appelle la *conductibilité*.

La résistance des métaux augmente avec la température; elle peut être calculée à l'aide de la formule empirique suivante :

$$R = \rho_0(1 + a\theta + b\theta^2).$$

Dans laquelle :

R est la résistance à la température θ.

ρ_0 la résistance spécifique à 0°C.

θ la température en degrés C.

a et b deux coefficients dont voici quelques valeurs moyennes :

	a.	b.
Métaux purs (solides)..	+0,003824	+0,00000126
Mercure...........	+0,000789	+0,00000101

On pourra le plus souvent négliger le terme en θ² et on calculera avec la valeur moyenne $a = 0,003824$, ou avec l'une des valeurs a placées en regard de chaque métal ou alliage dans le tableau se trouvant à la fin de l'ouvrage.

Si la résistance des métaux augmente avec la température, celle des électrolytes au contraire diminue, ce qui nous donnera, dans une certaine limite, un moyen de la modifier à notre gré.

Moyens de faire varier l'intensité des courants. — Nous pouvons donc disposer d'intensités diverses en faisant varier : 1° la résistance intérieure de la pile R_1, c'est ce qu'ont fait un certain nombre d'opérateurs en employant pour leurs expériences des éléments de pile de petite ou de grande dimension; dans ces derniers, la section du liquide traversé étant plus grande, la résistance intérieure est plus faible; ou bien encore, ce qui revient au même, en emplissant plus ou moins de liquide un grand élément; 2° la résistance extérieure R_2; on la modifie en introduisant dans le circuit extérieur des résistances solides ou liquides, variables à volonté, que l'on appelle *rhéostats* (Voy. p. 88 et 89) ; ce seront des longueurs de fil ou des colonnes de liquide interposées; 3° mais on peut aussi modifier l'intensité en faisant choix d'éléments à force électromotrice convenable ; c'est ainsi que si l'on substitue à un élément Daniell, dont la force électromotrice E = 1,1 volt environ, un élément Bunsen ou un accumulateur, dont la force électromotrice $E = 2$ volts environ, on aura, toutes choses égales d'ailleurs, une intensité sensiblement double ; 4° mais on peut aussi, on va le voir, par un accouplement convenable de plusieurs éléments de pile, faire varier à son gré la force électromotrice du système, ainsi que sa résistance intérieure et par suite l'intensité.

Voici quelques exemples de ces accouplements.

Divers modes d'association des sources électriques.
— Association en série ou encore dite en tension. — Le pôle négatif de chaque élément, représenté ici par un trait conventionnel court et gras (fig. 6), est réuni par un fil, ou par une lame, au pôle positif du suivant représenté par un trait long et grêle, et ainsi de suite. Ici, les forces électromotrices de chaque élément s'ajoutent, et, s'il y en a n, la force électromotrice totale aux pôles terminaux

Fig. 6.

du système sera nE ; il en est de même des résistances intérieures, dont la somme est nR_1 ; l'intensité sera dès lors d'après la formule de Ohm :

$$I = \frac{nE}{nR_1 + R_2} \cdot$$

Considérons deux cas extrêmes :

1° La résistance R_2 extérieure est très grande, la somme des résistances extérieures nR_1 devenant négligeable devant R_2 peut être considérée comme nulle et il vient :

$$I = \frac{nE}{R_2},$$

c'est-à-dire que l'intensité est sensiblement proportionnelle au nombre d'éléments ainsi groupés.

Ce mode de couplage sera assez fréquemment employé en électrolyse, où nous rencontrerons souvent dans les électrolytes des résistances extérieures assez notables.

2° La résistance extérieure est très faible et négligeable devant $n\mathrm{R}_1$, il vient alors :

$$I = \frac{n\mathrm{E}}{n\mathrm{R}_1} = \frac{\mathrm{E}}{\mathrm{R}_1},$$

c'est-à-dire que l'intensité est sensiblement la même que si nous n'avions qu'un seul élément; nous n'avons dans ce cas rien gagné à ce mode de couplage.

ASSOCIATION EN SURFACE, DITE ENCORE EN QUANTITÉ OU EN BATTERIE. — Tous les pôles de même nom sont réunis entre eux, ainsi qu'il est représenté ici pour trois éléments (fig. 7). Nous n'avons en somme qu'un seul élément, dont la force électromotrice est E, mais dont la surface est n fois plus grande et par conséquent la résistance intérieure n fois plus faible, soit : $\dfrac{\mathrm{R}_1}{n}$; il vient dès lors pour l'intensité :

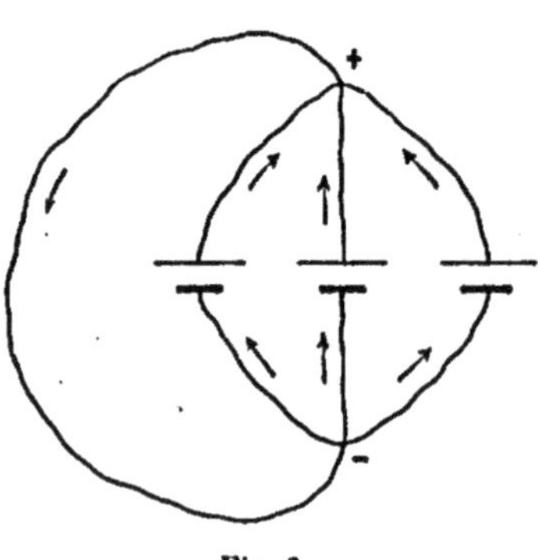

Fig. 7.

$$I = \frac{\mathrm{E}}{\dfrac{\mathrm{R}_1}{n} + \mathrm{R}_2}.$$

1° Si la résistance extérieure R_2 est très grande, $\dfrac{\mathrm{R}_1}{n}$ devient négligeable et l'on a :

$$I = \frac{\mathrm{E}}{\mathrm{R}_2}.$$

L'intensité est sensiblement indépendante du nombre des éléments.

2° La résistance extérieure R_2 est très faible, elle devient négligeable devant $\dfrac{\mathrm{R}_1}{n}$ et l'on a :

$$I = \frac{\mathrm{E}}{\dfrac{\mathrm{R}_1}{n}} = \frac{n\mathrm{E}}{\mathrm{R}_1}.$$

L'intensité est sensiblement proportionnelle au nombre d'éléments.

On peut concevoir, en outre, des assemblages mixtes, à la fois en série et en surface, comme dans l'exemple ci-joint (fig. 8),

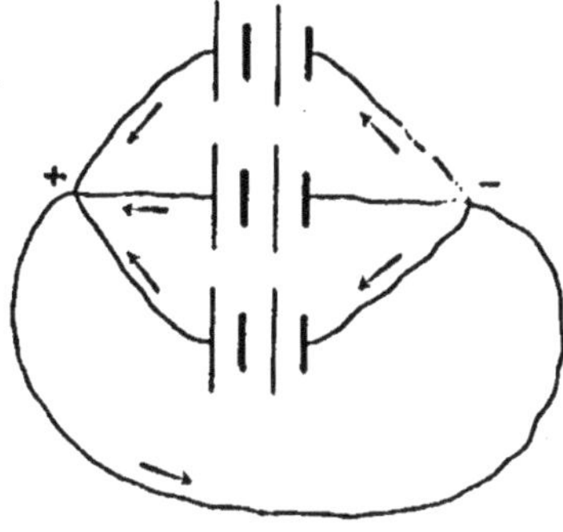

Fig. 8.

où l'on a soin de réunir le pôle intérieur de chaque série au pôle intérieur de nom contraire de l'élément suivant.

Ces divers modes de groupements pourront être employés suivant les effets à obtenir.

CONDITIONS NÉCESSAIRES POUR QU'UNE ÉLECTROLYSE AIT PRATIQUEMENT LIEU. — FORCE CONTRE-ÉLECTROMOTRICE DE POLARISATION. — FORCE ÉLECTROMOTRICE MINIMA NÉCESSAIRE. — LOIS DE FARADAY. — ÉQUIVALENTS ÉLECTRO-CHIMIQUES. — CALCUL DE LA FORCE ÉLECTROMOTRICE MINIMA.

Pour pouvoir effectuer une décomposition électrolytique, il faut disposer : 1° d'une force électromotrice minima suffisante sans laquelle l'électrolyse n'aurait pas lieu; 2° au point de vue analytique, d'une intensité de courant convenable, afin que les dépôts métalliques soient cohérents, adhérents, inoxydables à l'air et, par suite, déterminables avec exactitude.

On doit disposer d'une force électromotrice telle, que l'énergie électrique fournie par la pile soit supérieure à celle qui est nécessaire pour effectuer la décomposition du sel. On peut dire encore qu'il faut que la force électromotrice de la pile soit au moins égale à la force contre-électromotrice de polarisation. On sait, en effet, que lorsqu'un courant passe à travers un électrolyte les éléments de sa décomposition, ses ions, se déposant sur chacune des électrodes, en changent la nature et déterminent une différence de potentiel constituant une force électromotrice e de signe contraire à celle de la pile E, et qui, si elle était seule, donnerait un courant de sens inverse; il en résulte que la force électromotrice du système devenant E — e, l'intensité du courant qui le traverse sera alors :

$$I = \frac{E - e}{R_1 + R_2}$$

formule dans laquelle, comme précédemment, R_1 représente la résistance de la source et R_2 la somme des résistances de l'électrolyte et de celles qui peuvent avoir été introduites dans le circuit pour obtenir l'intensité déterminée que réclame une bonne électrolyse.

Pour que le courant passe, il faut donc que la différence E — e ne soit pas nulle, c'est-à-dire que E soit supérieur à e.

Il est possible, en général, de calculer la force électromotrice minima nécessaire pour les divers composés que l'on peut avoir à électrolyser.

Mais il faut connaître au préalable les lois fondamentales, établies par Faraday, qui régissent l'électrolyse; on peut les énoncer ainsi :

1° Quand plusieurs vases électrolytiques, renfermant le même électrolyte, sont placés dans un circuit, de façon à être traversés par le même courant, la quantité d'électrolyte décomposée dans chaque vase est la même dans le même temps ;

2° La quantité d'électrolyte décomposée dans l'unité de temps est proportionnelle à l'intensité du courant.

Comme l'intensité d'un courant est la quantité d'électricité qui traverse un circuit dans l'unité de temps, la seconde, il en résulte que la quantité d'électrolyte décomposée est proportionnelle à la quantité d'électricité qui a traversé l'électrolyte pendant la durée de l'expérience.

3° Lorsqu'un même courant traverse des électrolytes différents, les quantités d'électrolytes décomposées sont entre elles comme leurs équivalents chimiques.

Par équivalents chimiques, il faut entendre ici les quantités qui s'équivalent réellement, c'est-à-dire les quantités d'électrolyte qui renferment 1 d'hydrogène ou la quantité de métal qui remplace 1 d'hydrogène.

Depuis Faraday, et avec lui, on a appelé ces quantités, ainsi décomposées par le courant, *équivalents électro-chimiques*.

La coïncidence des équivalents chimiques et électro-chimiques, obtenus par des voies distinctes et indépendantes, n'a pas été sans apporter quelque retard dans l'adoption des poids atomiques, aujourd'hui universellement admis.

Précisons ce qu'il faut entendre maintenant par équivalent électro-chimique d'un composé dans le langage atomique actuel : c'est la quantité pondérale de ce corps qui contient 1 d'hydrogène, ou un poids monovalent de métal, entrant dans sa constitution.

Prenons quelques exemples dans le système atomique, où l'atome de l'hydrogène $= 1$ est considéré, par convention, comme monovalent; les autres métaux ou groupements métalliques pouvant être mono-, bi- ou trivalents, etc...

Mettons dans un même circuit deux électrolytes, l'un contenant du chlorure de potassium KCl, l'autre du chlorure de cuivre $\overset{\text{\tiny II}}{\mathrm{Cu}}\mathrm{Cl}^2$. Le chlorure de potassium KCl contient la quantité de métal $\mathrm{K} = 39$ monovalente unie à un atome de chlore $\mathrm{Cl} = 35,5$, soit $39 + 35,5 = 74,5$. Cette quantité, par exemple, étant décomposée par le courant, quelle est la quantité de chlorure cuivrique décomposée dans le même temps?

Le cuivre $\overset{\text{\tiny II}}{\mathrm{Cu}} = 63,3$ bivalent est uni à $\mathrm{Cl}^2 = 71$, soit $63,3 + 71 = 134$ poids moléculaire. D'après la définition précédente de l'équivalent électro-chimique, basée sur l'expérience, la quantité de chlorure cuivrique décomposée sera celle qui contient une seule valence métallique, c'est-à-dire :

$$\frac{\overset{\text{\tiny II}}{\mathrm{Cu}}\mathrm{Cl}^2}{2} = \frac{134}{2} = 67 \text{ grammes (1)},$$

(1) K remplaçant ici H dans HCl est monovalent, tandis que Cu ou le groupement Cu² remplaçant 2H dans H²Cl² sont bivalents. Les chiffres romains au-dessus des symboles indiquent leur valence.

avec le chlorure cuivreux elle serait :

$$\frac{\overset{\text{\tiny II}}{Cu}{}^2 Cl^2}{2} = \frac{126,6 + 71}{2} = 98^{gr},8.$$

Tandis que la quantité de chlorure de potassium, décomposée dans le même courant, ne contenant qu'une valence métallique, sera :

$$\frac{\overset{\text{\tiny I}}{K} Cl}{\text{\tiny I}} = \frac{74,5}{\text{\tiny I}}.$$

ces quantités 74,5, 67 et 98,8 sont les équivalents électro-chimiques des composés ci-dessus.

De même avec les substances suivantes, placées simultanément dans le même courant, nous aurons pour les équivalents électro-chimiques, avec le sulfate de zinc, métal bivalent :

$$\frac{\overset{\text{\tiny II}}{Zn} SO^4}{2} = \frac{65 + 96}{2} = \frac{161}{2} = 80,5,$$

avec le perchlorure de fer $Fe^2 Cl^6$, où le groupement Fe^2 est hexavalent, on trouvera :

$$\frac{\overset{\text{\tiny VI}}{Fe}{}^2 Cl^6}{6} = \frac{112 + 213}{6} = \frac{325}{6} = 54,2.$$

Enfin, pour un voltamètre à eau acidulée placé dans le même circuit, et où les gaz de la décomposition se dégagent comme si l'eau elle-même était décomposée, on trouvera pour l'équivalent électro-chimique de l'eau :

$$\frac{H^2 O}{2} = \frac{18}{2} = 9.$$

Les nombres 67, 98,8, 74,5, 80,5, 54,2, 9, sont les équivalents électro-chimiques des composés précités. Ce sont les poids relatifs de ces corps décomposés par une même quantité d'électricité.

Remarquons que pour les obtenir il suffit de diviser le

poids moléculaire par la valence du métal qui s'y trouve contenu.

Observons, en outre, que pour avoir les rapports entre les poids des corps simples, métalloïdes ou métaux, ou les poids des groupements ou radicaux, séparés par un même courant dans le même temps, il suffira de diviser le poids du corps simple, ou du groupement existant dans la formule moléculaire, par leur valence dans cette formule. Dans les exemples précités, on aura donc pour ces poids :

$$\frac{\overset{I}{H}}{1} = 1 \quad \frac{\overset{I}{K}}{1} = 39 \quad \frac{\overset{II}{Cu}}{2} = 31,7 \quad \frac{\overset{II}{Cu^2}}{2} = 63,3 \quad \frac{\overset{II}{Zn}}{2} = 32,5,$$

$$\frac{\overset{II}{Fe^2}}{6} = Fe\,\tfrac{1}{3} = 18,7.$$

$$\frac{Cl^2}{2} = 35,5 \qquad \frac{SO^4}{2} = 48$$

le groupement ou radical SO^4 étant bivalent.

Dans le même courant et dans le même temps, le phosphate de sodium PO^4Na^3 donnera $\dfrac{PO^4}{3}$ à l'anode et $\dfrac{Na^3}{3}$ à la cathode, c'est-à-dire toujours une quantité équivalente à $H = 1$.

Sous cette forme, les exceptions que l'on avait cru constater dans la loi disparaissent, ainsi que l'a montré Chassy.

Les nombres :

$$1 - 39 - 31,7 - 63,3 - 32,5 - 18,7 - 35,5 - 48$$

représenteront les équivalents électro-chimiques de ces métaux, de ces métalloïdes, ou de ces groupements, si celui de l'hydrogène est pris pour unité. Un tableau, placé à la fin de l'ouvrage, donne les équivalents électro-chimiques des corps simples, envisagés à ce point de vue et mis en regard des poids atomiques.

L'expérience a montré, en outre, longtemps après les travaux de Faraday, qu'un coulomb (unité de quantité débitée en une seconde par un courant d'un ampère), décompose

$\dfrac{1}{96\,300}$ de l'équivalent électro-chimique d'un composé tel que nous venons de le définir ; ou, si l'on veut encore, met en liberté un $\dfrac{1}{96\,300}$ du poids monovalent d'un métal. Si η désigne l'équivalent électro-chimique d'un composé ou d'un métal, H étant égal à 1, la quantité décomposée ou déposée par un coulomb sera dès lors :

$$\frac{1}{96\,300} \times \eta = 0,000\,010\,384 \times \eta \ (1).$$

On obtient ainsi un nouveau système d'équivalents électro-chimiques dans lequel, au lieu de H = 1, on prend H = 0,000010384 ; la dernière colonne du tableau placé à la fin de l'ouvrage reproduit les équivalents électro-chimiques sous cette forme, en regard des équivalents électro-chimiques rapportés à H = 1.

La quantité m décomposée, ou mise en liberté par q coulombs, sera, d'après ce qui précède :

$$m = 0,000\,010\,384 \times \eta \times q.$$

mais nous savons (p. 14) que $q = it$, donc :

$$m = 0,000\,010\,384 \times \eta \times i \times t.$$

Formule importante, qui permet de calculer : le poids de métal déposé par un courant de i ampères au bout d'un temps t ; ou bien, en résolvant par rapport à t, le temps nécessaire pour déposer un poids donné de métal avec un courant d'intensité i, ou la durée d'une électrolyse complète ; enfin l'intensité d'un courant en fonction du poids du dépôt métallique formé dans un temps t, ou, d'une façon plus générale, en fonction du poids d'un électrolyte décomposé dans le temps t.

Cette formule n'est applicable en toute rigueur que s'il n'y a pas de réactions secondaires inconnues dans l'électrolyse.

---

(1) Ou plus simplement 0,00001038, car on ne saurait répondre du chiffre significatif des dix-millièmes.

Calcul de la force électromotrice minima. — Ceci posé, pour déterminer la force électromotrice minima nécessaire (Voy. p. 19), il n'y a pas lieu, ainsi que l'a établi Berthelot, « de séparer dans le travail de l'électrolyse les réactions primaires de celles dites secondaires, mais il faut tenir compte seulement de l'état initial et de l'état final de la solution; et la force électromotrice minima susceptible dé déterminer l'électrolyse est sensiblement la somme de deux quantités équivalant, l'une à la chaleur absorbée par la séparation de l'acide et de la base en solutions étendues, l'autre à la chaleur de décomposition, en oxygène et hydrogène, de l'eau qui dissout ces corps ». Il nous suffira donc d'écrire que l'énergie W dépensée par la pile, avec un courant d'intensité i, dans le temps t :

$$W = eit$$

doit être au moins égale à l'énergie calorifique nécessaire pour désunir les éléments constitutifs de l'électrolyte en leurs ions; énergie calorifique qui est égale et de signe contraire à celle qui est dépensée dans leur union, elle nous est donnée par la chaleur de formation du composé chimique bien connue aujourd'hui.

Soit c le nombre de calories-grammes dégagées ou absorbées pour la formation ou la décomposition de 1 gramme du corps; le nombre de calories dégagées par le poids m décomposé par un courant d'intensité i dans le temps t sera :

$$mc = 0,000\,010\,384 \times \eta \times c \times i \times t,$$

or, une calorie-gramme représente une dépense d'énergie de 4,18 joules; l'énergie nécessaire à la décomposition exprimée en cette unité pratique sera :

$$0,000\,010\,384 \times (\eta \times c) \times i \times t \times 4,18.$$

Écrivons qu'elle est égale à l'énergie eit fournie par la source électrique et, faisant disparaître it dans les deux membres, il vient :

$$e = 0,000\,010\,384 \times 4,18 \times (\eta \times c)$$

ou

$$e = 0,000\,043\,40 \times (\eta \times c) \quad (1).$$

Or le produit $(\eta \times c)$ entre parenthèses n'est autre chose que la chaleur de formation (ou de décomposition si l'on en change le signe) de l'équivalent électro-chimique du composé (rapporté à $H = 1$, qu'il est facile de calculer avec les données se trouvant dans les tables thermo-chimiques.

Soit à calculer la force électromotrice minima nécessaire pour la décomposition électrolytique du sulfate de cuivre, état initial : sulfate de cuivre dissous; état final : cuivre, acide sulfurique dissous, oxygène :

$$\overset{_{_{\shortparallel}}}{Cu} + O \text{ dégage} \ldots \ldots \ldots \quad 40\,400 \text{ calories-grammes.}$$

$$\overset{_{_{\shortparallel}}}{Cu}O + SO^4H^2 \text{ dégage} \ldots \ldots \quad 18\,400 \quad\quad —$$

d'où

$$Cu + O + SO^4H^2 = 58\,800 \quad\quad —$$

pour le poids moléculaire.

Or, à cause de la bivalence du cuivre, l'équivalent électro-chimique du composé étant la moitié de son poids moléculaire, la chaleur dégagée par l'équivalent sera :

$$\frac{58\,800}{2} = 29\,400 \text{ calories-grammes} = \eta \times c.$$

Substituons dans l'équation précédente, il vient :

$$e = 0,000\,043\,40 \times 29\,400 = 1^{\text{volt}},27.$$

e est ici exprimé en volts, puisque nous avons adopté les unités pratiques électro-magnétiques.

Autre exemple :

Dans l'électrolyse du sulfate de soude, parti de l'état initial SO^4Na^2 dissous, on aboutit à l'état final $2NaOH$ dissoute $+ H$

---

(1) Remarquons que $0,00004340 = \dfrac{1}{23010}$, ce qui donne sous une autre forme, également employée, $e = \dfrac{\eta.c}{23010}$, ou $e = \dfrac{\eta.C}{23,01}$ si l'on fait usage de la grande calorie ou calorie-kilogramme.

à la cathode, par suite de réactions secondaires, et à SO^4H^2 + O à l'anode. On aura dès lors : 2NaOH dissoute + SO^4H^2 dissous dégage, pour le poids moléculaire : 31 700 calories-grammes, H^2 + O dégage 69 000.

L'équivalent électro-chimique étant pour le sulfate :

$$\frac{SO^4Na^2}{2}$$

sa formation dégage $\dfrac{31\,700}{2} = 15\,850$;

pour l'eau

$$\frac{H^2O}{2}$$

sa formation dégage $\dfrac{69\,000}{2} = 34\,500$

Total......... 50 350

d'où : $e = 0,000\,043\,40 \times 50\,350 = 2^{volts},18.$

En opérant de même en ce qui concerne les chlorures de potassium ou de sodium, on trouverait pour chacun d'eux $e = 2,03$.

Remarquons, à ce sujet, que, la force électromotrice calculée de la sorte étant proportionnelle à la chaleur de décomposition de l'équivalent électro-chimique du composé, il en résulte que les corps ayant même chaleur de formation pour des poids équivalents exigent la même force électromotrice; il en est ainsi avec chaque genre de sels alcalins, chlorures, sulfates, etc., qui donne pour la force électromotrice un nombre théorique sensiblement constant vérifié par les expériences de Berthelot et, ultérieurement, par celles de Max Leblanc et de Nourrisson.

D'après Max Leblanc, la concordance que Berthelot a trouvée, d'une manière générale, entre les données thermochimiques et l'équivalent calorifique de l'énergie électrique est simplement due au hasard. Mais comment est-il possible d'admettre qu'une concordance numérique, due au hasard, se poursuive, non seulement dans les quelques exemples que l'on va trouver ci-dessous, mais encore pour un très grand nombre d'autres, ainsi qu'il résulte des expériences de Max Leblanc lui-même et de celles de Nourrisson. Quelques sels ammoniacaux, ou certains nitrates, semblent s'éloigner un peu de la règle; ces exceptions ne doivent pas nous surprendre, car on sait que, au cours de l'électrolyse, l'ammoniaque peut se changer en acide azotique et inversement celui-ci dans les nitrates en ammoniaque, transformations partielles qu'il est difficile de faire entrer dans les calculs.

Il en est de même pour d'autres genres de sels susceptibles de donner des réactions secondaires mal connues, ou partielles et non mesurables.

En calculant, ainsi que nous venons de l'indiquer, la force électromotrice minima nécessaire pour la décomposition de divers sels, on trouve, avec les quelques corps suivants pris à titre d'exemples :

	Force électromotrice minima :		
	Calculée.	Expérience.		
		Berthelot.	Max Leblanc.	Nourrisson.
	volts	volts	volts	volts
Chlorure de potassium.	2,04 (1)	1,98	1,96	1,97
— de sodium...	2,03		1,98	2,10
Bromure de potassium.	1,81	1,73	1,61	1,74
Iodure de potassium....	1,16	1,16	1,14	1,15
Sulfate de potassium....	2,18	2,20	2,20	2,40
— de sodium......	2,18		2,21	2,40
— d'argent........	0,46			
— de cuivre.......	1,26		1,24	
— de fer (au maximum)........	1,62			
— de nickel......	1,90		2,09	
— de cobalt......	1,96		1,92	
— de cadmium....	1,96		2,03	
— de zinc........	2,33		2,35	

(1) Nombre obtenu en tenant compte, suivant les indications et les mesures de M. Berthelot, de 6 calories pour les actions secondaires produites dans ce cas par le chlore dissous : formation d'oxygène, d'oxacides, etc. Ces actions secondaires rendent fort difficiles, sinon impossibles, les calculs relatifs à la décomposition électrolytique des chlorures métalliques en général.

On pourrait multiplier les exemples et les vérifications expérimentales de divers auteurs, qui ont porté sur plus de quarante sels différents.

Il ressort de ce tableau que si l'on emploie pour l'électrolyse une force électromotrice inférieure à 1,26 volt, le cuivre ne se déposera pas et *à fortiori* le nickel. Dans un mélange de sulfates de ces deux métaux, une force électromotrice intermédiaire entre 1,26 et 1,90 déposera le cuivre seul, que l'on pourra peser ; puis en prenant consécutivement une force électromotrice supérieure à 1,90, le nickel se déposera et pourra être pesé à son tour; de là un moyen de séparation et de dosage, par voie électrolytique, de plusieurs métaux mélangés. Enfin des sels exigeant des forces électromotrices très voisines ne sauraient être séparés, ce que l'expérience vérifie. En réalité, on est obligé d'employer souvent des forces électromotrices supérieures à celles indiquées par le tableau, à cause des réactions secondaires pouvant se produire et que le calcul ne saurait déterminer exactement; mais celui-ci permet du moins de faire comprendre ce mode de séparation des métaux, trouvé d'abord empiriquement.

CHAPITRE II

PRODUCTION DES COURANTS. — SOURCES D'ÉLECTRICITÉ. — PILES HYDRO-ÉLECTRIQUES ET THERMO-ÉLECTRIQUES. — ACCUMULATEURS. — MACHINES MAGNÉTO- ET DYNAMO-ÉLECTRIQUES.

DES SOURCES D'ÉLECTRICITÉ.

On emploie dans l'électrolyse des piles hydro- ou thermoélectriques, des accumulateurs, des machines magnéto- ou dynamo-électriques à courants continus.

PILES HYDRO-ÉLECTRIQUES.

Nous ne parlerons que des piles à agent dépolarisant, les seules réellement pratiques.

1° PILES A UN SEUL LIQUIDE.

Pile Leclanché. — Cette pile a été utilisée par quelques expérimentateurs, notamment par Riche. Elle consiste (fig. 9) en un vase V contenant une dissolution de sel ammoniac dans laquelle plonge, d'une part, une baguette de zinc Z, pôle négatif; et, d'autre part, un vase en terre poreuse T contenant, comme agent dépolarisant, du bioxyde de manganèse concassé, qui entoure un prisme de charbon C, pôle positif. Cette pile a une assez faible force électromotrice, 1,48 volt, et une résistance assez grande, à cause de la faible section

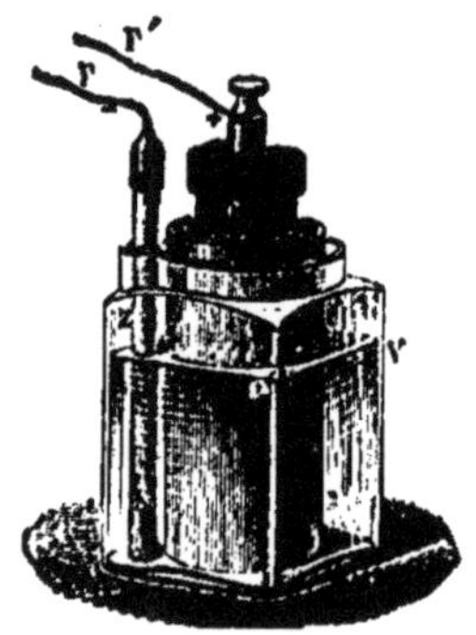

Fig. 9. — Élément de pile Leclanché.

de la baguette de zinc; celle-ci est, dans certains types, avantageusement remplacée par des lames ou par un cylindre de zinc et le vase poreux peut être même supprimé, mais alors l'oxyde de manganèse entourant le charbon y est aggloméré par compression. La résistance intérieure peut varier de 1 à 4 ohms et plus, suivant les dimensions; aussi, avec des résistances extérieures notables, ne donnent-elles que des intensités de courants assez faibles, que l'on peut d'ailleurs augmenter en disposant un certain nombre d'éléments en série. De plus, la pile Leclanché se polarise assez vite et, si on la fait travailler longtemps, l'intensité ne tarde pas à décroître rapidement ; elle sera donc utilisable pour des électrolyses de courte durée, où l'on aura soin de relever l'intensité par les moyens indiqués dans la suite. Elle présente toutefois l'avantage de se conserver inaltérable, presque indéfiniment, en circuit ouvert et, par conséquent, d'être toujours prête à être mise en service. On l'a utilisée dans le dosage de l'argent et du cuivre.

Pile De Lalande. — Cet élément de pile est constitué par un vase de verre contenant une solution de potasse caustique à 30 ou 40 p. 100, dans laquelle plonge une lame de zinc négative et une plaque positive formée d'un aggloméré d'oxyde de cuivre, agent dépolarisant; la lame et la plaque sont disposées parallèlement en regard et suspendues à un couvercle en faïence fermant l'appareil. La potasse, en circuit fermé, attaque le zinc pour former un zincate de potasse, et l'hydrogène va réduire l'oxyde de cuivre, qui constitue ici l'agent dépolarisant.

Un grand modèle, récent et perfectionné (fig. 10), de cette pile comprend un vase de verre A, un cylindre de zinc amalgamé Z, qu'on suspend aux parois du vase par un crochet B, fixé à la lame conductrice C, et un cylindre en tôle perforée D, revêtu d'un tissu poreux et contenant l'oxyde de cuivre agent dépolarisant. Le cylindre porte une lame conductrice deux fois recourbée E, sur laquelle est enfilée une rondelle métallique R, portant quatre isolateurs de porcelaine I I I I. Le cylindre, garni de ses isolateurs, est supporté par une traverse métallique FF, munie d'une pointe G, qui entre dans un trou percé dans la lame conductrice. Des bornes, H et K, servent à la prise de courant. Il existe un moyen modèle semblable au précédent. Les petits modèles sont plus simples de construction, ainsi qu'il ressort de la figure 10 ci-dessous.

Il est bon de recouvrir la solution de potasse d'une couche de 1 à 2 centimètres d'huile lourde de houille ou de pétrole.

La force électromotrice des éléments De Lalande est assez faible, 0,8 à 0,9 volt seulement, mais la résistance intérieure

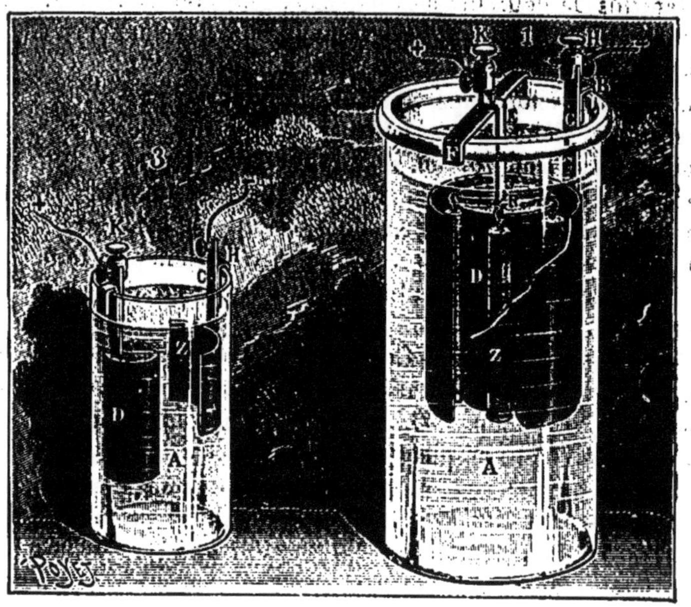

Fig. 10. — Élément de pile De Lalande.

l'est aussi. On a d'ailleurs pour les valeurs de ces divers modèles :

Grand modèle : capacité, 600 ampères-heure. Résistance intérieure : 0,03 ohm. Débit normal continu : 5 à 6 ampères. Régime forcé : 15 à 20 ampères.

Moyen modèle : capacité, 300 ampères-heure. Résistance intérieure : 0,05 ohm. Débit normal continu : 3 à 4 ampères. Régime forcé : 8 à 10 ampères.

Petit modèle : capacité, 75 ampères-heure. Résistance intérieure : 0,25 ohm. Débit normal continu : 1 ampère. Régime forcé : 2 à 3 ampères.

L'élément De Lalande, fort commode, donne, à cause de sa

faible résistance, de grands débits ; il présente, en outre, l'avantage de ne pas s'altérer en circuit ouvert et de pouvoir fournir un service intermittent durant de longs mois, et même au delà de une ou plusieurs années, sans un nouveau chargement. Il est très avantageux pour l'électrolyse.

2° PILES A DEUX LIQUIDES.

Pile de Daniell. — Souvent employée, consiste en un vase (fig. 11) contenant de l'eau acidulée par l'acide sulfurique (1/10 d'acide en poids ou 1/20 environ en volume) (1) dans laquelle plongent, d'une part un cylindre de zinc Z bien amalgamé (2), de l'autre un cylindre de terre poreuse D contenant, comme agent dépolarisant, une solution saturée de sulfate de cuivre et des cristaux de ce sel, qui entourent une lame de cuivre C, pôle positif. Sa force électromotrice n'est que de 1,1 volt environ, mais sa résistance intérieure assez faible, de 0,2 à quelques ohms seulement, permet d'obte-

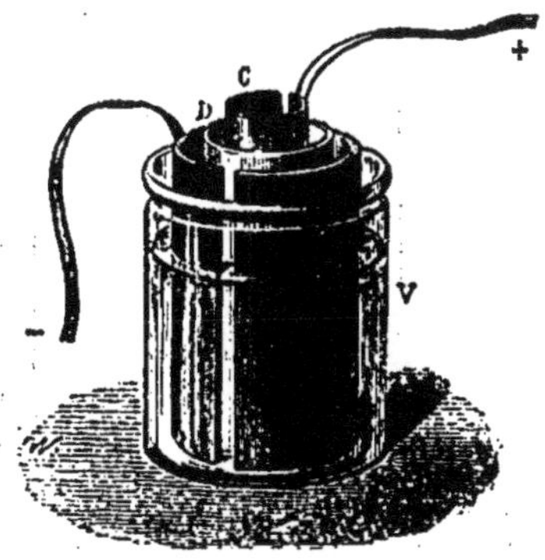

Fig. 11. — Élément de pile de Daniell.

nir des courants d'intensité notable. Elle se conserve montée assez longtemps et sa polarisation est faible. C'est, en somme, un bon élément souvent employé, soit sous cette forme originelle, soit dans ses modifications.

L'élément Daniell, monté avec du sulfate de cuivre *pur* (solution saturée, cristaux en excès) et une solution de sulfate de zinc *pur*, demi-saturée, à la place de l'acide sulfurique,

(1) Il est préférable, dans toutes les piles où il est fait usage de cet agent, d'employer de l'acide sulfurique au soufre, qui est exempt d'arsenic.

(2) On pratique cette amalgamation en couchant le cylindre de zinc dans un bain de mercure placé dans une auge en bois ou dans un plat creux. Le mercure est recouvert d'une couche de 1 à 2 centimètres de l'acide sulfurique étendu ci-dessus ; un hérisson de crin, et mieux à poils de fil de fer, sert à gratter la surface du zinc et à répandre le mercure pour une bonne amalgamation. Un zinc bien amalgamé ne doit pas dégager trace de gaz, en circuit ouvert, lorsque la pile est montée.

constitue un élément de pile, dont la force électromotrice constante, exactement de 1,08 volt, est souvent utilisée comme étalon de force électromotrice.

Pile Meidinger. — Cette pile (fig. 12 en coupe et fig. 29 en élévation), très employée en Allemagne, n'est, comme la Callaud, qu'une modification de la Daniell; le diaphragme poreux de cette dernière est supprimé. Elle consiste en un vase cylindrique de verre, d'une forme spéciale étranglée, au fond duquel est placé un gobelet gg dans lequel repose la

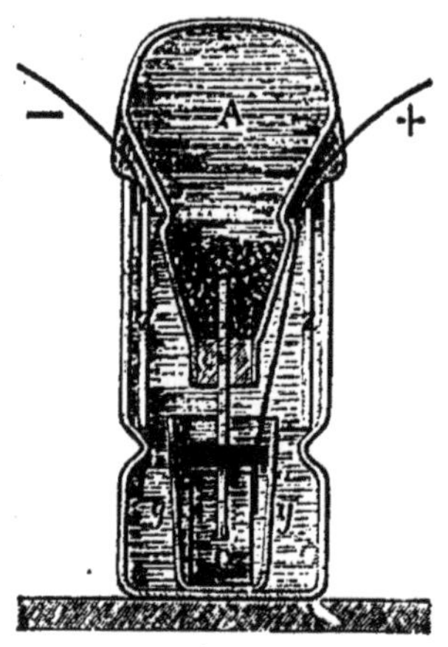

Fig. 12. — Élément de pile Meidinger.

partie contournée en spirale d'un fil de cuivre, ou encore, comme dans la figure ci-dessus, un cylindre de cuivre C; un fil de même métal, pôle positif, isolé par de la gutta-percha, émerge du vase de verre, qui est empli d'une solution de sulfate de magnésie (1 partie de sel pour 7 parties d'eau) dans laquelle plonge un cylindre de zinc amalgamé Z, reposant sur l'étranglement du vase de verre. Une fiole, de forme conique A, contenant une solution saturée de sulfate de cuivre et des cristaux de ce sel, est renversée dans cette pile; le goulot de la fiole est muni d'un bouchon traversé par un bout de tube à gaz pour l'écoulement de la solution cuivrique; ce tube plonge dans le gobelet gg. On ne tarde pas à voir dans le gobelet une zone de séparation très nette entre la solution plus dense de sulfate de cuivre et celle du sulfate de zinc. L'élément, ainsi monté, ne donne son maximum de rendement régulier qu'après une quinzaine de jours (1). Ne contenant pas d'acide, il ne produit aucune corrosion des contacts et peut fournir un travail presque continu de cinq à six semaines. Il jouit donc des propriétés de l'élément Daniell, mais il lui est

(1) Il est bon pour toutes les piles, et particulièrement avec celle-ci, de plonger les extrémités supérieures de leurs vases dans de la paraffine fondue, sur une hauteur de 1 à 2 centimètres. Cette couche de carbure empêche les solutions salines de grimper vers les parties supérieures et de venir y produire des efflorescences désagréables ou nuisibles.

bien inférieur, à cause de sa résistance intérieure considérable ;
aussi est-on obligé souvent d'en employer jusqu'à 8 ou 10
éléments. Je n'ai jamais trouvé l'élément Meidinger avantageux pour l'électrolyse.

Comme toutes les piles à deux liquides, exemptes de vase
poreux, la pile Meidinger demande à n'être transportée que
le moins possible, ou avec beaucoup de précautions, pour ne
pas mélanger les deux couches liquides superposées.

Élément de Pinous. — N'est qu'une modification avantageuse du précédent. Chaque élément se compose d'un vase
cylindrique en verre (fig. 13), sur le fond duquel repose une
spirale ou un disque de cuivre D, de 1 millimètre environ
d'épaisseur, soudés à un fil de
cuivre E, isolé par un tube de
verre et émergeant de l'élément.
A peu près à mi-hauteur du vase
est suspendu, par trois fils de
cuivre soudés G G, un disque de
zinc F de 2 centimètres d'épaisseur environ ; ce disque est pourvu,
en son centre, d'une ouverture
d'environ 4 centimètres de diamètre, pour donner passage à
deux tubes de verre II I, mis en
rapport, à l'aide d'un bouchon,
avec le ballon renversé A conte-

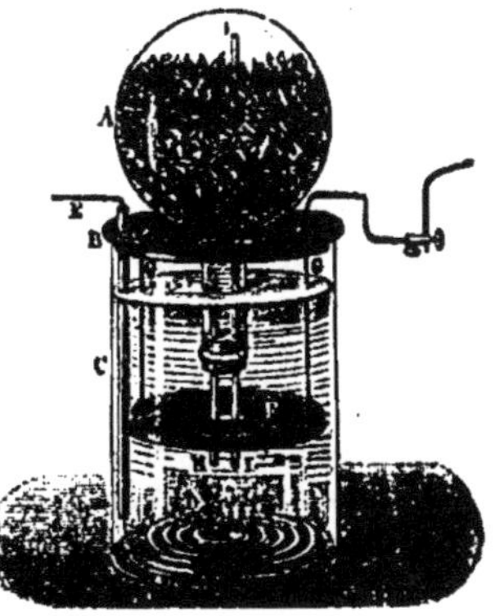

Fig. 13. — Élément de Pincus.

nant la solution de sulfate de cuivre et des cristaux de ce
sel. L'un de ces tubes I I monte à la partie supérieure du
ballon. Dans cette modification, que chacun peut aisément
réaliser, la résistance intérieure est bien moindre que dans
le Meidinger et, de plus, l'élément peut être constitué avec les
vases ordinaires d'un laboratoire.

Pile de Bunsen. — Cette pile (fig. 14), la meilleure
comme force électromotrice et, par suite, comme intensité,
car sa résistance est très faible, présente la même disposition
que le Daniell ; seulement le sulfate de cuivre, agent dépolarisant, et le cuivre y sont remplacés par un autre agent dépolarisant, l'acide azotique ordinaire, dans lequel plonge un
prisme de charbon C, pôle positif. La force électromotrice,

considérable, de cet élément est 1,8 à 1,9 volt, sa résistance de 0,1 ohm à quelques dixièmes d'ohm suivant les dimensions.

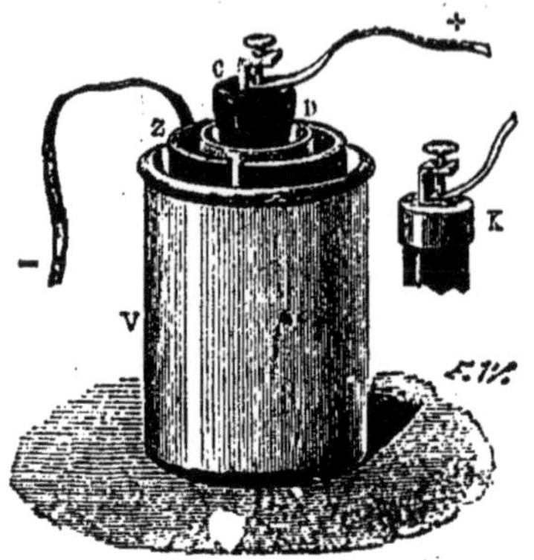

Fig. 14. — Élément de pile de Bunsen.

Avec de grandes qualités, cet élément présente l'inconvénient de dégager des vapeurs nitreuses, fort désagréables et corrosives, qui ne tardent pas à attaquer les contacts.

Aussi préfère-t-on aujourd'hui le monter de l'une des deux façons suivantes, exemptes de cet inconvénient, où l'on a recours à l'acide chromique comme agent dépolarisant.

Formule de Poggendorff. — Dans le vase poreux, à la place de l'acide nitrique, la solution suivante :

Eau.......................	100	parties en poids.
Bichromate de potasse.......	12	—
Acide sulfurique à 66° B. (de		
préférence préparé au soufre).	25	—

L'acide chromique, mis en liberté par l'acide sulfurique, ne donnera, dans sa réduction, ni vapeurs ni odeur. La force électromotrice est maintenant de 2 volts.

On peut aussi emplir le vase poreux d'acide azotique préalablement *saturé* à froid, par agitation, de bichromate de soude réduit en poudre. Une même solution servira assez longtemps, à la condition de lui ajouter de temps à autre de nouvelles quantités de bichromate. L'acide azotique agit ici comme l'acide sulfurique; il ne se dégage pas de vapeurs nitreuses et l'on gagne encore en force électromotrice.

ACCUMULATEURS.

Les accumulateurs, à cause de la constance de leur débit, de leur grande force électromotrice et de leur faible résistance intérieure, constituent la meilleure source d'électricité pour l'électrolyse, si on dispose d'un moyen commode de les charger. Voici le principe de ces appareils.

On sait que lorsque dans un voltamètre, à eau acidulée par l'acide sulfurique et à lames de platine (fig. 15), on fait passer un courant électrique, l'hydrogène se dépose sur la lame négative et l'oxygène sur la positive; si l'on supprime maintenant la source d'électricité employée pour produire cet effet, et si l'on réunit les deux lames par un fil conducteur, il se produit aussitôt un courant, dû à la force électromotrice de polarisation des électrodes, et une recombinaison des gaz; ce courant est en sens inverse de celui de la source primitive. Tout semble donc se passer comme si l'on avait accumulé dans le voltamètre une certaine quantité d'électricité, qu'il débite ensuite ; le voltamètre constituerait un accumulateur, mais insuffisant comme usage.

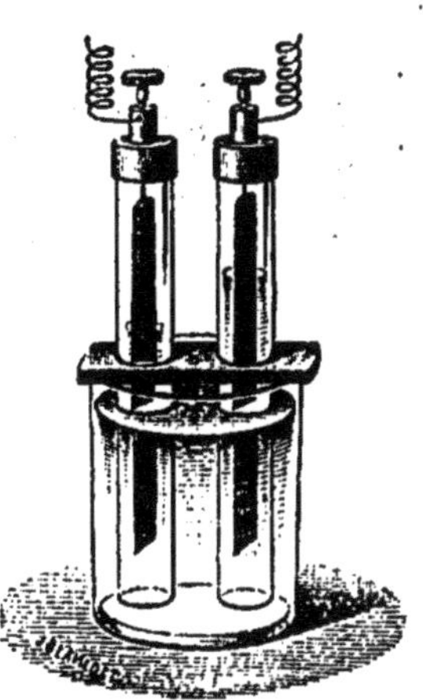

Fig. 15. — Pile à gaz de Grove.

Si, dans l'expérience précédente, au lieu d'employer des lames de platine, on opère avec deux lames de plomb, plongées également dans de l'eau acidulée par l'acide sulfurique, la même décomposition a lieu, mais l'oxygène transporté sur la lame de plomb positive s'y combine pour former du bioxyde PbO^2 (oxyde puce), tandis que l'hydrogène s'accumule sur la lame de plomb négative, où il se trouve soit occlus dans ce métal, soit en combinaison avec lui à l'état d'hydrure. Supprimons la source d'électricité, qui donnait le courant que nous appellerons primaire, et réunissons les deux lames, maintenant polarisées, par un fil conducteur : nous aurons alors un courant de sens inverse du précédent, dit courant secondaire, et qui ne cessera que lorsque l'oxygène et l'hydrogène, primitivement séparés, se seront entièrement combinés de nouveau. Tel est le type de l'accumulateur pratiquement utilisé; nous en devons la connaissance aux remarquables travaux de G. Planté.

En réalité, les accumulateurs actuels ne sont pas formés de deux lames de plomb seulement. On place verticalement dans une même auge rectangulaire, généralement en verre pour les petits modèles (fig. 16 et 17), et contenant l'eau acidulée par l'acide sul-

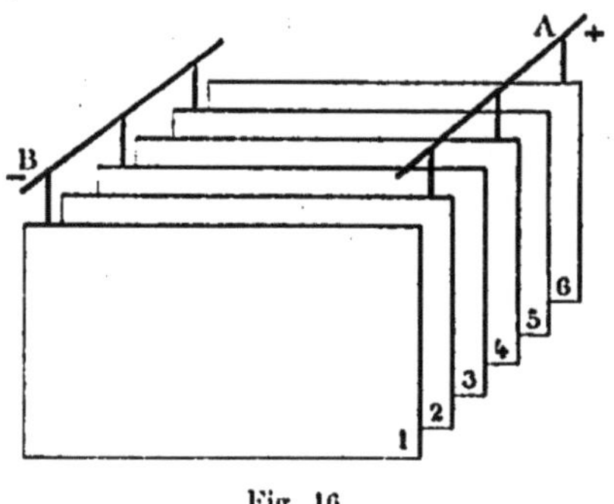

furique, une série de lames parallèles séparées par un petit intervalle. Toutes les lames négatives, les impaires sur la figure 16, sont réunies entre elles; il en est de même pour les positives portant ici les nombres pairs. On a de la sorte dans une même auge une

Fig. 16.

pile secondaire (force électromotrice supérieure à 2 volts) à très large surface et dont les lames sont très rapprochées; la résistance intérieure étant, dès lors, très faible, ces éléments pourront donner de grandes intensités avec des résistances extérieures modérées. On groupe les accumulateurs en tension ou en surface comme les piles ordinaires.

Accumulateurs du type Faure, Sellon Volckmar et autres. — Au lieu d'avoir recours à de simples lames de plomb, comme le faisait Planté, on dispose souvent, et parallèlement

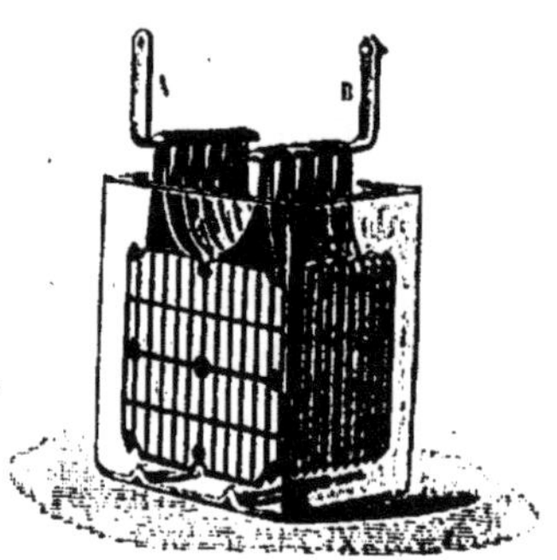

Fig. 17. — Accumulateur.

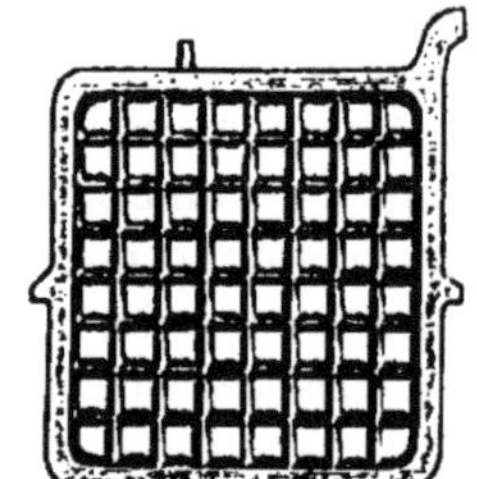

Fig. 17 *bis*.

dans une auge, ainsi qu'on le voit figure 17, des lames réticulées, formées d'un alliage peu attaquable de plomb et d'antimoine, dont le squelette est représenté figure 17 *bis*, et dont les intervalles sont comblés par du bioxyde de plomb à la lame positive et par du plomb spongieux à la lame négative, l'un et l'autre agglomérés par compression.

L'état de division de ces matières facilite l'oxydation du plomb et la condensation des gaz. La surface des lames varie depuis quelques décimètres carrés pour les petits modèles, jusqu'à 1 mètre carré et plus pour les grands appareils de l'industrie. Cette constitution des éléments, avantageuse à bien des points de vue, n'est pas exempte de tout reproche.

En effet, les pâtes comprimées, manquant de cohérence, ont une tendance à s'exfolier spontanément, ou sous l'influence de courants de charge ou de décharge exagérés; leurs parcelles soulevées peuvent établir une communication entre les lames positives et négatives séparées par un très petit intervalle; il y a alors établissement d'un circuit intérieur, qui décharge l'accumulateur (1). En outre, les lames de nom contraire, parallèles et peu distantes, peuvent se gondoler sous ces mêmes excès de courants accidentels et venir se toucher, ce qui produit encore des courts circuits internes.

Accumulateurs du type Peyrusson. — Pour éviter ou atténuer ces inconvénients, Peyrusson est revenu au mode de formation des accumulateurs par le courant seul, ainsi que le faisait G. Planté.

Dans l'accumulateur Peyrusson (fig. 18), l'un des pôles, le positif, est constitué par une tige de plomb t cylindrique verticale, autour de laquelle se trouvent implantées, parallèlement à sa longueur et suivant des rayons, des lames minces de plomb de 1/2 millimètre d'épaisseur, comme on le voit en 1 sur la figure. L'autre pôle, le négatif, est formé d'une série de lames de plomb verticales également minces et rangées en cercle suivant des rayons, de façon à constituer un cylindre creux, vu en 2 sur la figure, et dans lequel vient s'emboîter le système précédent, laissant un petit intervalle entre les deux. Le tout, reposant sur une cale en porcelaine p, est plongé, ainsi qu'il est représenté en 3, dans de l'acide sulfu-

(1) Lorsque l'on craint que des parcelles n'aient établi une communication entre quelques-unes des lames positives et négatives, il suffira le plus souvent, pour les détacher, de passer entre ces lames une latte de bois très mince ou un fanon de baleine.

rique étendu contenu dans un vase de verre. L'accumulateur
est formé, comme dans le système Planté, par l'action seule
du courant sur le plomb. Le dépôt de bioxyde ainsi obtenu
est cohérent, dur et ne s'exfolie que difficilement. En outre,

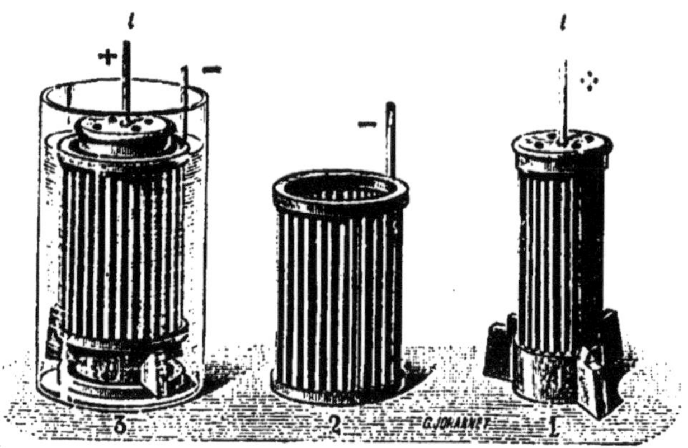

Fig. 18. — Accumulateur Peyrusson.

ce dispositif ingénieux montre que les lames positives ou
négatives peuvent se gondoler sous des excès de charge ou
de décharge sans jamais se toucher, ainsi que l'expérience
le vérifie.

Nous possédons dans notre laboratoire un certain nombre
d'éléments de ce type, en fonctionnement depuis plusieurs
années ; ils nous ont donné, jusqu'à ce jour du moins, toute
satisfaction.

Les accumulateurs, quel qu'en soit le type, reposent au
fond des vases qui les contiennent sur des cales en porcelaine,
ou autres, qui concourent à leur isolement et les surélèvent,
de façon à permettre la chute au fond du vase des exfoliations
de plomb ou de bioxyde, qui pourraient donner naissance à
des courts circuits.

Les accumulateurs sont, en général, des appareils délicats
exigeant des précautions à la charge et à la décharge et un
entretien dont nous allons nous occuper, à cause de l'importance qu'ils ont acquise dans nos laboratoires.

DISPOSITION DES ACCUMULATEURS.

Dans une installation comprenant un assez grand nombre d'éléments, les accumulateurs sont placés, à l'origine, chacun dans le vase isolant, généralement en verre, destiné à le contenir. Les vases seront posés sur une planche peinte au coaltar, matière isolante; la planche reposera elle-même sur des isolateurs en porcelaine, de préférence de ceux que l'on peut emplir d'une substance non conductrice, telle que l'huile de pétrole (fig. 19). Les accumulateurs, pour leur charge, se-

Fig. 19. — Isolateur à huile pour accumulateur.

ront montés en tension, en réunissant le pôle positif de chacun d'eux avec le négatif du suivant, au moyen de fils ou de lames métalliques. Dans les installations d'accumulateurs à demeure, il est même préférable de les réunir par des tiges de plomb soudées à la soudure autogène; on n'a plus à redouter, de la sorte, l'oxydation des points de jonction par les émanations acides.

La réunion en tension pour la charge est nécessaire, car, si on réunissait les éléments en surface, il pourrait arriver que, quelques-uns d'entre eux étant un peu altérés et présentant une résistance plus grande que les autres, le courant ne passe plus que par les éléments sains, qui se trouveraient seuls chargés convenablement.

Lorsque la batterie d'accumulateurs a quelque importance, il est bon, pour éviter l'accumulation du gaz tonnant qui va se dégager sur la fin de la charge, de les placer dans une cour; ou, s'ils sont à l'intérieur, de les mettre sous une hotte fermée par un vitrage ouvrant, muni à sa partie inférieure de quelques orifices pour admission d'air ambiant. Enfin, des fils conducteurs, partant de chaque élément de la batterie, permettront de répartir, à volonté, l'électricité de un ou plusieurs éléments dans les diverses parties d'une salle ou d'un service. On réservera aussi les dispositions nécessaires pour grouper au besoin les éléments en surface sans les déplacer. Telles sont les dispositions que nous avons adoptées dans l'installation de notre laboratoire : elles sont décrites page 125 et représentées figure 92.

Les accumulateurs étant installés, il n'y a plus qu'à remplir le vase qui les contient avec de l'acide sulfurique étendu, marquant 22° Baumé (D = 1,17), de manière à y noyer complètement la partie active de l'élément.

L'acide employé devra, pour la bonne conservation de l'appareil, être exempt d'arsenic, d'acide chlorhydrique et de vapeurs nitreuses, l'eau servant à sa dilution aussi peu calcaire que possible, de préférence de l'eau distillée. La batterie est maintenant prête à être chargée. Comme sur la fin de la charge elle dégage beaucoup de gaz tonnant, entraînant un brouillard d'acide sulfurique qui corrode les contacts, il est bon de fermer chaque accumulateur par un couvercle de bois, qui a été plongé au préalable dans de la paraffine en fusion; il s'oppose aux projections et, dans une certaine mesure aussi, à l'évaporation du liquide. Dans le même but, l'industrie recouvre le liquide d'une couche d'huile de pétrole lourde, mais ce procédé a l'inconvénient de salir les éléments, quand on veut les sortir pour les réparer. Dans quelques laboratoires, on préfère couler à la surface de l'acide sulfurique de la paraffine, qui forme, une fois figée, un opercule s'opposant aux projections et à l'évaporation; on y perce des trous à l'aide d'un fer chaud pour donner une issue aux gaz.

Lorsqu'il ne s'agit de charger qu'un petit nombre d'accumulateurs, réunis en tension seulement pour la charge, et destinés à être séparés ultérieurement, soit pour les utiliser en divers endroits comme dans les petites installations, soit pour des expériences de cours, les précautions d'isolement indiquées ci-dessus, relatives aux installations à demeure, peuvent être moins rigoureusement observées; il suffit de poser les accumulateurs sur une simple planche, passée ou non au coaltar. Il y a lieu d'observer aussi que les éléments destinés à être séparés et transportés doivent l'être avec précaution et le moins possible, car les cahots pouvant détacher des parcelles des substances actives sont nuisibles à leur bonne conservation. Le mieux, quand cela est possible, est de charger les accumulateurs à la place même où ils doivent être utilisés.

CHARGEMENT DES ACCUMULATEURS.

On les charge avec des piles hydro- ou thermo-électriques, ou avec une machine magnéto- ou dynamo-électrique à courant continu, ou encore, ce qui revient au même, avec le courant distribué dans certaines localités pour l'éclairage; mais ce courant, qui est alors généralement alternatif, ne peut convenir qu'à la condition d'être rendu continu au moyen d'un transformateur. En tout cas, il est évident que la force électromotrice de la source d'électricité devra être supérieure à la somme des forces électromotrices des éléments réunis en tension pour leur charge. De plus, l'intensité du courant de charge ne doit pas être quelconque; elle est souvent indiquée par les constructeurs pour chaque type, et ne doit pas être dépassée, car un excès d'intensité est susceptible de déformer ou d'altérer la substance des accumulateurs.

Le chargement à l'aide de piles est généralement fastidieux et peu économique; on a alors avantage à utiliser directement le courant de la pile lui-même pour l'électrolyse; il est vrai que l'on n'a plus ainsi la longue durée et cette remarquable constance de courant qui fait rechercher les accumulateurs.

Supposons que dans une petite installation on veuille charger, par exemple, 3 accumulateurs avec des piles hydro- ou thermo-électriques. On commence par monter ces accumulateurs en tension; et comme, à la fin de la charge, la force électromotrice de chacun d'eux atteindra 2,5 volts environ, il en résulte que la différence de potentiel finale aux bornes extrêmes de cette petite batterie sera 2,5 volts $\times 3$, soit 7,5 volts. Il faut donc, pour que la charge soit possible, disposer d'une source électrique dont la force électromotrice soit supérieure à 7,5 volts. Si l'on emploie pour la charge, par exemple, des éléments Bunsen montés en bichromate, dont la force électromotrice est de 2 volts environ, il faudra, dès lors, monter en tension au minimum quatre de ces éléments.

Le pôle *positif* de la pile sera réuni au pôle *positif* de la batterie d'accumulateurs, généralement indiqué par un trait rouge, etc.; on intercalera, en outre, dans le circuit un ampèremètre afin de surveiller l'intensité du courant de charge, et une résistance permettant de l'amener à la valeur qui convient au type d'accumulateur employé. Avec les accumulateurs Peyrusson du type A n° 2, que nous possédons, l'intensité du courant de charge ne doit pas dépasser 17 ampères.

Avec des accumulateurs neufs, que l'on charge pour la première fois, il est bon de n'employer à l'origine qu'un courant d'une intensité inférieure au chiffre ci-dessus (10 à 12 ampères par exemple) ; on ne le portera à son maximum que sur la fin du chargement.

Pour reconnaître que les accumulateurs sont complètement chargés, on a plusieurs indices :

1° La densité de l'acide sulfurique, qui est 1,17 au début, s'élève graduellement, par les progrès de la charge, jusqu'à la limite 1,20, terme final que l'on peut constater avec un aréomètre, comme le fait généralement l'industrie. Mais ce procédé est peu commode avec des accumulateurs de petites dimensions. On peut toutefois, dans ce cas, le rendre aisément praticable au moyen du petit appareil ci-joint (fig. 20), consistant en une pipette à long bec portant à demeure, dans son intérieur, un petit aréomètre. L'extrémité supérieure de la pipette est munie d'une poire en caoutchouc. Si, le bec effilé de la pipette étant plongé dans le liquide de l'accumulateur, on comprime la poire, celle-ci expulse l'air de la pipette, qui est remplacé, lorsque cesse la compression, par le liquide de l'accumulateur dans lequel viendra flotter l'aréomètre. Ce même appareil permet, en outre, de s'assurer, de loin en loin, de la densité du liquide des accumulateurs et de la modifier s'il y a lieu.

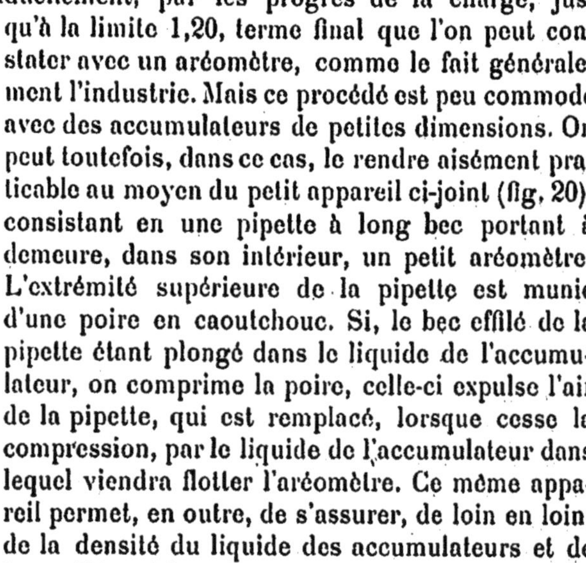

Fig. 20.

2° Vers la fin du chargement, l'oxygène et l'hydrogène ne pouvant plus se fixer sur les lames de plomb, qui en sont saturées, se dégagent sous forme de bulles fines donnant au liquide de l'accumulateur un aspect laiteux accompagné de bruissement; on dit, en terme d'atelier, que l'accumulateur *bout*. Quand ces fines bulles de gaz se dégagent en abon-

dance, on peut considérer le chargement comme terminé.
Lorsque des accumulateurs neufs sont chargés pour la première fois, il est bon, ce terme étant atteint, de continuer encore l'action du courant durant quelques heures.

3° Enfin, le moyen le plus commode et le plus exact, pour s'assurer que le chargement est accompli, consiste à prendre la différence du potentiel entre les deux pôles de *chaque* élément de la batterie, à l'aide d'un petit voltmètre portatif allant de 0 à 3 volts et divisé en dixièmes. Tout élément qui atteint 2,5 volts pendant la charge peut être considéré comme complètement chargé.

Il advient parfois que, dans une batterie, un des éléments interposé se charge mal, ce que le voltmètre permet alors de constater ; une charge continuée longtemps arrive souvent à améliorer cet accumulateur et à le porter à son maximum ; mais s'il est constaté qu'il n'en est point ainsi, il faut alors le retirer de la batterie, pour le donner à réparer ou pour le remplacer.

La charge d'une batterie à l'aide du courant continu d'une dynamo, ce qui est le procédé normal, s'effectuerait en prenant exactement les mêmes précautions que nous venons d'indiquer dans l'hypothèse des piles ; mais, en outre, ici, il est bon d'interposer dans le circuit, entre la dynamo et la batterie, un disjoncteur qui le rompe automatiquement dans le cas accidentel où le moteur de la dynamo viendrait à s'arrêter ; car, à ce moment, la batterie pourrait se décharger brusquement dans le fil de la dynamo et y occasionner de grands désordres. A défaut de disjoncteur, et même dans tous les cas, il est indispensable d'interposer un coupe-circuit (1), dont le plomb fusible puisse se rompre par fusion pour des débits exagérés de la dynamo, ou si, par suite d'un arrêt de celle-ci, la batterie s'y déchargeait.

Il arrive parfois que, n'ayant pas de dynamo, on charge

(1) Les coupe-circuits consistent généralement en deux fils d'un alliage fusible tendus parallèlement dans une boîte en porcelaine. Ces fils, interposés l'un dans le fil d'aller, l'autre dans le fil de retour du courant, fondent dès que le courant atteint l'intensité limite que le circuit peut supporter et que l'on ne veut pas dépasser. Ce sont d'excellents protecteurs des canalisations électriques. (Voy. pour plus de détails, note 2, *Coupe-circuits et canalisation électrique*, à la fin du volume.)

les accumulateurs avec un courant continu de la ville, qui, à Paris par exemple, est de 110 volts ; la résistance des accumulateurs étant très faible, on aurait ainsi un courant de charge énorme, qu'il faut, comme toujours, réduire au moyen d'une résistance qui devra être très grande. Il advient alors qu'une bonne partie de l'énergie de la source, dissipée en chaleur dans la résistance, est perdue. Pour charger une vingtaine d'accumulateurs avec le courant ci-dessus, on perdrait approximativement 50 p. 100 de l'énergie. Le procédé est donc peu économique, surtout pour les petites batteries ; on y a recours cependant quelquefois, parce qu'il dispense de l'achat et de l'entretien d'une dynamo et de sa machine motrice, souvent altérée par les vapeurs acides de certains laboratoires ; et aussi en raison de ce fait que, l'électrolyse analytique ne dépensant que très peu d'électricité, le rechargement des accumulateurs est de courte durée et n'exige qu'une assez faible dépense supplémentaire.

Enfin, quand on ne dispose que des courants généralement alternatifs destinés à l'éclairage, il faut faire usage d'un transformateur les changeant en courants continus.

DÉCHARGE DES ACCUMULATEURS. — CAPACITÉ.

De même que l'intensité du courant de charge doit être limitée, de même l'intensité que peut fournir un accumulateur, lorsqu'il se décharge pour nos opérations, ne doit pas dépasser une certaine valeur, sous peine d'altérer les éléments ; en outre, pour la même raison, il est important de ne pas faire débiter aux accumulateurs la totalité de l'électricité qui s'y trouve en quelque sorte accumulée ; en un mot, on ne doit pas les laisser se décharger complètement. Dans le courant de charge, nous avons vu qu'ils atteignent au maximum 2,5 volts ; mais, séparés de celui-ci et mis en circuit, ils accusent bientôt 2,2 volts environ, et leur voltage descend assez rapidement à 2 volts où ils se maintiennent longtemps, puis ils descendent progressivement, sur la fin de leur débit, à 1,8 volt, ou 1,7 volt au plus, limite qu'il ne faut point dépasser ; on la surveille de temps à autre avec un voltmètre. A partir de ce point limite, les accumulateurs se déchargeraient assez brusquement pour tomber à zéro, ce qu'il faut éviter. La limite 1,8 atteinte, il y a lieu de les recharger. On voit par ceci que le courant des accumulateurs diffère notablement de celui des piles : sensiblement constant, il cesserait brusquement ; dans les piles, au contraire, le courant subit une décroissance continue et assez rapide, à cause de la force contre-électromotrice de polarisation et de la destruction des produits qui constituent les éléments.

Les accumulateurs ne doivent jamais être abandonnés durant de longs jours dans l'inaction, car alors ils se déchargent avec lenteur, mais spontanément, puis s'altèrent ; la surface des lames se recouvre d'une croûte blanche de sulfate de plomb très nuisible à leur fonctionnement, et qu'il est bien souvent difficile de faire disparaître, même par de fortes charges ultérieures. On a proposé, pour empêcher la sulfatation, et pour faciliter sa résolution par le courant de charge si elle s'était produite, d'ajouter à l'acide sulfurique, de densité 1,17, 1/10 de son volume de solution de sulfate de soude saturée. Lorsqu'on ne doit pas se servir des accumulateurs pendant quelque temps, il est nécessaire, pour leur bonne conservation, de les faire travailler de temps à autre sur un circuit résistant, de manière à ne dépenser que peu d'ampères ; ou bien encore de les utiliser sur une petite lampe à incandescence, dont le voltage sera en rapport avec celui de la batterie. En tout cas, il ne faut jamais laisser un accumulateur se décharger à fond, et se rappeler toujours que l'inaction le tue.

La quantité d'électricité que peut débiter un accumulateur dépend de sa capacité ; celle-ci est donnée par le nombre de coulombs que l'on peut y accumuler par kilogramme de plomb des plaques ; elle variera nécessairement avec les dimensions de l'élément et aussi un peu avec leur constitution. Avec des accumulateurs bien formés, il est possible d'accumuler, pratiquement, de 10 000 à 20 000 coulombs par kilogramme de plomb ; on peut même aller au delà. Planté est arrivé à emmagasiner jusqu'à 40 000 et même 60 000 coulombs. La décharge se faisant sous une chute moyenne de 2 volts environ, on dispose ainsi habituellement d'une énergie de 20 000 à 40 000 joules par kilogramme.

Les constructeurs indiquent, d'ordinaire, quelle est l'intensité moyenne du courant de décharge des accumulateurs qu'il faut employer pour son travail sans fatigue, et même celle que l'on ne saurait dépasser sans inconvénient sérieux. Les chiffres donnés expriment, d'une part, l'intensité continue, en ampères, dont on peut disposer à la décharge, et, d'autre part, le nombre d'heures après lequel, dans ces conditions, l'accumulateur est arrivé à sa limite pratique de décharge.

Par exemple, les accumulateurs Peyrusson, du type dont nous avons parlé, peuvent, sans inconvénient, être déchargés en fournissant un courant continu de 12,5 ampères, et, sous ce régime, ils atteignent leur limite de décharge au bout de six heures de marche ; l'usage industriel veut que l'on dise qu'ils peuvent fournir : $12,5 \times 6 = 75$ *ampères-heure*. Expression qui veut dire que la quantité totale d'électricité débitée, pendant six heures, par cet accumulateur est équivalente à la quantité d'électricité débitée par un courant de 75 ampères durant 1 heure, ou 3 600 secondes, soit $75 \times 3\,600 = 270\,000$ coulombs. Résultat identique d'ailleurs, sous une autre forme, à celui que donne la formule :

$$q = it,$$

où t est exprimé en secondes ; on a ainsi :

$$q = 12,5 \times (6 \times 3600) = 270\,000 \text{ coulombs (1).}$$

Au sujet du même accumulateur, il est dit aussi qu'il peut être utilisé avec un régime anormal de décharge de 20 ampères, limite atteinte au bout de trois heures. Il fournit, avec cette forte intensité, 60 ampères-heure seulement, soit $60 \times 3600 = 216\,000$ coulombs. Le rendement dans les fortes décharges est donc moindre et, d'autre part, il ne faut user que le moins possible des régimes indiqués comme anormaux, parce qu'ils altéreraient à la longue l'accumulateur.

---

(1) En se rappelant que 1 coulomb met en liberté 0,00001038 de l'équivalent électro-chimique d'un métal, un calcul simple donnera, avec une approximation suffisante, le nombre d'électrolyses connues que l'on pourrait effectuer avec cet accumulateur.

Observation importante : les régimes de débit à observer, et dont un exemple est donné ci-dessus, ne s'appliquent pas seulement à un accumulateur, mais également à l'ensemble d'un nombre quelconque montés en tension. Dans l'exemple ci-dessus, le débit normal ne devra pas dépasser 12,5 ampères, quel que soit le nombre des accumulateurs en tension; il est visible en effet que, dans ce mode de groupement, les forces électromotrices s'ajoutant, si l'on fermait le circuit par une résistance insuffisamment grande, toute la batterie serait traversée par un courant d'une intensité considérable, qu'il est aisé d'ailleurs de calculer par la formule de Ohm, et qui altérerait complètement les plaques.

PILES THERMO-ÉLECTRIQUES.

Si l'on forme un circuit au moyen de deux fils de métaux différents (fig. 21), l'un de fer, l'autre de cuivre, par exemple, soudés ou juxtaposés en A et en B, et si l'on vient à échauffer la soudure A, B restant à la température ambiante, l'expérience montre qu'il se produit un courant allant du cuivre au fer en passant par la soudure chaude. Tel est le principe des piles thermo-électriques ; on conçoit que si l'on met dans un même circuit un grand nombre de ces soudures alternativement chaudes et froides, les forces électromotrices s'ajoutant, le courant sera plus intense.

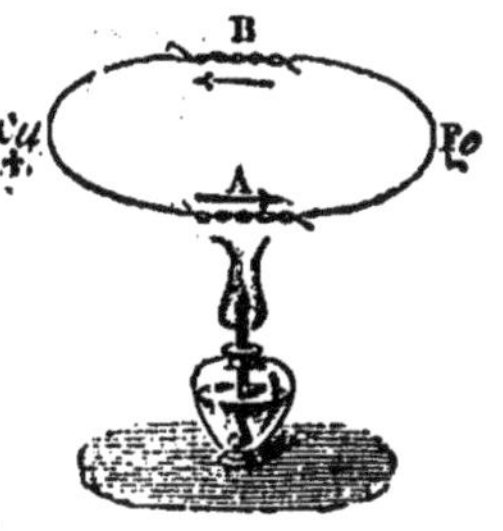

Fig. 21.

En fait, pour la construction de la pile thermo-électrique, on n'emploie pas des fils, mais des dispositions équivalentes que l'on retrouve dans les types Clamond, Noé ou Gülcher, les plus en usage.

Pile thermo-électrique de Clamond. — Elle consiste (fig. 22, élévation et coupe) en une série de prismes b, b', b'', formés d'un alliage de zinc et d'antimoine, soudés à des lames de maillechort f, f', f'' (alliage de nickel, de zinc et de cuivre). Un certain nombre de ces couples sont disposés en couronne,

leurs forces électromotrices s'ajoutent; on superpose ainsi,
avec interposition d'amiante, plusieurs couronnes, qui laissent en leur centre un espace cylindrique garni d'une
cheminée protectrice en terre cuite *a*. Dans cette cheminée,
un brûleur à gaz à flammes multiples, constitué par un
cylindre central percillé de trous, sert à élever la tempéra-

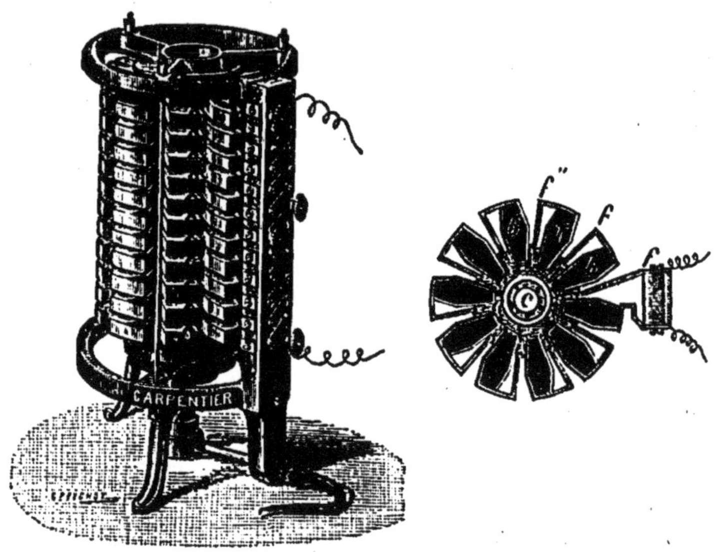

Fig. 22. — Pile thermo-électrique de Clamond.

ture des soudures d'ordre pair, toutes placées à l'intérieur
des couronnes, tandis que celles d'ordre impair, situées à
l'extérieur, présentent une grande surface à l'air ambiant,
qui les refroidit.

La force électromotrice de chacun de ces petits éléments
est très faible ; aussi sont-ils réunis en grand nombre et en
tension dans chaque couronne afin de donner une intensité
notable; de plus, les deux pôles de chacune des couronnes
superposées, qui constituent autant de piles indépendantes,
peuvent être réunis les uns aux autres, de manière à obtenir
des groupements, soit en tension, soit en surface. On fait, pour
l'usage des laboratoires, un type de 12 couronnes superposées
de 10 éléments chacune, soit 120 éléments. Sa force élec-

tromotrice, lorsque tout est réuni en tension, est de 8 volts ;
la résistance intérieure 2,2 ohms environ ; la consommation
280 litres de gaz à l'heure. Un autre modèle, assez courant,
ne comporte que 60 éléments, force électromotrice 3,6 volts,
résistance intérieure 0,65 ohm.

Ces piles, qui ont été et sont encore très employées dans
l'électrolyse, donnent des courants d'une régularité parfaite,
qui ne dépend d'ailleurs que de la constance de la température
obtenue, le plus ordinairement, au moyen d'un petit régulateur de pression du gaz placé sous le brûleur. Bien réglées,
elles peuvent marcher jour et nuit sans interruption et sans
surveillance ; elles n'exigent aucun montage, et on peut en
faire varier l'intensité en modifiant la température à son gré.
Mais il faut dire que les piles thermo-électriques sont assez
délicates ; elles demandent qu'on les échauffe et les refroidisse
graduellement à l'allumage et à l'extinction, pour ne pas
rompre quelque soudure toujours difficile à faire réparer. En
outre, les alternatives fréquentes de chauffage et de refroidissement modifiant parfois la structure des alliages qui les
constituent, elles peuvent ne plus donner, après un long usage,
leur débit primitif.

Ajoutons, enfin, que leur rendement économique est faible ;
il n'atteint guère que 1/200 de l'énergie calorifique qui leur
a été communiquée. Malgré ces quelques défauts, elles sont
fort utiles.

Pile thermo-électrique de Gülcher. — On emploie en
Allemagne la pile thermo-électrique de Gülcher, repré-
sentée figure 23, qui diffère par sa disposition de celle de
Clamond.

Elle est constituée par deux rangées parallèles d'éléments
thermo-électriques, disposés verticalement côte à côte, et
séparés les uns des autres par une lame de carton d'amiante.
Chacun d'eux est chauffé par un petit bec Bunsen spécial.

L'élément (fig. 24) consiste en un alliage antimonieux A
coulé autour d'un cylindre d'acier ou de fer forgé *ff* formant cheminée B et qui constituera la soudure chaude. Un
fil spiral S S, dont on voit les coupes sur la figure, se trouve,
pour en éviter la rupture, noyé autour du cylindre dans
la masse assez épaisse de l'alliage ; celui-ci se prolonge

ensuite en une masse triangulaire unie à une lame mince de cuivre verticale C, ce qui constituera la soudure froide. Cette lame de cuivre, qui sert à la fois de conducteur et de surface

Fig. 23. — Pile thermo-électrique de Gülcher.

de refroidissement, est encastrée à sa partie inférieure dans une plaque d'ardoise P régnant dans toute la longueur de la pile et lui servant de base. Dans cette plaque d'ardoise se trouvent aussi encastrés les petits tubes de maillechort, un par élément, sortes de cheminées Bunsen T, destinées à leur chauffage. Ces tubes (on en aperçoit quatre sur la figure en perspective) sont individuellement mis en rapport avec le tuyau d'adduction du gaz, qui règne sous toute la longueur de la tablette d'ardoise. Le gaz, arrivant par une buse au voisinage d'une prise d'air en G, se répartit, mêlé de l'air nécessaire, dans les divers tubes de maillechort. Ceux-ci sont surmontés, à leur partie supérieure, d'un bec en stéatite percé d'un trou très fin, par où sortira une petite flamme bleue; ils sont, en outre, mis en rapport intime,

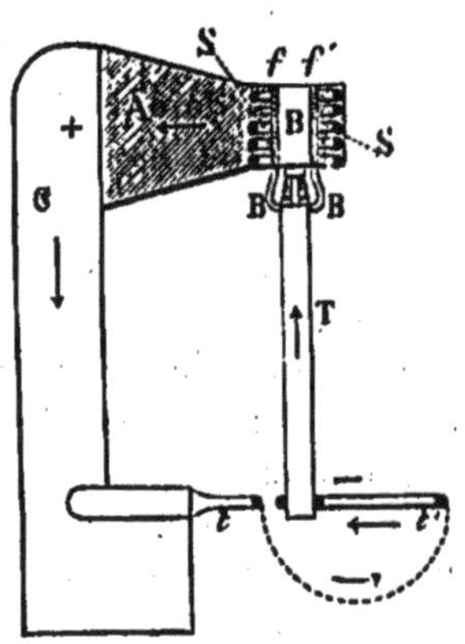

Fig. 24. — Élément de la pile thermo-électrique de Gülcher.

par l'intermédiaire de griffes conductrices B'B' brasées sur eux, avec le cylindre d'acier entouré d'alliage antimonieux.

Si l'on vient, maintenant, à allumer le gaz à l'extrémité de l'un des becs, par exemple, et à relier ensemble au moyen d'un fil de cuivre soudé les parties inférieures de la lame de cuivre et du petit tube de maillechort T, comme cela est représenté figure 24 où le fil *ll'* est partie en coupe et le reste rabattu sur le plan de la figure en pointillé; il naît dans cet élément un courant allant de la soudure chaude à la soudure froide et revenant (ainsi que l'indiquent les flèches) par le tube de maillechort, qui sert à la fois de tube de chauffe et de conducteur. Les parties inférieures des lames de cuivre sont en réalité reliées au tube de maillechort de l'élément suivant; de la sorte on a tous les éléments réunis en tension et par conséquent la somme de leurs forces électromotrices identiques.

Pour faire fonctionner cette pile, on place sur chacun des orifices d'évacuation des produits de la combustion du gaz, qui sont représentés en deux rangées parallèles sur la figure 23 en *o*, une série de petites cheminées en matière réfractaire, et non figurées ici, qui resteront désormais à demeure sur la pile. On laisse chasser l'air des tuyautages par le gaz; après quoi on procède par la partie supérieure à l'allumage successif de chaque bec, qui brûle avec une toute petite flamme bleue suffisante. La pile atteint son maximum d'effet en dix ou quinze minutes.

Dans le cas où l'on ne voudrait utiliser qu'une partie de la force électromotrice totale, rien dans cette pile n'ayant été prévu pour cela, il suffirait de décaper en un point l'une des lames de cuivre, convenablement choisie suivant le cas, et d'y mettre une pince à vis munie d'un fil conducteur.

Comme toutes les piles thermo-électriques, celle de Gülcher, demande à être mise à l'abri des vapeurs acides des laboratoires, de préférence dans un lieu sec, et, en outre, à n'être point surchauffée. On emploiera avec avantage, pour cet appareil, une pression de gaz de 30 millimètres d'eau et on ne devra pas dépasser 50 millimètres sans danger pour la pile. Pratiquement on intercalera sur le trajet de la source de gaz un régulateur, surtout si l'on doit marcher la nuit; il a l'avantage d'assurer une grande constance de l'intensité du courant, si nécessaire en électrolyse.

On construit trois types de ces piles, qui ne diffèrent que par le nombre des éléments :

A. Pile de 60 éléments, consommant 170 à 180 litres à l'heure.

B. Pile de 50 éléments, consommant 130 litres de gaz à l'heure.

C. Pile de 26 éléments, consommant 70 litres de gaz à l'heure.

La résistance intérieure s'élève pour A à 0,65 ohm, la force électromotrice à 4 volts; à 0,50 ohm et 3 volts pour B; à 0,25 ohm et 1,5 volt pour C.

Il y a tout avantage à employer le grand modèle de 60 éléments qui, avec une résistance extérieure égale à la. sienne, donne un courant de 3 ampères suffisant pour toutes les électrolyses.

La pile de Gülcher paraît moins délicate que celle de Clamond ou de Noé; son rendement serait meilleur, 1/100 de l'énergie calorifique dépensée, au lieu de 1/200 pour les autres. Quel que soit le type, on voit que le rendement des piles thermo-électriques est déplorable; malgré tout, elles ne sont pas près d'être abandonnées, car elles donnent des courants d'une constance remarquable et elles sont extrêmement commodes pour les petites installations, soit qu'on les affecte directement à une électrolyse, ou à la charge de petits accumulateurs. Dans ce dernier cas, il est bien évident, à cause de la force électromotrice finale des accumulateurs à la charge, que ceux-ci, à moins que l'on ne dispose de plusieurs piles thermo-électriques, devront être présentés au courant de charge montés en surface, malgré les inconvénients que nous avons signalés déjà avec cette disposition (p. 41).

MACHINES MAGNÉTO- OU DYNAMO-ÉLECTRIQUES.

Le courant de ces machines, dont il existe un grand nombre de types, doit être continu pour l'électrolyse; son intensité dépend de la puissance de la machine et du nombre de tours qu'on lui fait effectuer

Classen emploie, dans son laboratoire d'électrolyse à Aix-la-Chapelle, une machine magnéto, qui, à la vitesse de 700 tours à la minute, donne un courant de 7,5 ampères, et aussi une dynamo qui, avec une vitesse de 1000 tours à la minute, fournit un courant de 60 ampères sous une différence de potentiel aux bornes de 10 volts. Des résistances appropriées sont, bien entendu, intercalées dans les diverses distributions pour graduer les intensités des courants.

Le courant des machines magnéto- ou dynamo-électriques est parfois directement employé pour l'électrolyse, mais cette manière de procéder est peu recommandable en chimie analytique, où l'on veut continuer les électrolyses durant la nuit et où il serait dès lors imprudent de laisser fonctionner la machine motrice sans surveillance. Il est donc préférable d'affecter exclusivement ces appareils à la charge des accumulateurs, en observant les précautions indiquées page 43.

On emploiera de préférence les machines dynamos excitées en dérivation, qui sont éminemment propres à la charge des accumulateurs ou à toute autre opération électrolytique. On n'omettra pas d'intercaler dans le circuit, entre la machine et les accumulateurs, un appareil de sûreté appelé *disjoncteur automatique*, qui interromprait toute communication si le courant venait accidentellement à se renverser.

En ce qui concerne le calage des balais, on sait qu'il ne faut pas les mettre exactement sur la ligne neutre perpendiculaire au champ magnétique, mais qu'il est nécessaire de les déplacer d'une certaine quantité dans le sens du mouvement de rotation de la machine, pour éviter les étincelles au collecteur sur lequel ils frottent.

CHAPITRE III

MESURES RELATIVES AUX COURANTS. — INTENSITÉ. — DIFFÉRENCE
DE POTENTIEL. — RÉSISTANCE. — APPAREILS POUR CES
MESURES. — GRADUATION. — ÉTALONNAGE. — DENSITÉ DES
COURANTS. — RÉGLAGE DE L'INTENSITÉ DES COURANTS. —
RÉSISTANCES. — RHÉOSTATS.

MESURE DE LA DIFFÉRENCE DE POTENTIEL ENTRE DEUX POINTS D'UN CIRCUIT.

On peut avoir besoin, au cours d'une électrolyse ou en vue
de recherches sur ce sujet, ou bien encore pour des questions
connexes, de savoir déterminer, dans les laboratoires de
chimie, la différence de potentiel entre deux points d'un circuit. On a recours pour cela à des galvanomètres, les uns très
précis, dont nous allons donner un aperçu et le maniement,
les autres beaucoup moins exacts, industriels, mais très suffisants et le plus ordinairement employés.

Galvanomètre Deprez-d'Arsonval. — Le galvanomètre
apériodique de Deprez et d'Arsonval est un appareil précis
et commode; on le graduera en volts. Il consiste essentiellement (fig. 25) en un cadre rectangulaire mobile autour d'un
axe vertical formé par deux fils tendus, l'un au-dessus, l'autre
au-dessous du cadre, qui servent à amener le courant. Dans
l'intérieur du cadre se trouve un cylindre creux, en fer doux,
maintenu fixe par un support indépendant. Ce système est
placé dans le champ magnétique formé par les deux pôles
d'un aimant en fer à cheval.

Quand le courant passe dans le cadre, le plan de celui-ci
tend à se placer perpendiculairement au champ, et il s'arrête
lorsque l'équilibre est établi entre l'action électro-magnétique
et la torsion du fil. Les courants induits, déterminés dans le

cylindre de fer par les mouvements du cadre, amortissent ses oscillations, de telle sorte que celui-ci se fixe presque instantanément dans sa position d'équilibre; l'appareil est dès lors sensiblement apériodique.

Le fil supérieur de torsion porte un petit miroir concave m (fig. 25, 26 et 27), en avant duquel on place, à quelque distance, une échelle transparente EE, divisée en millimètres; au-dessous d'elle, et dans son pied, se trouve une plaque percée d'une

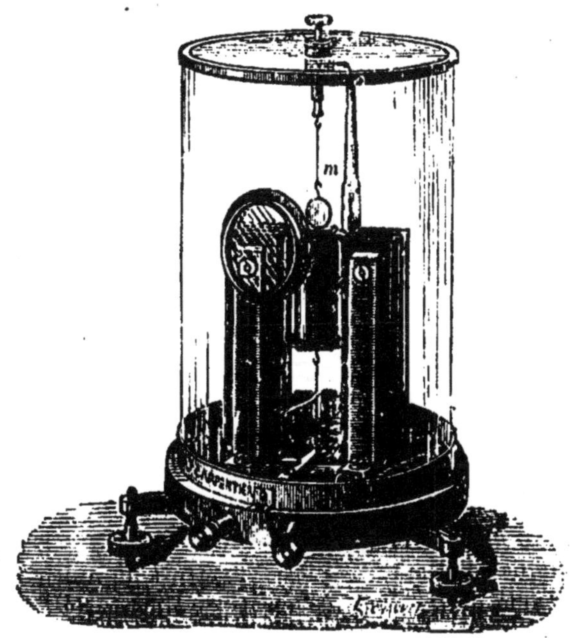

Fig. 25. — Galvanomètre à cadre mobile de Deprez et d'Arsonval.

fenêtre carrée ff, munie d'un réticule vertical, r. Si l'on projette sur cette fenêtre, au moyen d'un miroir inclinable M, la lumière *parallèle* d'une lampe L, munie d'une *lentille*, de telle sorte qu'elle vienne frapper le petit miroir concave, l'image du réticule r, réfléchie par celui-ci, viendra se peindre quelque part sur l'échelle transparente, derrière laquelle se trouve placé l'observateur. Le passage du moindre courant dans le cadre produira une déviation amplifiée par la longueur du rayon réfléchi et par ce fait, bien connu, que la déviation observée est le double de celle du miroir ou du cadre dont il est solidaire; on observera donc sur l'échelle un déplacement de

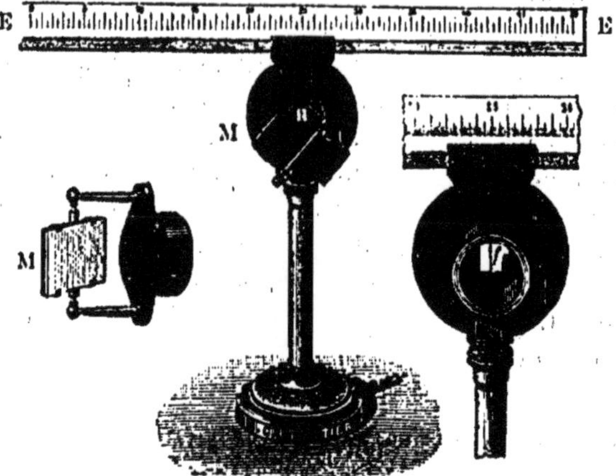

Fig. 26. — Échelle transparente de J. Carpentier pour galvanomètre.

l'image du réticule, dont la grandeur donnera la mesure de

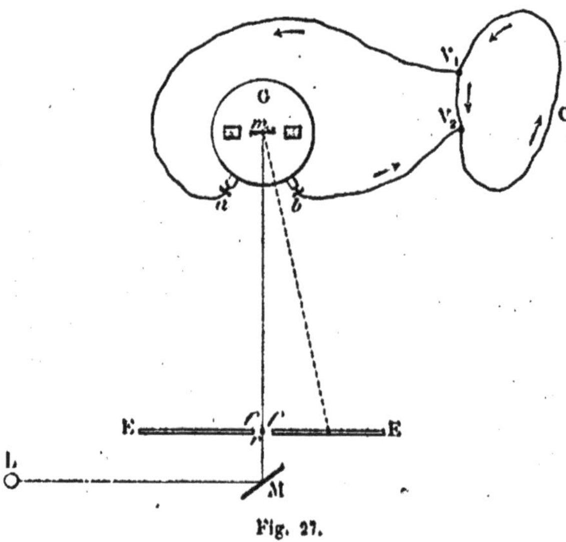

Fig. 27.

la différence de potentiel, si l'on a déterminé au préalable la valeur des divisions de l'échelle en volts.

Tous les galvanomètres destinés à ces sortes de mesures sont munis d'une résistance intérieure considérable, pour qu'il ne passe dans leur circuit qu'une faible fraction du courant à mesurer dont ils ne doivent pas altérer le régime. On les emploiera toujours, pour le même motif, en dérivation. À cet effet, il suffira de mettre leurs deux bornes, a, b (fig. 27), en rapport, au moyen de fils, avec les deux points V_1 et V_2 du circuit CV_1V_2 dont on veut mesurer la différence de potentiel, $V_1 - V_2$. Les galvanomètres étant des appareils très sensibles, on est obligé, en outre, avec des courants notables, de les shunter et même d'interposer de grandes résistances auxiliaires non représentées sur cette première figure théorique, mais dont il va être question ci-dessous.

GRADUATION DU GALVANOMÈTRE DEPREZ-D'ARSONVAL.

On effectue sa graduation au moyen d'une pile étalon, dont la différence de potentiel aux pôles, ou force électromotrice, soit bien connue. Il suffira de prendre une pile de Daniell, montée en sulfate de cuivre pur et solution de sulfate de zinc pur demi-saturée, dont la force électromotrice est alors de 1,08 volt.

On disposera l'appareil de la façon suivante (fig. 28) : les deux pôles de la pile étalon Pe seront mis en rapport, à l'aide de fils, avec deux des six godets (c et c') de porcelaine pleins de mercure et encastrés dans une planche ou dans de la paraffine.

Les bornes du galvanomètre G seront, d'autre part, mises en rapport avec les deux godets, b, b', à l'aide de fils, sur le trajet desquels on aura intercalé une boîte de résistance auxiliaire R, qui a pour but de ne laisser passer dans le galvanomètre, appareil très sensible, qu'une faible partie du courant à mesurer et de ne pas altérer la différence de potentiel aux bornes de la pile, ou celles que l'on aura plus tard à déterminer (1). En outre, pour diminuer encore l'intensité du courant dans l'appareil et afin d'augmenter son apériodicité, on

---

(1) Lorsqu'on intercale entre les pôles d'une pile une résistance énorme, que l'on peut considérer pratiquement comme infinie, tout se passe comme si le courant ne circulait pas et la différence de potentiel reste la même qu'en circuit ouvert, c'est-à-dire égale à la force électromotrice.

shunte le galvanomètre, c'est-à-dire que l'on établit entre ses bornes une dérivation S, dont on peut varier la résistance à volonté.

Pour la graduation, et avec les galvanomètres Deprez-d'Arsonval construits par la maison Carpentier, dont la résistance du cadre est d'environ 200 ohms, la résistance auxiliaire à employer sera d'environ 8 à 10 000 ohms et celle du shunt d'une centaine d'ohms environ. Dans la plupart des autres opérations que l'on pourrait avoir à faire par la suite, la boîte de résistance auxiliaire devra permettre d'aller jusqu'à

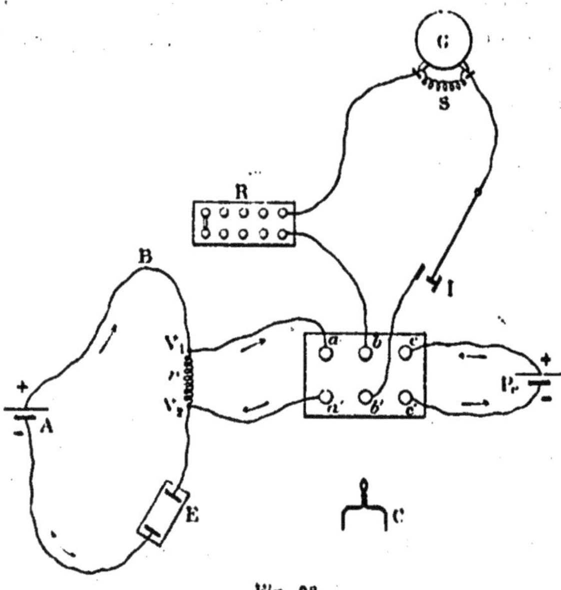

Fig. 28.

10000 ohms par exemple, et celle du shunt de 1 à 300 ohms environ; on emploiera avec avantage comme shunt un rhéostat circulaire à manette (fig. 28 *bis*) allant de 1 à 300 ohms. Enfin on intercale dans le circuit un interrupteur I, placé à la portée de la main de l'observateur, de façon à ne fermer le circuit que pendant le temps strictement nécessaire aux lectures sur l'échelle divisée, afin de ne pas altérer par des courants prolongés les fils du galvanomètre. On peut, dans ces opérations, n'employer plus économiquement qu'une seule botte de résistance, dont une portion servira à constituer la résistance auxiliaire et l'autre le shunt.

Ceci posé, le fil suspenseur du cadre du galvanomètre étant suffisamment tendu, au moyen de la vis à écrou encastrée dans la partie supérieure du globe de verre qui protège le galvanomètre, on place l'échelle sensiblement perpendiculaire à l'axe principal du petit miroir concave et on l'approche ou l'éloigne, jusqu'à ce que l'image réfléchie du fil du réticule se projette bien nette sur elle et sensiblement vers son milieu; le pied qui porte l'échelle restera désormais fixé par un moyen quelconque dans cette position, dont il ne doit plus être dérangé.

Fig. 28 *bis*. — Rhéostat circulaire à manette.

Réunissons maintenant les godets b et c et $b'c'$ au moyen de deux cavaliers métalliques, tels que C, et fermons alors le circuit pendant un court instant au moyen de l'interrupteur I; le courant passe dans le galvanomètre et l'image du réticule se déplace sur l'échelle, de n divisions, par exemple (1). Comme pour les déviations de faible amplitude, les seules que l'on doive employer, les déviations sont proportionnelles aux intensités; il en résulte que, avec la pile étalon employée, de force électromotrice 1,08, le quotient $\dfrac{1,08}{n}$ nous donnera la fraction de volt que représente chaque division de l'échelle. L'appareil est ainsi gradué par la détermination d'une seule valeur, grâce à la proportionnalité des déviations. On pourra, d'ailleurs, dans cette opération préliminaire, obtenir le degré de sensibilité que l'on voudra en prenant une fois pour toutes, sur la botte auxiliaire, une résistance plus ou moins grande.

Il est souvent commode, dans la pratique, de disposer les choses de telle façon que chaque division de l'échelle représente 1/100 de volt par exemple; on évite de la sorte tout

---

(1) L'interrupteur I est commode, mais ici, comme dans la suite, on peut s'en passer si l'on veut; attendu que l'introduction dans les godets ou la sortie de l'un des deux cavaliers ferme ou ouvre le circuit.

calcul, quelque simple qu'il soit. A cet effet, notre pile étalon étant mise, comme plus haut, en connexion avec l'appareil, on augmente ou diminue par tâtonnement la résistance auxiliaire R, jusqu'à ce que la déviation observée soit de 108 divisions (1). Chacune d'elles représentera dès lors 1/100 de volt.

Il sera bon toutefois, soit dans la graduation, soit ultérieurement lorsqu'on fera usage du galvanomètre, une première lecture étant faite à droite par exemple de la position initiale du réticule, de changer le sens du courant dans le galvano-

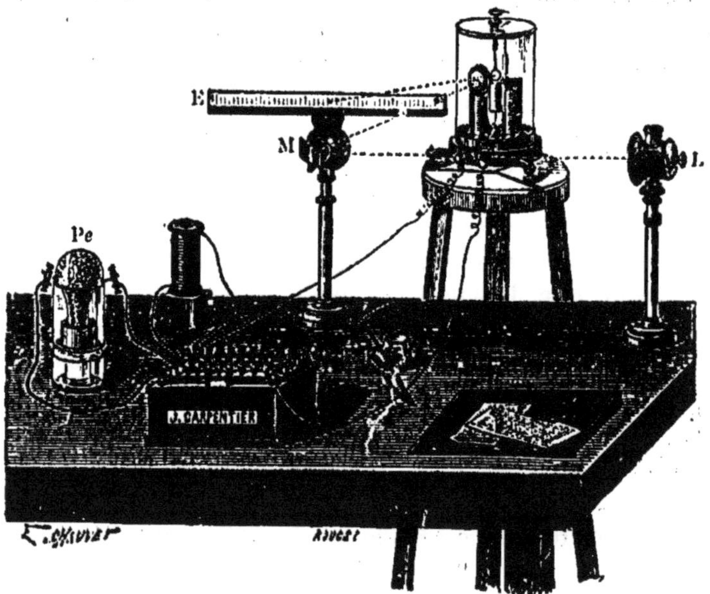

Fig. 20. — Montage complet d'une échelle transparente de J. Carpentier.

mètre et de faire une seconde lecture à gauche. On prendra la demi-différence *algébrique* des deux lectures (quelle que soit la position du zéro des divisions de l'échelle transparente, qu'il soit au centre ou à l'une de ses extrémités); de la sorte,

(1) Il se peut, les boîtes de résistances ne marchant que par sauts brusques de un ou plusieurs ohms, que l'on n'obtienne le résultat qu'à une division ou à une fraction de division près; mais il est alors facile d'amener très exactement l'image du réticule sur la division 108, par exemple, en avançant ou reculant légèrement l'échelle, ce qui se fait sans que l'image du réticule cesse d'être suffisamment nette; on fixera l'échelle dans cette position.

l'erreur probable sera moindre et en outre on n'a plus à se préoccuper de la position initiale du réticule sur l'échelle.

Pour changer le sens du courant, il suffira d'intervertir la position des fils du galvanomètre dans les godets b et b'.

La figure 29 représente l'un des arrangements que l'on peut adopter pour procéder à la graduation du galvanomètre Deprez-d'Arsonval et pour son usage ultérieur; la pile étalon est représentée ici par un élément Meidinger. Dans cette figure, il n'est pas fait usage du commutateur à mercure mentionné plus haut (fig. 28) et si commode dans les laboratoires.

MESURE D'UNE DIFFÉRENCE DE POTENTIEL AVEC LE GALVANOMÈTRE DEPREZ-D'ARSONVAL.

L'appareil est prêt désormais pour une détermination quelconque; soit à mesurer, par exemple, la différence de potentiel, $V_1 - V_2$, entre deux points d'un circuit ABE (fig. 28, p. 60) dans lequel se trouve, si l'on veut, une résistance r et une électrolyse E actionnée par une source électrique A. Mettons ces deux points en rapport, au moyen de fils, avec les godets a et a' et, ayant supprimé les cavaliers en bc et $b'c'$, portons-les en ab et $a'b'$, puis fermons le circuit en I, le galvanomètre se trouve alors en communication et en dérivation sur les points V_1 et V_2', dont nous voulons déterminer la différence de potentiel $V_1 - V_2$; nous aurons, d'après ce qui est dit plus haut, si N est la déviation observée sur l'échelle :

$$V_1 - V_2 = \frac{1,08}{n} \times N.$$

Remarquons que les choses disposées comme le représente le schéma de la figure 28, où la pile étalon reste en permanence, permettent de vérifier en même temps et en quelques instants, avant ou après la mesure d'une différence de potentiel, l'étalonnage du galvanomètre.

Si maintenant, avec un galvanomètre tel que nous l'avons antérieurement gradué, on avait à mesurer des différences de potentiel un peu grandes, les déviations angulaires, devenant considérables, ne seraient plus proportionnelles aux intensités, qui pourraient même être trop fortes pour le galvanomètre. Il y a donc lieu, dans ce cas, lors de l'étalonnage, de diminuer la sensibilité du galvanomètre en réduisant l'intensité du courant qui le traverse; ce que l'on obtient en augmentant la résistance générale du circuit dérivé destiné au galvanomètre, par exemple au moyen de la boîte de résistance auxiliaire, et procédant à la graduation dans ces nouvelles conditions.

Soit à réduire à moitié l'intensité générale d'un courant, dont l'intensité primitive est :

$$i = \frac{c}{R + G_s}$$

dans laquelle $R + G_s$ représente la résistance totale du circuit dérivé du courant principal, R étant la résistance de la boîte auxiliaire et G_s celle du galvanomètre avec son shunt (résistance réduite).

Soit R' la résistance à donner avec la boîte de résistance auxiliaire pour réduire l'intensité à moitié dans le galvanomètre, on a :

$$\frac{i}{2} = \frac{c}{R' + G_s},$$

d'où :

$$R' + G_s = 2(R + G_s)$$

et

$$R' = 2R + G_s,$$

R' est ainsi facile à calculer, car nous connaissons R, et G_s est donné par la relation :

$$G_s = \frac{G \times S}{G + S} \ (1),$$

(1) On sait, en effet, que si l'on a un circuit dérivé tel que a et b (fig. 30), dans lequel les résistances respectives sont r_1 et r_2, l'ensemble de ces deux résistances est équivalent à celle d'un fil unique, dont la résistance R est donnée par la relation :

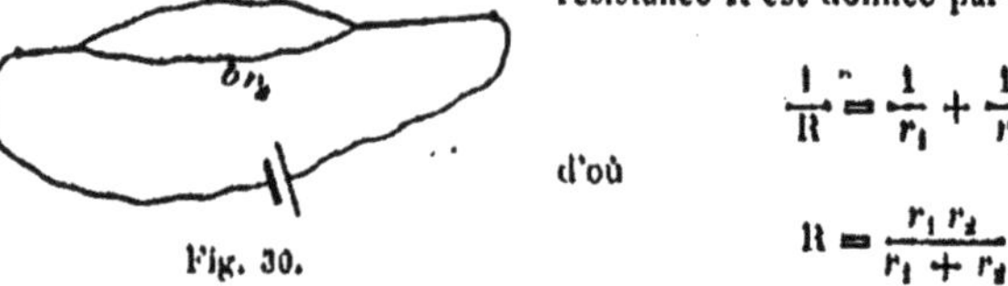

Fig. 30.

$$\frac{1}{R} = \frac{1}{r_1} + \frac{1}{r_2}$$

d'où

$$R = \frac{r_1 r_2}{r_1 + r_2}$$

R est ce que l'on appelle la résistance réduite.

dans laquelle G est la résistance du galvanomètre et S celle du shunt, également connues.

Le galvanomètre Deprez-d'Arsonval, instrument précis, ne sera guère utilisé dans nos laboratoires que pour des recher-ches spéciales, ou pour la vérification ou l'étalonnage des ampèremètres et des voltmètres. On en construit un modèle dans lequel le miroir est remplacé par une aiguille se mou-vant sur un cadran divisé en volts et dixièmes; sa sensibilité est infiniment moindre, mais suffisante pour nous dans un certain nombre de cas.

Voltmètres. — Les appareils courants des laboratoires pour la mesure des différences de potentiel dans les dosages électrolytiques sont, en géné-ral, les voltmètres industriels (fig. 31) portant une aiguille, qui se meut sur un limbe divisé en volts et fractions. Il suffit de mettre leurs bornes en rapport, au moyen de fils, avec les deux points dont on veut connaître la différence de potentiel, qui est alors donnée par une simple lec-ture. Ces voltmètres, comme les précédents, sont munis d'une grande résistance intérieure; ils seront toujours employés en dérivation et jamais dans le courant. La borne de gauche, gé-néralement marquée du signe +, est affectée à l'entrée du cou-rant qui doit les traverser; celui-ci sera muni d'un interrupteur

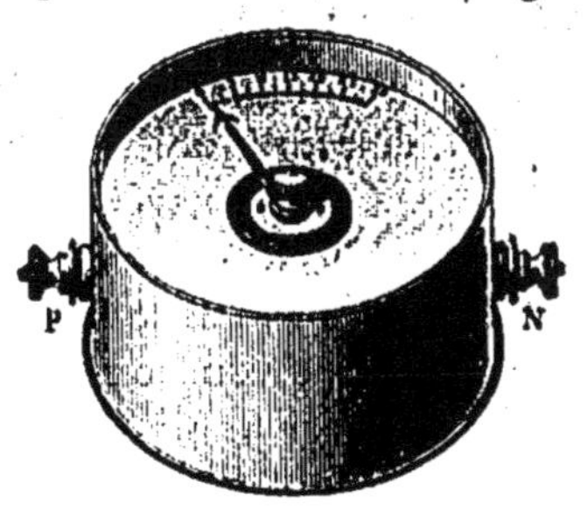

Fig. 31. — Voltmètre.

quelconque (un bouton de sonnerie suffit) destiné à ne laisser passer le courant que pendant un instant très court, pour ne pas altérer la résistance du voltmètre. On construit deux types de ces appareils, les uns à aimant et apériodiques du type Car-pentier et divers ci-dessus, les autres sans aimant mais non apériodiques : types Hummel, Fabius Henrion, etc. A la résistance près, la constitution intérieure de tous ces appareils diffère peu de celle des ampèremètres, que nous examinerons sommairement par la suite avec plus de détails.

MANIÈRE D'OBTENIR UNE DIFFÉRENCE DE POTENTIEL DÉTERMINÉE OU DE LA GRADUER. — RHÉOSTATS.

1° On peut, par le groupement des piles ou autres sources d'électricité, obtenir aux bornes (p. 17) des différences de potentiel variées, mais ici on ne marche que par sauts brusques.

2° Un autre procédé est basé sur la première loi de Ohm, d'où l'on déduit que: lorsqu'un conducteur homogène, ayant partout même section, est traversé par un courant, la différence de potentiel entre deux points est proportionnelle à la longueur du conducteur comprise entre ces points.

Soit, dès lors, un fil rectiligne AB (fig. 32), dont les extrémités sont en rapport avec une source d'électricité S. Fixons en A l'un des fils d'un circuit électrolytique E, et faisons glisser l'autre, Ea, sur le fil AB, nous prendrons ainsi telle fraction que nous voudrons de la différence de potentiel $V_1 - V_2$,

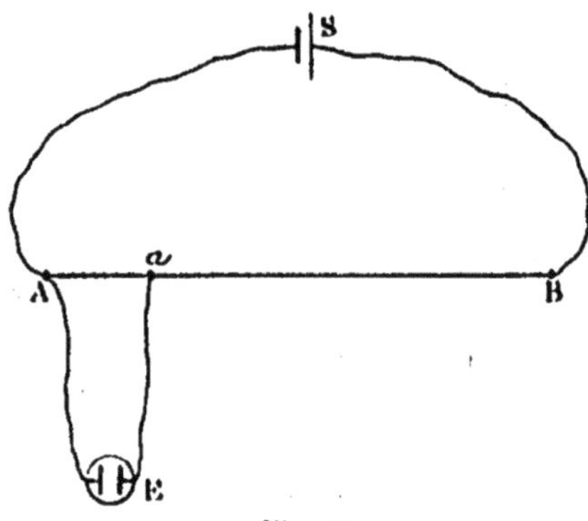

Fig. 32.

existant entre les extrémités A et B. Il nous sera facile de graduer de la sorte notre voltage, et par suite l'intensité dans le circuit d'électrolyse. Plusieurs opérateurs peuvent être branchés sur ce même dispositif. Le fil AB sera pris en maillechort fin et long, afin qu'il oppose une certaine résistance au courant, sans quoi il n'en passerait qu'une portion trop faible dans les circuits d'électrolyse qui s'y trouvent branchés; en outre, un fil peu résistant nécessiterait alors un débit d'électricité considérable et peu économique.

En réalité, on ne prend pas un fil rectiligne, trop encombrant; mais on le contourne en lacets passant sur des bornes

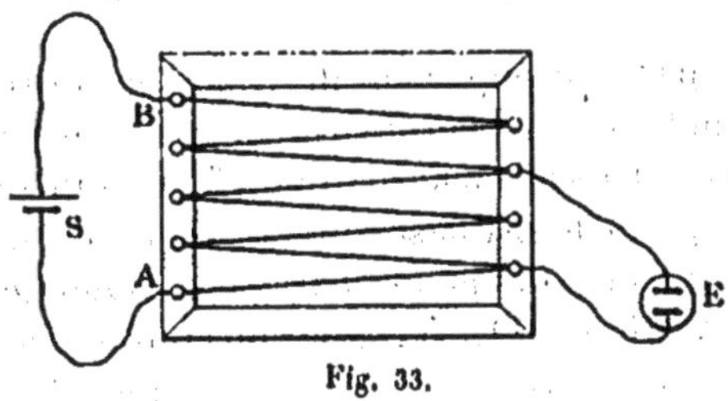

Fig. 33.

fixées sur un cadre, comme il est représenté ici (fig. 33); aux bornes terminales A et B seront fixées les fils de la source; aux intermédiaires, ceux des électrolyses E. On pourra aussi, au moyen de pinces fixées aux fils allant aux électrolytes, pincer et mettre en rapport avec eux un point quelconque des lacets.

Il est encore plus commode de contourner le fil en lacet en hélices aboutissant à des bornes (fig. 34).

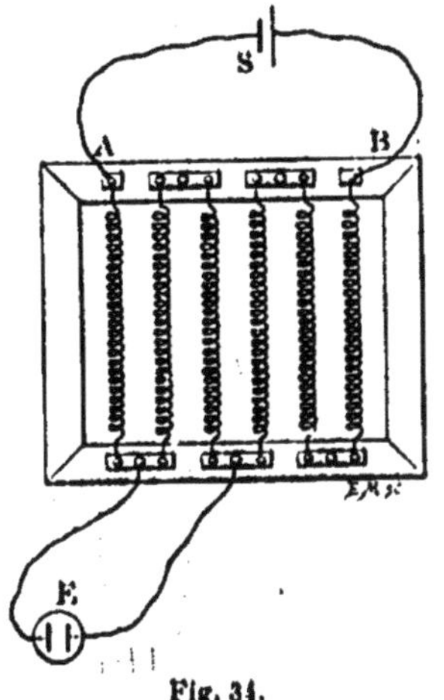

Fig. 34.

Ces mêmes châssis, garnis de fils, serviront également de résistances à interposer dans les circuits ordinaires. Les résistances que l'on peut faire varier ainsi, d'une manière sensiblement continue, portent généralement le nom de *rhéostats*; elles seront décrites plus loin (1).

(1) Remarquons, à ce propos, que lorsque les pôles d'une pile sont réunis par un circuit extérieur, la différence de potentiel à ses pôles n'est pas égale à sa force électromotrice en circuit ouvert, mais qu'elle est maintenant, si on la désigne par v :

$$v = \frac{ER_2}{R_1 + R_2},$$

Dans laquelle R_1 est la résistance de la pile et R_2 la résistance totale des conducteurs extérieurs réunissant les pôles.

DENSITÉ DU COURANT. — DÉTERMINATION DE L'INTENSITÉ DU COURANT TRAVERSANT L'ÉLECTROLYTE.

DENSITÉ DU COURANT.

La densité du courant est la quantité capitale à déterminer dans l'analyse électrolytique pour chaque cas particulier. La méconnaissance de ce fait enlève une partie de leur valeur à une foule de travaux exécutés sur ce sujet et laisse planer, encore à cette heure, une grande incertitude sur les conditions exactes où il faut se placer pour certaines électrolyses.

L'intensité du courant, dans le fil aboutissant à l'électrolyte, donnée seule, n'a aucune signification, à moins que l'on ne précise en détail toutes les autres conditions où l'on se trouve placé.

Ce qu'il importe surtout de spécifier, c'est ce que nous avons nommé la *densité du courant*, c'est-à-dire l'intensité du courant qui traverse l'unité de surface de l'électrode, sur laquelle se fait le dépôt électrolytique.

Si l'on désigne par i l'intensité du courant dans le circuit d'électrolyse, et par s la surface d'électrode recouverte par le dépôt électrolytique, la densité D du courant sera :

$$D = \frac{i}{s},$$

i étant exprimé en ampères, s en centimètres carrés, conformément au système C.G.S. Dans l'industrie, il est d'usage d'exprimer les surfaces d'électrodes en décimètres carrés et de rapporter la densité à cette unité ; on l'appelle alors densité normale (1) et on la désigne par le symbole ND_{100}, pour exprimer qu'elle est rapportée au décimètre carré = 100 centimètres carrés. Cette notation a été adoptée dans la plupart des travaux consacrés à l'analyse électrolytique ; nous l'emploierons au cours de ce traité pour nous conformer à l'usage. Si l'on

---

(1) Cette expression, densité normale, n'est pas heureuse ; la densité normale devrait être celle que l'on rapporte au centimètre carré, conformément au système C.G.S., de plus en plus employé, particulièrement en électricité.

désigne par S majuscule la section exprimée en décimètres carrés, on aura :

$$\mathrm{ND}_{100} = \frac{i}{S},$$

Soit $i = 1$ ampère et $S = 0^{dq},80$, par exemple, on aura pour la densité de courant dite normale :

$$\mathrm{ND}_{100} = \frac{1}{0,80} = 1,25 \text{ ampères.}$$

A cause de la forme variée, et souvent dissymétrique, des électrodes et de l'épaisseur différente des couches liquides traversées, comme on le verra plus tard, l'intensité du courant n'est pas exactement la même en tous les points des diverses sections de l'électrode. Il devra donc être sous-entendu que cette valeur ND_{100} représente la densité moyenne du courant relative à l'électrode considérée ; d'une manière générale, il sera préférable de donner la densité afférente à chacune des électrodes. Ceci posé, il suffira de déterminer l'intensité dans le circuit et la surface occupée par le dépôt ou la surface immergée dans l'électrolyte.

Dans bien des cas, il sera nécessaire de donner la forme des électrodes, leur dimension, leur distance, car la nature ou l'intensité des réactions secondaires, qui peuvent se produire, varient singulièrement, pour un même électrolyte, avec les surfaces relatives des électrodes. Des expériences empruntées à Œttel mettent ce fait en évidence.

Dans trois vases à précipités, I, II, III (fig. 35), on verse 100 à 150 centimètres cubes d'une solution renfermant par litre environ 10 grammes de fer et 20 grammes d'acide sulfurique libre ; la moitié du fer doit se trouver à l'état ferreux, l'autre moitié à l'état ferrique. Dans I la cathode est un cylindre de platine de 5 centimètres de haut et 4 centimètres de diamètre, l'anode un fil de platine contourné en spirale au centre de la cathode ; II renferme les mêmes électrodes, mais leur polarité est renversée : le cylindre est ici l'anode et le fil la cathode ; enfin III renferme deux lames de platine semblables.

Les trois vases sont rangés en série avec interposition d'un rhéostat de réglage R*h*, d'un ampèremètre A, et d'un voltamètre à sulfate de cuivre C, une source S fournit le courant, qui sera réglé à 0,3-0,4 ampères.

Après deux heures environ, le cuivre déposé dans le volta-mètre à cuivre est pesé, en même temps que le fer resté à l'état ferreux est dosé dans les trois vases. On constate alors que dans I, où la densité du courant est faible à la cathode à cause

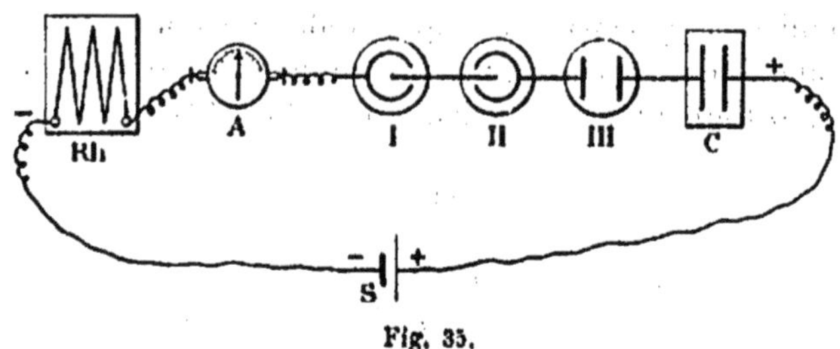

Fig. 35.

de sa grande surface, il y a réduction. Dans II, où la densité de courant est faible à l'anode, il y a eu oxydation, tandis que dans III les deux effets se sont neutralisés. Ces phénomènes tiennent sans doute à la large surface d'action que présentaient alors l'hydrogène porté à la cathode et l'oxygène à l'anode.

DÉTERMINATION DE L'INTENSITÉ DES COURANTS.

La détermination de l'intensité d'un courant peut être effec-tuée au moyen du voltamètre, ou avec des galvanomètres ordinairement désignés pour cet objet sous le nom d'ampère-mètres, ou, enfin, par la pesée d'un dépôt électrolytique.

VOLTAMÈTRE.

Le voltamètre a été d'abord le plus fréquemment employé, parce qu'il est d'un usage courant dans les laboratoires de chimie pour la préparation du gaz tonnant et, en outre, parce que sa construction est assez facile et économique ; on l'utilise encore, mais on lui substitue de plus en plus les ampèremètres, infiniment plus commodes.

Le voltamètre le plus simple à construire, et suffisant, con-siste en une éprouvette A, de 50 à 60 centimètres cubes envi-ron de capacité (fig. 36), dont le bouchon est traversé par

deux tubes, presque capillaires, dans lesquels sont masti-
qués, au moyen de cire à cacheter, deux fils de platine,
soudés eux-mêmes, à l'aide d'une trace d'or, à des lames
de même métal sensiblement égales en surface. On ne
peut guère donner à chacune de ces lames moins de 10 centimètres carrés environ, si on ne veut pas que le voltamètre
introduise une résistance trop grande dans le courant. Un
tube abducteur, traversant le bouchon, permettra de recueillir le gaz tonnant *sur l'eau*, dans une cloche B, de 25 à 50 c.c.

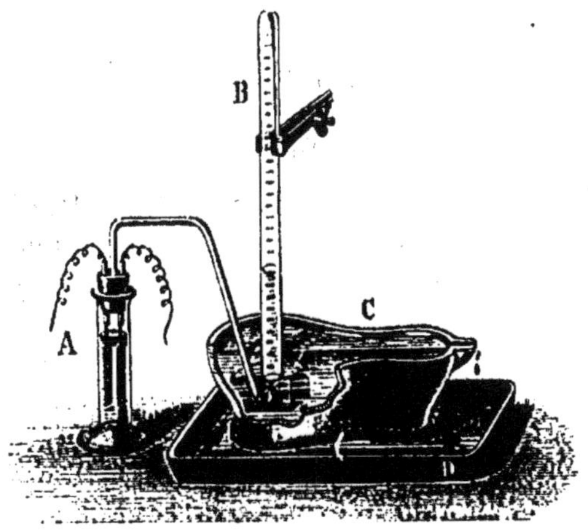

Fig. 36. — Voltamètre.

environ, divisée en dixièmes de centimètre cube. On prendra
comme cuve à eau un vase quelconque muni d'un tube de
trop-plein, afin que, le niveau restant le même dans cette cuve,
les gaz qui se forment sur les lames de platine y supportent
une pression sensiblement constante. On peut faire usage,
comme cela est représenté sur la figure, d'une de ces cuves de
porcelaine C habituellement destinées au mercure, mais ici
remplie d'eau et dont le bec de déversement maintiendra le
niveau constant, l'eau qui s'en écoule tombant dans une
cuvette D. L'acide sulfurique dilué, introduit dans l'éprouvette jusqu'à y noyer les lames, a une densité 1,20 environ
(minimum de résistance) ; on peut le remplacer, avec avantage, par de l'acide phosphorique qui, ainsi que l'a montré

Berthelot, n'est pas susceptible de peroxydation sous l'influence de l'oxygène dégagé par le courant.

On ne doit pas chercher à refroidir un voltamètre lorsqu'il tend à s'échauffer dans le passage du courant, parce que, à basse température, une partie de l'oxygène dégagé peut se fixer à l'état d'acide persulfurique ou d'eau oxygénée, et altérer ainsi le rapport suivant lequel les deux gaz de la pile doivent se dégager.

Il est important, d'autre part, si l'on veut faire des mesures exactes, de laisser marcher à l'origine le voltamètre pendant quelque temps avant de recueillir son gaz, afin que les lames de platine se saturent des gaz occlus qu'elles ont à prendre et que le régime soit régulier.

Pour recueillir le gaz dégagé par un courant pendant un temps t, on amènera d'un mouvement brusque, à l'origine des temps, la cloche graduée sur l'orifice de dégagement du tube abducteur qui ne doit pas y pénétrer, puis, après le temps t, on l'écartera de cet orifice par un semblable mouvement. On choisira de préférence, s'il est possible, pour l'un ou l'autre de ces mouvements, l'intervalle du dégagement de deux bulles de gaz. D'ailleurs, même en recueillant le gaz à une petite bulle près, l'erreur que l'on commet divisée par le grand nombre de secondes durant lequel on opère est presque toujours négligeable. Cette manière de procéder est au moins supérieure, pour des raisons qu'il serait trop long d'exposer, à celle qui consisterait à fermer le courant à l'origine des temps et à le rompre à la fin.

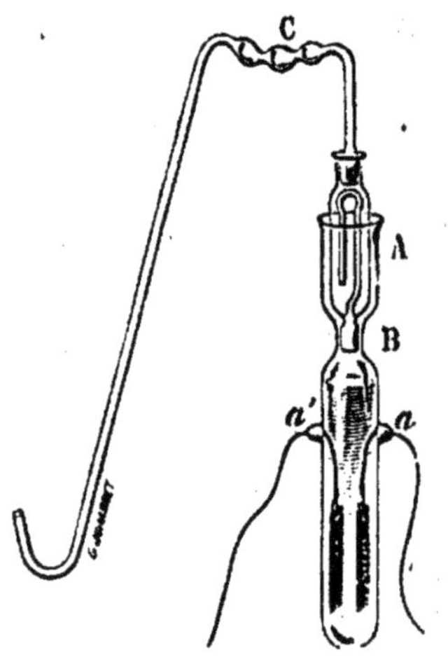

Fig. 37. — Voltamètre de Bunsen.

L'appareil de Bunsen à gaz de la pile, un peu modifié (fig. 37), peut également servir de voltamètre; il ne diffère du précédent qu'en ce que les fils de platine sont soudés en a a' dans le verre, et les pièces mobiles assemblées à l'émeri. Un petit barboteur A rodé dans le col B, ainsi que les ampoules C, sont destinés à recevoir de l'acide sulfurique concentré, agent desséchant et dans l'espèce inutile, attendu que le gaz est recueilli sur l'eau. Le tube de dégagement est rodé dans le goulot de l'appareil.

Le voltamètre sera placé à demeure dans le circuit d'électrolyse ou autre, d'où il ne doit jamais être sorti. Pour déterminer l'intensité du courant, à une période quelconque, il suffira de recueillir et de mesurer dans la cloche, à la température ambiante θ, le volume de gaz tonnant V_θ qui s'est dégagé durant un temps t exprimé en secondes et de calculer son volume V_0 à 0°. En tenant compte de la pression barométrique ramenée à zéro, de la force élastique f de la vapeur à la température θ et enfin de la différence de niveau h, entre l'intérieur et l'extérieur de la cloche, exprimée en hauteur de mercure à 0°, on a alors pour le volume v de gaz dégagé *en une seconde*, ramené à zéro et à la pression normale :

$$ v = \frac{V_0}{t} = \frac{V_\theta}{t} \times \frac{H_0 - (f \pm h)}{(1 + 0,00367\theta)76}. $$

h sera précédé du signe $+$ si, comme le plus ordinairement, on mesure le gaz sur une cuve à eau (fig. 38); et du signe $-$ si, pour la lecture du gaz, on noie complètement la cloche dans une éprouvette pleine d'eau (fig. 39), qui donne bien plus rapidement une température fixe, non influencée par la présence de l'observateur ou les autres causes extérieures.

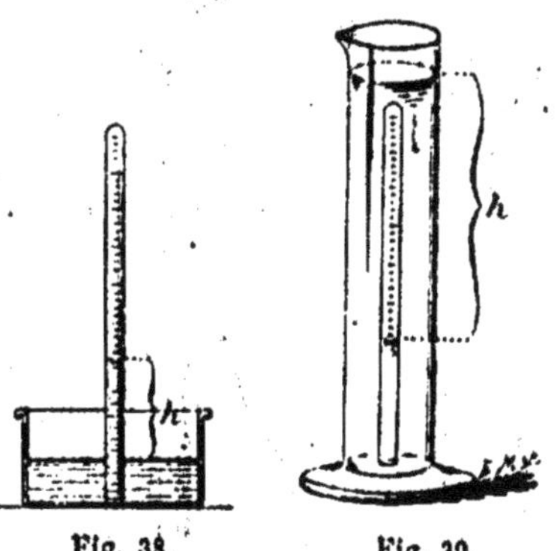

Fig. 38.　　　　Fig. 39.

La connaissance du volume v suffit pour déterminer l'intensité du courant. On a vu, en effet (p. 24), que la masse m d'un électrolyte, dont l'équivalent électrochimique est τ, décomposée dans le temps t par un courant d'intensité i, est :

$$ m = 0,000010384 \times \tau \times i \times t. $$

Or, dans le voltamètre tout se passe comme si l'eau elle-même était décomposée; son équivalent électrochimique étant

$$\frac{H^2O}{2} = \frac{17,96}{2} = 8,98.$$

on aura, pour la quantité pondérale décomposée par un courant d'intensité i et dans le temps t :

$$m = 0,000\,010\,384 \times 8,98 \times i \times t = 0^{gr},000\,093\,25 \times i \times t$$

qui se dégage sous forme de gaz tonnant.

Si, au lieu du poids, nous considérons le volume V_0, à $0°$ et 76 centimètres, du gaz obtenu avec ce même courant, nous aurons :

$$V_0 = 0^{cc},1739 \times i \times t,$$

d'où

$$i = \frac{1}{0,1739} \times \frac{V_0}{t} = \frac{1}{0,1739} \times \frac{V_0}{t} \times \frac{H_0 - (f \pm h)}{(1 + 0,003\,67\,\theta)76} \quad (1).$$

Remarquons que la quantité

$$\frac{1}{0,1739 \times 76} = 0,075\,66$$

est constante; on aura donc comme formule définitive plus simple pour le calcul de l'intensité :

$$i = 0,075\,66 \frac{V_0}{t} \times \frac{H_0 - (f \pm h)}{1 + 0,003\,67\,\theta},$$

dans laquelle les volumes seront exprimés en centimètres cubes, les longueurs en centimètres, le temps en secondes, l'intensité en ampères.

Pour abréger les calculs, des tables, placées à la fin de ce volume, donnent, pour les températures comprises entre $0°$

---

(1) Observons que si, au lieu de considérer le volume dégagé pendant un temps quelconque, on envisage celui qui s'est dégagé durant une minute, ainsi que l'ont fait la plupart des opérateurs, on a alors :

$$i = \frac{1}{0,1739} \times \frac{V_0}{60} = \frac{V_0}{10,43},$$

expression que l'on rencontre souvent.

et 30° auxquelles se font les lectures, les valeurs de plusieurs termes de cette formule.

La plupart des expérimentateurs, qui ont employé le voltamètre dans leurs électrolyses, expriment les intensités par le nombre de centimètres cubes de gaz tonnant, ramenés à 0°, débités pendant *une minute*; il suffira donc, pour passer de cette donnée en volumes aux intensités exprimées en ampères, de la multiplier par le facteur 0,09589. Une table, placée à la fin de l'ouvrage, donne ce produit effectué pour les nombres de 1 à 100.

On peut notablement abréger les calculs qu'exige le voltamètre, en simplifiant la formule précédente et lui conservant son exactitude. Il suffira de s'astreindre à faire chaque lecture de gaz, la cloche étant noyée dans l'eau d'une éprouvette (fig. 39) maintenue à 18°, température facile à obtenir en tout temps ; le terme

$$\frac{0,075\,66}{1+0,003\,67 \times 18} = 0,071$$

est alors constant; il en sera de même de $f_{18} = 1^c,5$ et l'on a alors la formule exacte et plus simple

$$i = \frac{V_{18}}{t} (H_0 + h - 1,5) \times 0,071.$$

Si l'on se dispensait, en même temps, de ramener à zéro la hauteur barométrique, on obtiendrait la formule abrégée :

$$i = \frac{V_{18}}{t} (H_0 + h - 1,5) \times 0,071$$

avec laquelle l'erreur relative, dans le cas le plus défavorable, n'atteint pas 1/200; et, comme dans les dosages électrolytiques on ne dépasse guère 2 à 3 ampères au plus, on voit que l'erreur n'affectera que de une ou deux unités le chiffre des centièmes d'ampères, quantité tout à fait négligeable dans la pratique courante et même pour l'étalonnage de nos ampèremètres du modèle industriel.

G. Neumann a proposé, en Allemagne, l'emploi d'un voltamètre, qui n'est autre que celui de Walter modifié (fig. 40). Il consiste en une ampoule de verre, soudée à une cloche, divisée, surmontée d'un robinet et d'un entonnoir. L'ampoule contient les lames de platine, dont les fils suspenseurs

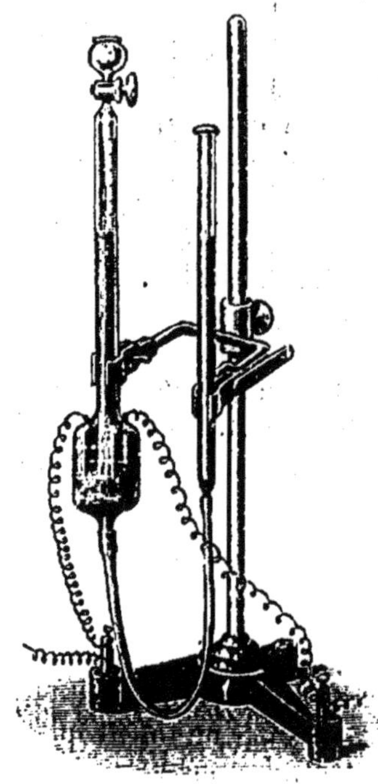

Fig. 40. — Voltamètre de Walter-Neumann.

sont soudés dans la paroi; ils sont mis en rapport avec le courant au moyen de fils et de bornes fixées et isolées dans le pied de l'instrument. L'ampoule porte, à sa partie inférieure, une tubulure mise en communication, par un caoutchouc, avec un tube droit non divisé, maintenu par une pince à ressort. Pour faire usage de l'appareil : soulever ce tube, le robinet étant ouvert, pour faire monter l'eau acidulée jusqu'au robinet, que l'on ferme aussitôt. Puis placer l'appareil dans le circuit et commencer l'électrolyse. Après un temps t, on arrête le courant pour faire la lecture, en ayant soin d'établir l'égalité de niveau dans le tube gradué et non gradué.

Cet appareil, comme les précédents, ne doit pas être sorti du courant; il exige en outre son interruption au commencement et à la fin de chaque détermination d'intensité, circonstance peu favorable aux électrolyses; de plus, les lectures des volumes étant faites à la température ambiante quelconque, il ne permet pas de faire usage de la formule simplifiée indiquée plus haut; pour tous ces motifs, cet appareil est bien inférieur aux voltamètres décrits ci-dessus, qui n'exigent aucune interruption de courant, et particulièrement à celui qui, décrit en premier lieu, est d'ailleurs si facile à construire.

F. OEttel emploie, plus économiquement, un voltamètre (fig. 41) à électrodes de nickel plongeant dans une solution de soude à 15 p. 100 exempte de chlore. Ce voltamètre est ordinairenient constitué par un flacon cylindrique en verre épais. On y dispose deux électrodes cylindriques en nickel, concentriques; comme on peut leur donner, sans dépense notable, une assez grande surface, la résistance du voltamètre sera

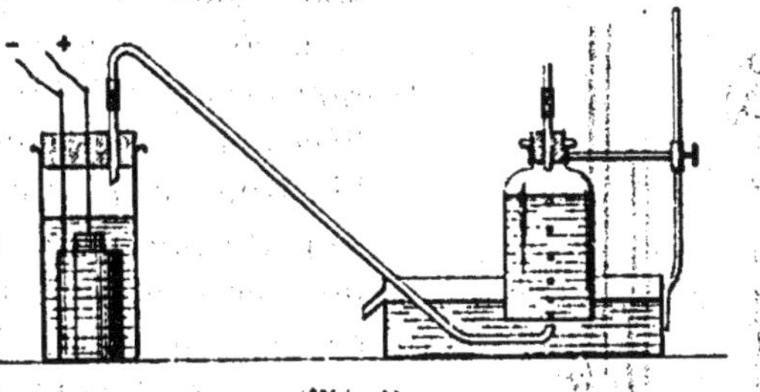

Fig. 41.

relativement faible. Deux conducteurs, également en nickel, traversent le bouchon et amènent le courant aux électrodes auxquelles ils sont soudés. Le cylindre intérieur, par exemple, sert d'anode.

Le bouchon est traversé par un tube de verre taillé en biseau servant au dégagement des gaz et en même temps à vider l'appareil.

Le gaz se rend sous une cloche constituée par un flacon sans fond, de 150 centimètres cubes environ ; son goulot est fermé par un bouchon de caoutchouc traversé par un tube capillaire fermé lui-même au moyen d'une baguette de verre et d'un tube de caoutchouc. Quand, au bout de plusieurs minutes, une quantité suffisante de gaz a été recueillie, OEttel la fait passer dans une burette de Hempel pour en déterminer le volume.

Ce dispositif, moins exact que les précédents, doit être suffisant dans beaucoup de cas, et particulièrement pour des courants électrolytiques industriels à grand débit.

Les voltamètres, fréquemment employés, présentent plusieurs inconvénients : ils ne donnent que l'intensité moyenne pendant un temps déterminé et non l'intensité à un instant donné; ne pouvant être sortis du circuit, il en faut un pour chaque électrolyse; de plus, ils consomment une partie de l'énergie du courant; enfin, ils exigent la lecture d'un volume gazeux et celle du baromètre, puis des calculs. Aussi leur

préfère-t-on à bon droit, aujourd'hui, des ampèremètres industriels, quoique ceux-ci fournissent généralement des indications moins précises mais très suffisantes. Le voltamètre
restera dès lors comme un appareil très commode et exact
pour la vérification ou l'étalonnage des ampèremètres.

AMPÈREMÈTRES.

Les ampèremètres industriels sont de deux ordres : les uns
sans aimant, les autres à aimant; ceux-ci sont apériodiques,
les autres ne le sont pas. Leur système varie d'ailleurs un peu,
suivant les constructeurs.

Ampèremètres sans aimant. — Celui de Hummel, par
exemple, dont le principe est assez répandu, se compose d'un
solénoïde S (fig. 42), dont le conducteur aboutit aux bornes
A et B. Un tube en fer doux, très léger, F, est porté par un

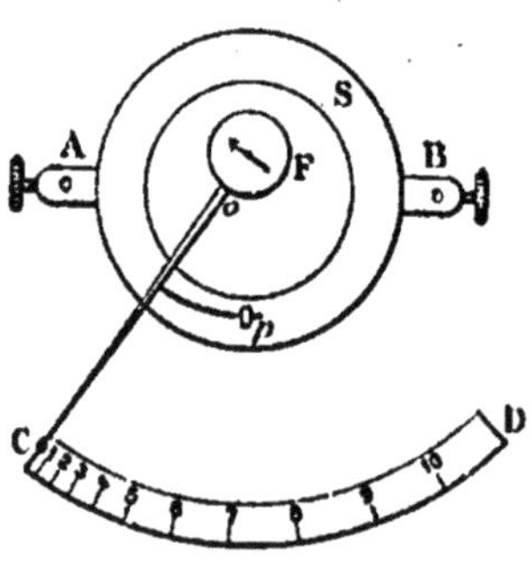

Fig. 42. — Ampèremètre
de Hummel.

axe, o, parallèle à celui du solénoïde. Quand le courant passe,
F est attiré vers le conducteur le
plus rapproché et son déplacement est indiqué par une aiguille,
oc, qui se meut sur un cadran
divisé par comparaison en ampères ou fractions d'ampères; une
petite messe, p, agit comme force
directrice. Il existe des systèmes
analogues; nous possédons celui
de Fabius Hanrion (de Nancy). Le
défaut de ces appareils est de
n'être pas apériodiques; leur aiguille oscille assez longtemps
avant d'atteindre sa position d'équilibre, pour les moindres
variations d'intensité; mais, n'ayant pas d'aimant, ils offrent
l'avantage de ne pas se dérégler avec le temps ou par l'usage.

Ampèremètres à aimant. — Nous signalerons particulièrement ceux de Carpentier, fréquemment employés en
France et fort commodes pour l'usage des laboratoires. Ils
consistent en un champ magnétique formé par deux aimants
demi-circulaires, AA', BB' (fig. 43), aussi identiques que
possible. Dans ce champ sont placées, obliquement par

rapport à ses lignes de force, deux bobines, D, C, traversées par le courant introduit par les bornes P, N. Un barreau de fer doux, *ab*, susceptible de tourner autour d'un axe et portant une aiguille, est placé entre les deux bobines, en regard des pôles de l'aimant. Le passage du courant modifiant les lignes de force du champ magnétique, la pièce de fer doux se déplace, avec son aiguille se mouvant sur un limbe divisé par comparaison en ampères ou fractions. Ces appareils robustes sont apériodiques, leur aiguille se fixe immédiatement dans sa position d'équilibre; on en fait allant de 0 à 50 ampères et d'autres, pour des courants faibles, divisés en 1/10 et même en 1/50 d'ampères. Les appareils allant de 0 à 3 ou 4 ampères, divisés en 1/10, suffisent pour le plus grand nombre des

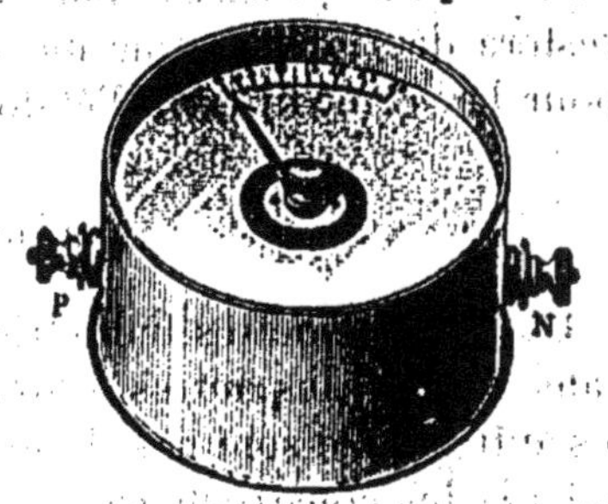

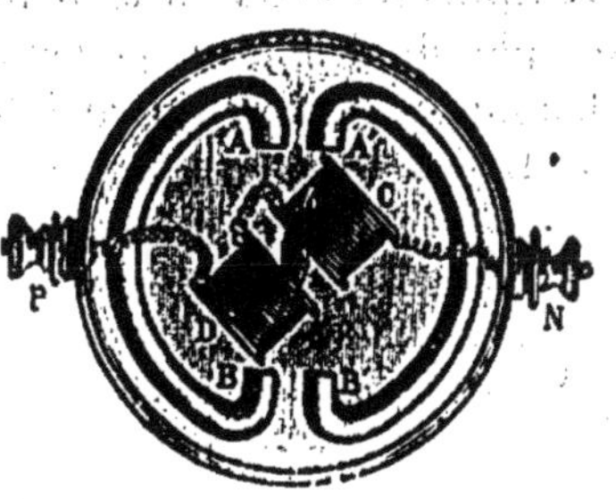

Fig. 43. — Ampèremètre.

électrolyses; mais il est bon, dans certains cas, de disposer d'un ampèremètre allant de 0 à 1 ampère divisé en 1/50, et d'un autre pour les forts courants compris entre 0 et 10 ou 16 ampères.

Lorsqu'on ne dispose que d'un ampèremètre insuffisant pour de forts courants, on a la faculté de le shunter comme les autres galvanomètres.

Le défaut des ampèremètres à aimants, si commodes et très employés, est de se dérégler quelquefois, le magnétisme de l'aimant pouvant changer avec le temps ou sous des influences diverses. Nous verrons ultérieurement qu'il est facile, dans les laboratoires, de vérifier en tout temps leur graduation et de faire, s'il y a lieu, une table de correction.

Les ampèremètres ayant une résistance intérieure très faible, et pratiquement nulle en général, on pourra les introduire dans un courant et les y laisser à demeure, ou bien les y introduire et les en sortir, sans faire varier sensiblement son intensité ; ce qui offre l'avantage de pouvoir, avec un seul appareil, inspecter et régler l'intensité des courants de plusieurs électrolyses en fonctionnement. Nous verrons d'ailleurs, par la suite, les dispositifs que l'on peut adopter pour faire cette opération sans interrompre les courants et pour examiner ainsi, successivement, un grand nombre d'électrolyses simultanées.

Voltmètres industriels. — Les voltmètres industriels, dont nous avons parlé (p. 65), sont basés sensiblement sur les mêmes principes que les ampèremètres ; ils n'en diffèrent, au fond, que par leur résistance très grande, qui s'élève, suivant les cas, de plusieurs centaines à plusieurs milliers d'ohms. Rappelons encore que les voltmètres doivent être placés en dérivation entre les deux points dont on a à mesurer la différence de potentiel ; de la sorte, grâce à leur énorme résistance, ils ne dérivent qu'une portion négligeable du courant et ne font varier que d'une quantité également négligeable la différence à mesurer.

Ampèremètre de Lippmann. — Cet ampèremètre, fort ingénieux, est fondé sur un principe tout différent. Il consiste en un manomètre plein de mercure (fig. 44) dont les branches sont en verre et dont la portion horizontale, creusée dans une masse de fer, est placée entre les pôles d'un aimant puissant (non représenté dans cette première figure) et dont le champ magnétique est perpendiculaire au plan du tableau, le pôle nord étant supposé ici en avant de ce plan. Vers le milieu de la branche moyenne horizontale, se trouve creusée, dans la masse du fer, une auge prismatique très aplatie, qui reçoit : à sa partie supérieure, une lame de platine pour l'entrée du courant ; à sa partie inférieure, une autre lame pour sa sortie. La lame mince mercurielle, délimitée par les parois de cette auge,

Fig. 44. — Coupe d'un ampèremètre de Lippmann.

ainsi traversée par l'électricité, constitue un élément de courant, qui tend à repousser l'aimant conformément à la règle d'Ampère. Mais l'aimant étant fixe et l'élément mobile, ce dernier subit la réaction de l'aimant et se déplace en produisant une poussée hydrostatique, qui amène une dénivellation du mercure, dans les branches du manomètre, faisant équilibre à la poussée électro-magnétique.

Or, l'expérience et le calcul montrent que la pression hydrostatique p, mesurée par la dénivellation du mercure, est proportionnelle à l'intensité magnétique H de l'aimant, à l'intensité i du courant, et inversement proportionnelle à l'épaisseur e de la lame mercurielle. On a donc :

$$p = \frac{H}{e} i.$$

Pour que l'appareil soit sensible, on prend, dès lors, l'aimant puissant et la lame mercurielle très mince, son épaisseur n'est guère que de $0^{mm},2$.

L'équation précédente donne :

$$i = \frac{e}{H} p,$$

qui permet de mesurer l'intensité d'un courant dans lequel l'appareil a été interposé. Il suffit pour cela, la quantité constante $\frac{e}{H}$ étant déterminée une fois pour toutes, d'une simple lecture de la dénivellation p sur les branches du manomètre divisées en millimètres.

La détermination de la constante est des plus simples : on intercale l'appareil dans un courant, dont l'intensité i est donnée, soit par un voltamètre qu'on y interpose, soit, comme on le verra ultérieurement, par le galvanomètre Deprez-d'Arsonval, ou par la pesée du dépôt métallique obtenu dans un électrolyte placé dans le courant. En lisant, d'autre part, la dénivellation produite p, on a alors, pour la valeur de la constante :

$$\frac{e}{H} = \frac{i}{p}.$$

L'étalonnage est ainsi rapidement obtenu au moyen d'une seule détermination.

Le dernier modèle de cet appareil, construit par Bréguet, et que possède notre laboratoire (fig. 45), ne diffère du pré-

Fig. 45. — Ampèremètre de Lippmann.

cédent qu'en ce que l'une des branches du manomètre est remplacée par une cuvette C, de large surface, semblable à celle de certains baromètres. On n'a plus ainsi qu'à lire la dénivellation sur une seule branche formée par un tube, un peu capillaire, T, analogue à ceux des thermomètres et divisé en millimètres, le niveau ne pouvant plus varier sensiblement dans la large cuvette (1). La constante de notre appareil

(1) Dans ce modèle, deux plaques de fer, en *a b*, légèrement creusées, rapprochées et maintenues par des boulons, limitent une lame mercurielle, ainsi qu'on

est 0,035, ce qui revient à dire que chaque division représente 0,035 ampères ; comme il porte 200 divisions, il permet, par conséquent, de mesurer des courants d'une intensité pouvant aller jusqu'à 7 ampères.

La résistance de l'ampèremètre Lippmann est pour ainsi dire nulle ; on peut donc le placer successivement dans les courants de diverses électrolyses en marche et l'en sortir sans altérer leurs intensités. Les seuls défauts qu'on pourrait lui reprocher sont : son prix assez élevé et, en outre, comme dans tous les appareils à aimant, une variation possible du magnétisme de l'aimant avec le temps ; mais son étalonnage, qui n'exige qu'une seule détermination, permet sa prompte et facile vérification. Ajoutons qu il est bon, au moment des lectures sur cet appareil, de lui donner quelques petits chocs, pour vaincre l'inertie de la colonne mercurielle, dans le cas où l'on a employé dans sa construction un tube capillaire, qui n'est pas indispensable.

DÉTERMINATION DE L'INTENSITÉ DES COURANTS PAR LE GALVANOMÈTRE DEPREZ-D'ARSONVAL.

Il suffira de prendre, avec ce galvanomètre gradué en volts (p. 63), la différence de potentiel V_1-V_2 (fig. 46) aux extrémités d'une résistance R connue et interposée à demeure dans le circuit (1) ; on aura alors pour l'intensité i :

$$i = \frac{V_1 - V_2}{R}.$$

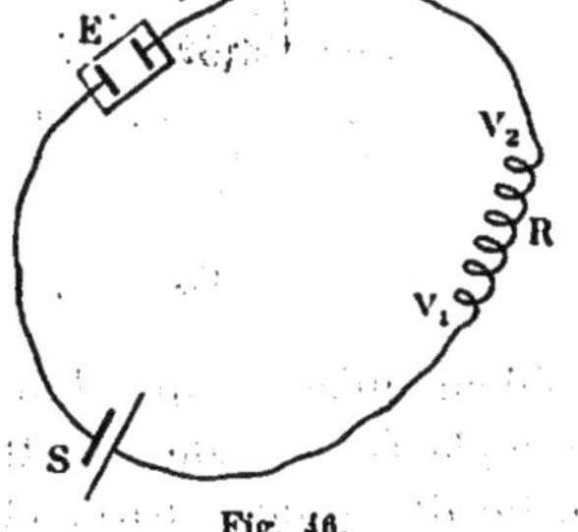

Fig. 46.

Cette méthode, très exacte, n'est pas employée dans nos électrolyses courantes où les ampèremètres industriels suffisent

le voit entre les branches de l'aimant. La borne positive communique avec la partie inférieure de la lame mercurielle, la négative avec la partie supérieure.

(1) On prendra pour cela une longueur de fil dont la résistance sera connue ou une boîte de résistances, mais celle-ci ne saurait servir pour des courants un peu intenses et continus pouvant altérer ses fils.

généralement; elle sera utilisée dans des recherches spéciales ou pour l'étalonnage des ampèremètres.

DÉTERMINATION DE L'INTENSITÉ DES COURANTS PAR LA PESÉE D'UN DÉPÔT ÉLECTROLYTIQUE.

Lorsqu'on décompose par un courant une solution saline d'un métal, dont l'équivalent chimique rapporté à $H = 1$ est r_i, on sait déjà (p. 24) que la masse m de métal déposée sur la cathode, par un courant d'intensité i, au bout d'un temps t, est :

$$m = 0,000\,010\,384 \times r_i \times i \times t = \frac{1}{96\,300} \times r_i \times i \times t,$$

d'où

$$i = \frac{m}{0,000\,010\,384 \times r_i \times t} = \frac{m \times 96\,300}{r_i \times t}.$$

Ce qui permet d'obtenir l'intensité, m étant exprimé en grammes et t en secondes.

Il suffira donc d'interposer dans le circuit, dans lequel on veut mesurer l'intensité, une solution saline munie de deux électrodes, mais ici de même nature que le métal existant dans la solution, et de peser, avec les précautions d'usage, le métal déposé à la cathode après un temps t. On emploiera pour cela, par exemple, une solution d'azotate d'argent avec électrodes de même métal, ou une solution de sulfate de cuivre avec électrodes de cuivre. Lorsqu'on fait usage de ce dernier sel, il est bon d'opérer à la température ordinaire avec une solution *acidifiée par l'acide sulfurique*, si l'on veut avoir des résultats exacts. Il y a lieu d'observer d'ailleurs que, sous l'influence de trop forts courants, il peut se déposer de l'oxydule de cuivre ou du cuivre spongieux non adhérent, à moins que l'on ne prenne alors de larges surfaces d'électrodes. L'emploi des sels d'argent ne présente pas au même degré l'inconvénient de la formation d'un oxydule correspondant, mais l'argent, pour de grandes intensités, peut se déposer spongieux ou même cristallin et peu adhérent; ici encore il est nécessaire de prendre de grandes surfaces d'électrodes (1).

(1) D'après Gray, pour obtenir des résultats très exacts, il est nécessaire de

Quelle que soit la nature de l'électrolyte ou des électrodes choisies pour les mesures, il y a lieu d'observer la précaution suivante, commune à tous les cas : c'est d'avoir deux cathodes distinctes aussi identiques que possible de forme et de surface. L'une, auxiliaire, que l'on introduit à l'origine et qui ne restera interposée que le temps nécessaire au réglage du courant, que l'on amène à sa valeur requise au moyen d'une résistance variable de réglage déjà interposée dans le circuit d'expérience ; l'autre, cathode de mesure, tarée, que l'on substitue ensuite à la précédente, et qui, à cause de son identité de disposition, de surface et de distance à l'anode, n'apportera aucun trouble au courant déjà réglé ; on la pèse après qu'elle a séjourné dans le courant durant un temps t suffisant pour avoir un dépôt notable.

Parmi les dispositions convenables dans ces sortes de déterminations, on peut, indépendamment des appareils ordinaires de l'électrolyse, indiquer la suivante (fig. 47) : Une auge de forme rectangulaire A, représentée ici en plan, contient la solution de sulfate de cuivre acidulée par l'acide sulfurique. Les électrodes sont constituées par des plaques de cuivre découpées comme il est représenté en élévation et en C, de telle sorte que plongées dans le bain elles reposent sur les bords de l'auge. Deux de ces plaques, ab et $a'b'$, de 1 à 2 millimètres d'épaisseur, réunies en dérivation, constituent l'anode ; la troisième, cd, de 0,2 millimètres environ, la cathode. Il est bon, durant l'expérience, de maintenir le bain agité par un courant de gaz

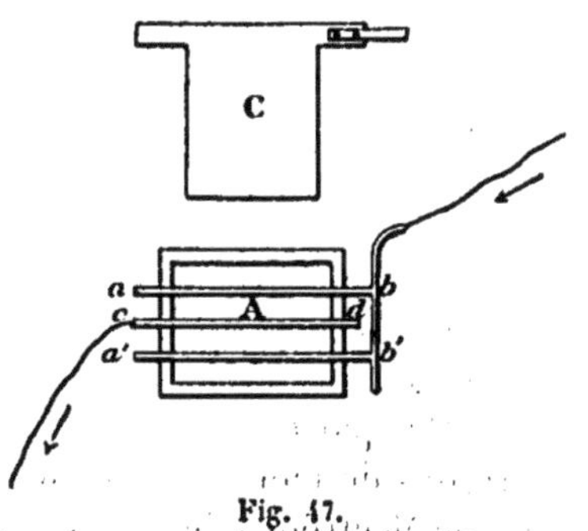

Fig. 47.

---

prendre comme cathode une lame placée entre deux lames parallèles, anodes, mais plus petite que ces dernières.

Avec l'argent, solution de nitrate à 5 p. 100 et surface telle que la densité du courant soit comprise entre 0,005 et 0,002 ampère par centimètre carré de la surface sur laquelle le dépôt se produit.

Avec le cuivre, solution de sulfate, densité 1,10 à 1,15, acidifiée, et densité de courant ne dépassant pas 0,02 ampère par centimètre carré de cathode.

inerte, d'hydrogène par exemple; dans ces conditions, on peut alors mesurer des courants dont la densité atteint jusqu'à 3 ampères par décimètre carré.

La méthode basée sur la détermination du poids d'un dépôt électrolytique ne donne, comme le voltamètre, que l'intensité moyenne d'un courant durant un temps t et non l'intensité à un instant déterminé. Cette réserve faite, elle est exacte, mais lente et assez pénible, exigeant de fréquentes interruptions du courant pour les pesées. Aussi n'est-elle utilisée que dans des recherches spéciales, ou pour l'étalonnage de quelques appareils, par exemple des ampèremètres.

Ajoutons, pour terminer ce sujet, que d'autres appareils, fréquemment employés en physique, sont ou trop sensibles ou trop délicats pour être journellement utilisés dans nos laboratoires, particulièrement la boussole des tangentes, à cause des masses considérables de fer de nos tables ou de nos cheminées.

ÉTALONNAGE ET VÉRIFICATION DES AMPÈREMÈTRES.

Il importe de savoir effectuer ces opérations, surtout pour les ampèremètres à aimant dont les indications peuvent avoir été faussées par diverses circonstances. Pour cela, on place dans un même circuit, à débit constant, l'ampèremètre A à

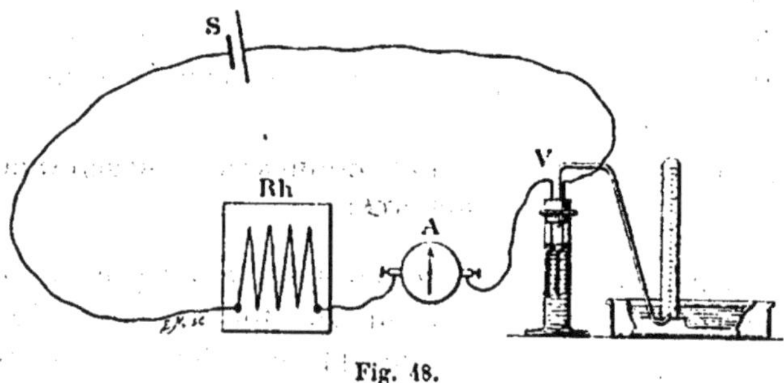

Fig. 48.

vérifier ou à graduer (fig. 48 et 49), quel qu'en soit le système, une résistance variable (rhéostat) Rh, pour modifier à son gré l'intensité, enfin un appareil de mesure de cette intensité. Ce dernier sera, suivant le degré d'approximation que l'on désire : un voltamètre V (fig. 48), intercalé à demeure dans le circuit ; ou bien un galvanomètre Deprez-d'Arsonval G (fig. 49), placé en dérivation aux extrémités *a* et *b* d'une résistance *r* exactement connue, afin de prendre la différence de potentiel entre ces points ; ou bien encore un électrolyte intercalé à demeure dans le courant et muni d'électrodes faites du même métal que celui de la solution, dont on pèsera le dépôt après un temps *t*. En faisant varier la résistance du rhéostat, on obtiendra une série d'intensités, que l'on mesure et que l'on compare à celles qui sont données par l'ampèremètre à contrôler placé dans le même circuit. S'il y a désaccord, il suffira de

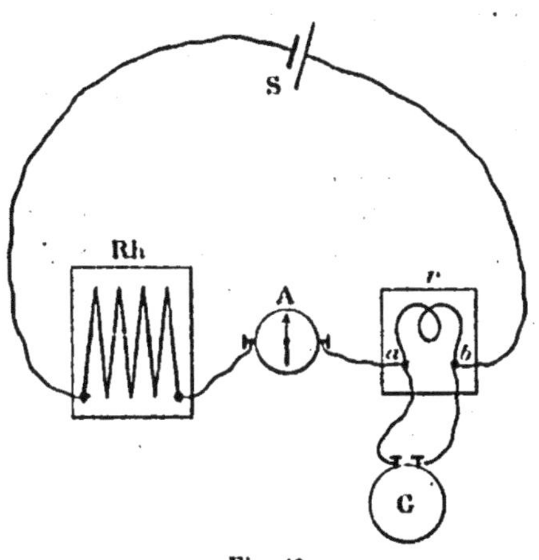

Fig. 49.

dresser une table de correspondance des divisions de l'ampèremètre avec les intensités réelles, ou bien encore de construire une courbe sur papier quadrillé, en prenant par exemple pour abscisses les valeurs lues sur l'ampèremètre et pour ordonnées les valeurs réelles correspondantes en ampères. Ces opérations sont faciles et exécutables en peu de temps.

RÉGLAGE DE L'INTENSITÉ DES COURANTS. — RÉSISTANCES. RHÉOSTATS.

La bonne marche d'une électrolyse, envisagée au point de vue analytique, dépend surtout, toutes choses égales d'ailleurs, de ce que nous avons appelé la densité du courant (p. 68), c'est-à-dire de l'intensité du courant passant par l'unité de section de l'électrode sur laquelle se fait le dépôt :

$$ND_{100} = \frac{i}{S}.$$

Pour une même électrode de surface S déterminée, il suffira donc de donner à i, intensité dans le fil conducteur, une valeur appropriée et susceptible d'être réglée.

On constate, en effet, que pour chaque sorte de métal ou d'électrolyte, si l'on veut avoir un dépôt convenable pour la pesée, il est nécessaire de se tenir entre certaines limites d'intensité déterminées par l'expérience dans chaque cas particulier, limites heureusement assez larges.

C'est ainsi, par exemple, que, sous certaines conditions, le platine demandant pour se bien déposer une densité de courant, ND_{100}, de

$$0^{amp},01 \text{ à } 0^{amp},03 \text{ environ,}$$

les métaux suivants exigeront :

Argent......... $0^{amp},04$ à $0,05$ environ.
Cuivre ... . $0^{amp},50$ —
Fer........... 1^{amp}, à $1^{amp},50$ —   etc.

Si l'on emploie des courants notablement plus forts, le dépôt métallique pourra être alors floconneux ou granuleux, non adhérent, d'autres fois extrêmement oxydable ou oxydé, et, dans tous les cas, impossible à peser, ou donnant des résultats inexacts. Si, d'autre part, on se tient bien au-dessous des données établies, le métal peut ne pas se déposer, ou bien l'électrolyse exige un temps trop considérable.

On a vu (p. 16 et p. 66) les divers moyens auquels on a recours pour modifier l'intensité des courants, pour la régler convenablement et la porter à sa valeur requise; il suffit en général d'interposer dans le circuit, muni d'une source électrique suffisamment intense, une résistance convenable que l'on fera varier jusqu'à obtenir l'intensité voulue.

Les résistances qui ne sont point fixes, et que l'on peut faire varier d'une manière continue, sont généralement appelées *rhéostats*; cette expression est même souvent étendue à celles que l'on ne peut faire varier que par sauts brusques, comme les résistances à plots et autres.

Les résistances employées pour le réglage des courants sont de deux ordres, les unes solides, les autres liquides.

RÉSISTANCES ET RHÉOSTATS SOLIDES.

Comme résistances solides, on peut employer celles en fil de maillechort, ou en ferro-nickel, contournées en hélices, montées sur un châssis (fig. 50) et analogues à celles qui ont été décrites (p. 67).

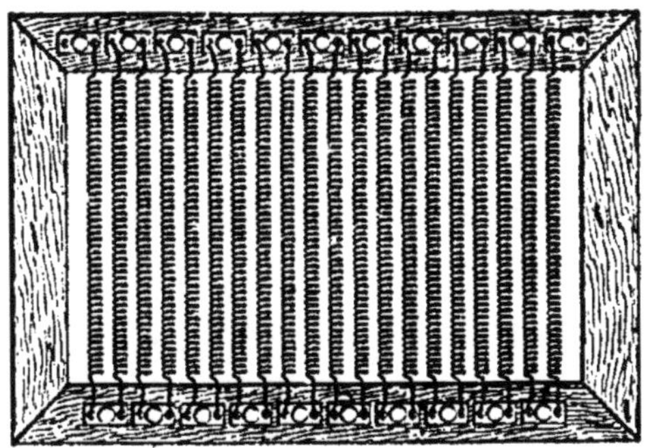

Fig. 50.

La figure 51 ci-dessous, page suivante, représente une forme de ces résistances de réglage, dite *rhéostat à plots* et fort en usage.

Ce rhéostat consiste en une série de résistances constituées par des hélices métalliques *ss*, réunies entre elles et disposées ici par deux, les unes dans un plan antérieur, les autres dans un plan postérieur.

Ces spires sont montées le plus souvent sur un châssis en bois, ou de préférence en fer si l'on redoute un échauffement trop considérable.

Dans ce dernier cas, comme dans la figure 51 ci-dessous, les spires sont isolées du châssis métallique par de la porcelaine. Chaque couple de spires communique, au moyen de fils, avec deux des touches consécutives, ici trapézoïdales, rangées en arc de cercle sur un tableau isolant. Ces touches portent le nom de *plots*; elles ont dans beaucoup d'appareils une forme ronde.

Une manette conductrice *b c*, pouvant tourner autour d'un axe *b*, porte un ressort qui la fait appuyer sur la touche ou plot qu'elle recouvre.

Prenons pour l'entrée du courant dans cet appareil la
borne *a* et pour sa sortie l'axe *b*, et amenons la manette sur
la première touche à partir de la gauche; dans cette position,
aucune spire ne se trouvant intercalée dans le courant, celui-ci
possède son intensité maxima; la manette placée sur la

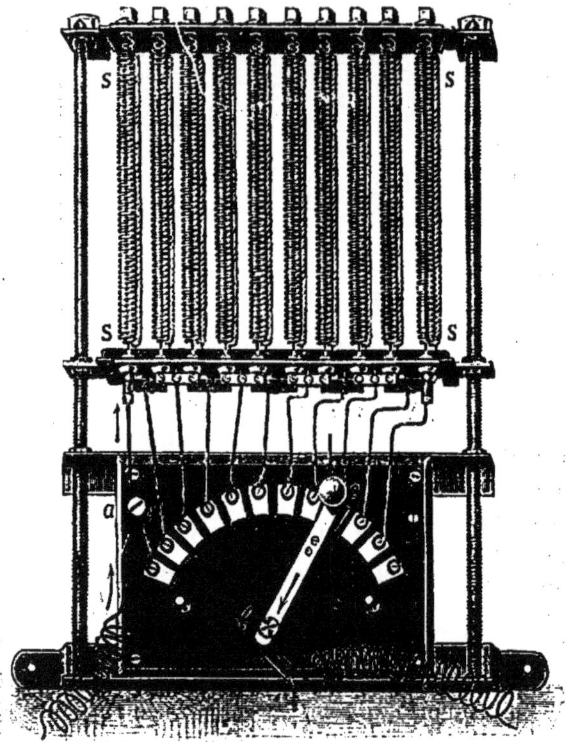

Fig. 51. — Rhéostat à plots.

deuxième touche introduit la résistance de deux spires; sur la
neuvième, comme dans la figure ci-contre, seize spires, etc...
soit $2n - 2$. Enfin, la manette étant placée sur la dernière
touche, qui n'a aucune communication avec le système, le
courant se trouve interrompu. On peut donc faire varier, de
la sorte, l'intensité du courant, par sauts brusques il est vrai,
depuis zéro jusqu'à sa valeur maxima.

Le maillechort, employé de préférence dans la construction des rhéostats, présente l'avantage d'avoir une résistance assez grande et qui varie peu avec l'échauffement produit dans le fil sous l'action du courant.

Pour de petites résistances, on peut aussi employer un fil de même nature enroulé dans les rainures d'une baguette de bois cylindrique AB (fig. 52), un curseur C permettant de prendre telle résistance que l'on veut, marquée sur la tablette de l'appareil. Dans un modèle moins encombrant, la tige de bois est verticale et encastrée

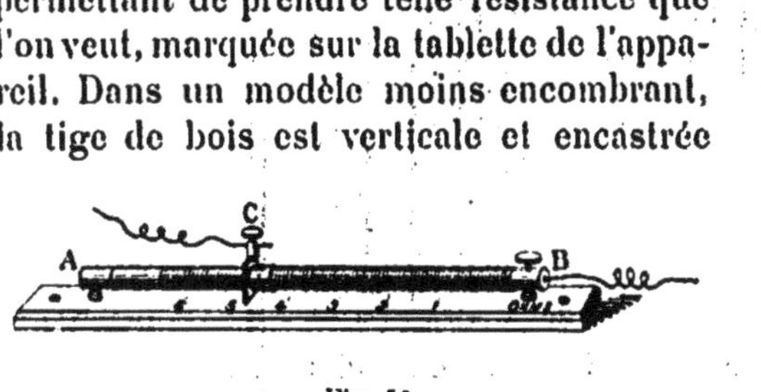

Fig. 52.

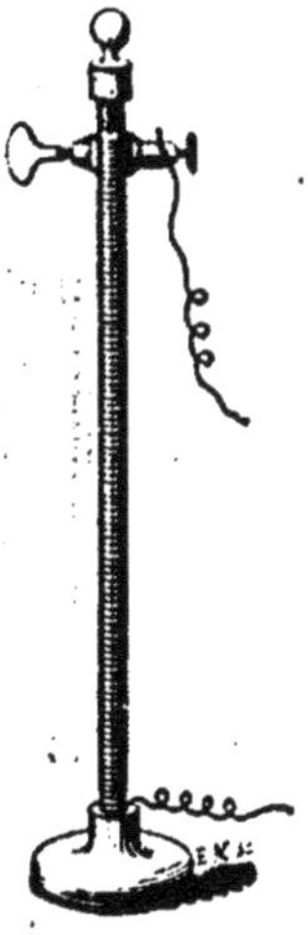

Fig. 53.

dans un pied de fonte (fig. 53). La tige pourra être métallique, mais à la condition d'enrouler et de coller sur elle du papier d'amiante, qui est suffisamment isolant. Les spires métalliques s'enfonçant légèrement dans ce papier s'y maintiennent ainsi, ce qui dispense, lorsque l'on construit soi-même ces sortes d'appareils, de faire des rainures nécessaires avec d'autres dispositions.

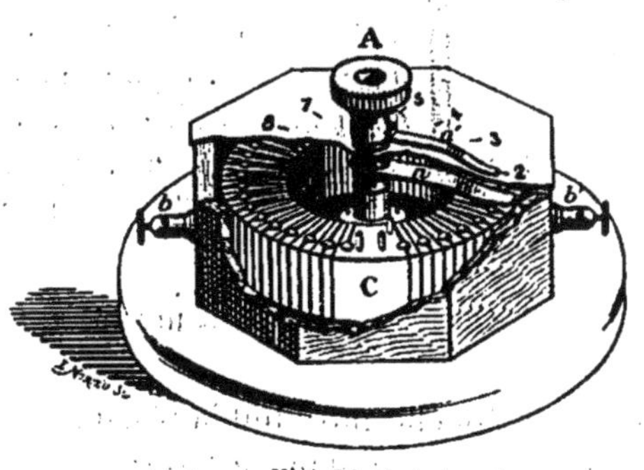

Fig. 54.

Enfin, dans d'autres modèles (fig. 54), le bois, sur lequel est enroulé le fil communiquant avec la borne b, est taillé en cercle C C; un axe A, en rapport avec la borne b', porte une aiguille a qui, frottant sur le fil enroulé sur le bois, détermine la longueur que l'on veut en prendre comme résistance; le tout est contenu dans une boîte, dont le couvercle porte une graduation en ohms sur laquelle peut se mouvoir une aiguille a parallèle à la précédente et qui permet de connaître la résistance introduite. Cette disposition est réalisée par Ducretet, constructeur.

Un rhéostat métallique, fort simple et facile à construire, consiste en une planche sur laquelle on a fixé, au moyen de

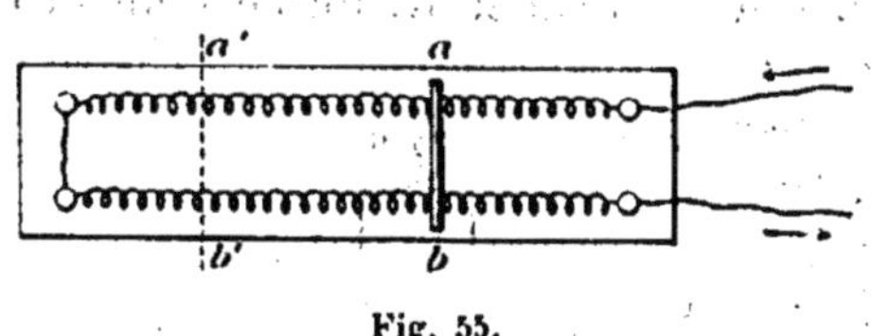

Fig. 55.

4 bornes, ou à défaut au moyen de 4 clous, deux hélices de fil résistant, maillechort ou ferro-nickel (fig. 55); une lame ou un morceau de gros fil bons conducteurs, ab, en cuivre de préférence, repose sur les deux spires; en déplaçant ce pont conducteur dans un sens ou dans l'autre, par exemple en le portant de ab en $a'b'$, on intercale ainsi dans le circuit des longueurs de fils, c'est-à-dire des résistances différentes et faciles de la sorte à graduer.

Les résistances à fils métalliques découverts présentent l'inconvénient de s'oxyder, ou de se sulfurer, sous l'influence des émanations du laboratoire ou des bains électrolytiques, les contacts deviennent mauvais. Aussi est-il souvent préférable de faire usage de boîtes de résistances semblables à celles que l'on emploie dans les laboratoires de physique, mais dont les fiches, trop oxydables, sont remplacées par des arcs en cuivre, ou en tout autre métal bon conducteur, plongeant dans des godets pleins de mercure. Les appareils ainsi disposés résistent alors aux émanations.

Ils consistent en une boîte de bois (fig. 56) dont le couvercle, en forme de cuvette, contient des rangées de petits pots de porcelaine espacés, renfermant un peu de mercure et noyés dans de la paraffine. Dans le mercure de chaque deux pots consécutifs plongent, après avoir traversé le couvercle, les extrémités d'un fil de maillechort recouvert de soie, con-

tourné en hélice et enfermé dans la boîte; les longueurs de
chaque fil, différentes, sont prises telles qu'elles présentent des
résistances qui soient sensiblement des multiples ou des sous-
multiples de l'ohm, par exemple : 1, 2, 3, 4, 5 ohms, etc...

Lorsque la boîte est mise dans le circuit, en plongeant
l'extrémité de ses fils dans le mercure des deux vases terminaux A et B, le courant traverse la succession des fils *abcde*
et l'on a la résistance maxima; mais vient-on à plonger les
deux branches d'un cavalier K, formé d'un fil de cuivre un

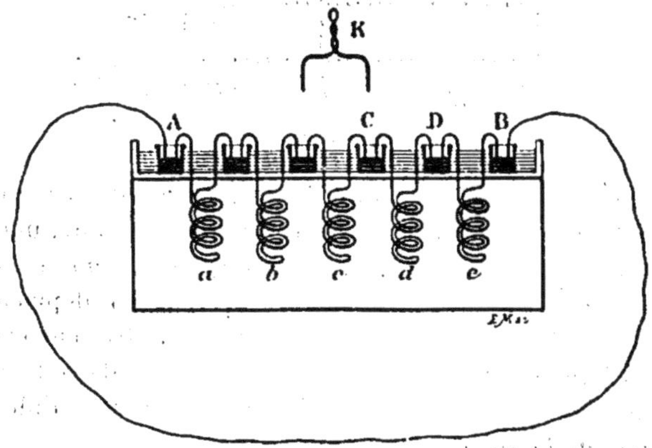

Fig. 56. — Boîte de résistances à godets de mercure.

peu fort ou d'une lame, dans deux godets consécutifs CD par
exemple, le courant passe de préférence dans le cavalier, dont
la résistance est sensiblement nulle, et la résistance correspondante du fil *d* est ainsi supprimée du circuit. On conçoit
qu'avec un nombre de cavaliers suffisants, on puisse ainsi
introduire dans le courant, ou en extraire, telle résistance que
l'on voudra, ce qui permet d'en graduer l'intensité. Pour fixer
les pots, il suffit de couler dans le couvercle en cuvette, qui
les contient, de la paraffine en fusion, ce qui a l'avantage,
en outre, de donner un bon isolement; on peut se contenter
aussi de les encastrer dans des trous percés dans le couvercle.
Ces boîtes sont faciles à construire avec l'outillage le plus
ordinaire d'un laboratoire.

On construit, sur le même principe, des boîtes beaucoup

plus précises qu'il faudrait bien se garder d'employer pour le réglage de forts courants et que l'on utilise surtout pour les mesures. Elles ne diffèrent de l'appareil précédent qu'en ce que les godets de mercure sont remplacés, sur le couvercle de la boîte, par une série de barres métalliques épaisses A, B, C, etc., laissant entre elles un intervalle et auxquelles viennent s'attacher (fig. 57 et 58) les résistances en hélice. Si, comme dans cette figure, des fiches métalliques coniques (clés) 1 et 2, enfoncées dans les intervalles, les comblent, le courant passe directement, en entier, à travers les barres A, B, C, etc., suffisamment épaisses pour que leur résistance soit pratiquement nulle. Si au contraire on enlève les fiches, le courant est obligé de traverser les résistances correspondantes.

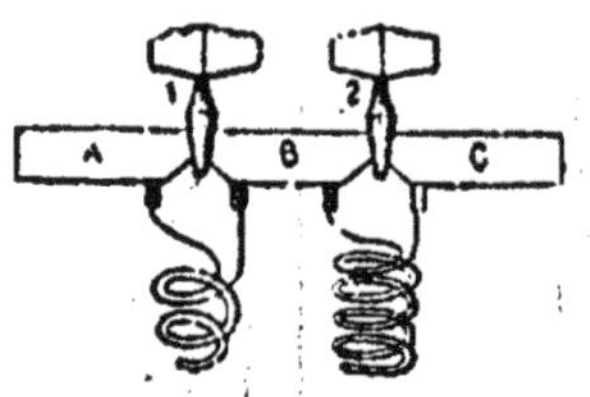

Fig. 57. — Disposition des plots et des clefs des boîtes de résistances.

Ces boîtes devront être conservées à l'abri des vapeurs et des émanations sulfurées des laboratoires, qui, attaquant les surfaces de contact des fiches ou des intervalles, peuvent introduire des résistances étrangères à celle de la boîte.

Fig. 58. — Boîte de résistances à clés.

La figure 58 représente une de ces boîtes ainsi constituées ; elles permettent d'introduire des résistances variées, multiples de l'ohm, depuis 1 ohm jusqu'à 40 000 ohms et au delà. Certaines d'entre elles possèdent un pont de Wheatstone.

RÉSISTANCES ET RHÉOSTATS LIQUIDES.

Celles-ci, très faciles à construire, et d'un assez bon usage dans l'électrolyse, consistent en une éprouvette à pied (fig. 59), au fond de laquelle repose un disque de cuivre a, de quelques

millimètres d'épaisseur, rivé ou brasé à un fil de cuivre fort *bc*
entouré d'un tube de caoutchouc ou de verre pour l'isoler.
Un deuxième disque *d* est rivé par son centre à un fil de cuivre
qui traverse le bouchon comme le pré-
cédent, mais en y glissant à frottement,
de façon à permettre une variation de
la distance entre les deux disques ;
à l'extrémité de ces deux tiges sont
vissées ou soudées des bornes *e e*
pour l'interposition dans le circuit.
On emplit l'éprouvette d'une solution
incomplètement saturée de sulfate de
cuivre pur. L'appareil étant placé
dans le circuit, le rapprochement ou
l'éloignement des disques y introduit
des colonnes liquides de longueur différentes, et par conséquent des résistances variables à notre gré.

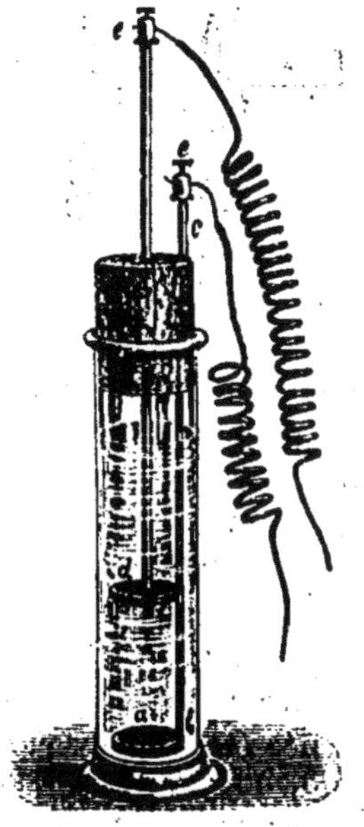

Fig. 59.

Le courant transporte du cuivre du
disque positif sur le disque négatif et
par conséquent ronge le premier et
augmente l'épaisseur du second ;
mais il suffit, à chaque nouvelle opération, d'intervertir le sens du cou-
rant dans l'éprouvette pour rétablir les choses dans leur premier état et ainsi de suite.

Il est bon, pour éviter les efflorescences salines, de paraf-
finer l'extrémité supérieure de l'éprouvette et même le
bouchon.

On peut construire également ce petit appareil avec des disques et des tiges de zinc plongeant dans une solution incomplètement saturée du sulfate correspondant. Mais avec le zinc,
lorsque l'appareil est longtemps abandonné sans servir, il s'y
forme des encroûtements de sels basiques assez incom-
modes.

Dans ces sortes de résistances liquides, le métal des disques,
électrodes, étant de même nature que celui de la solution, on
n'a pas de contre-courant de polarisation.

On fait varier encore l'intensité d'un courant en modifiant la résistance de l'électrolyte soumis à l'analyse ; on y parvient en chauffant ce dernier à une température qui ne dépasse guère 60 à 70°. Chaque degré d'élévation de température diminue la résistance de 2 p. 100 environ de sa valeur et facilite notablement, par suite du mouvement de convection, certaines électrolyses. Le chauffage s'effectue le plus souvent à l'aide d'un bec Bunsen, dont la cheminée est démontée de façon à avoir une flamme en veilleuse, peu chaude et facile à régler.

MESURE DES RÉSISTANCES.

On a souvent, dans un laboratoire, à mesurer des résistances, ou à prendre des longueurs de fils ayant une résistance donnée. On y parvient à l'aide de deux méthodes distinctes et suffisantes pour nous : par substitution ou par le pont à corde.

1° **Par substitution.** — On intercale dans un courant électrique la résistance à mesurer et, en même temps, un appareil propre à déterminer l'intensité du courant, un ampèremètre par exemple, dont on note l'indication. Puis, la résistance étant enlevée, on lui substitue une boîte de résistances, que l'on fait varier jusqu'à rétablir l'intensité primitive. La résistance lue sur la boîte est alors équivalente à celle que l'on se proposait de déterminer.

Cette méthode approximative est suffisante dans bien des cas.

2° **Par le pont à corde.** — Ce pont (fig. 60), qui permet des déterminations exactes, n'est que celui de Wheatstone modifié dans sa forme. Il consiste en un cadre CABD interrompu en divers points et fait de lames de cuivre fixées sur une planchette. Entre les extrémités C et D de ce cadre se trouve tendu un fil homogène, sous lequel est placée une règle divisée en millimètres.

Une source électrique S, constante (pile ou mieux accumulateur), munie d'un interrupteur I, est mise en rapport avec les bornes A et B du cadre ; d'autre part, la résistance x à mesurer est fixée aux bornes a et c, et une boîte de résistance R, ou un rhéostat, aux bornes b et d. L'une des bornes d'un galvanomètre à aiguille G de Deprez-d'Arsonval, ou tout autre, est reliée au cadre en *e*, tandis que l'autre borne porte un fil souple GE, que l'on peut faire glisser sur le fil tendu entre C et D. Si l'on ferme le circuit de la pile au moyen de l'interrupteur I, on observera une déviation de l'aiguille du galvanomètre, qui pourra changer de sens pour une autre

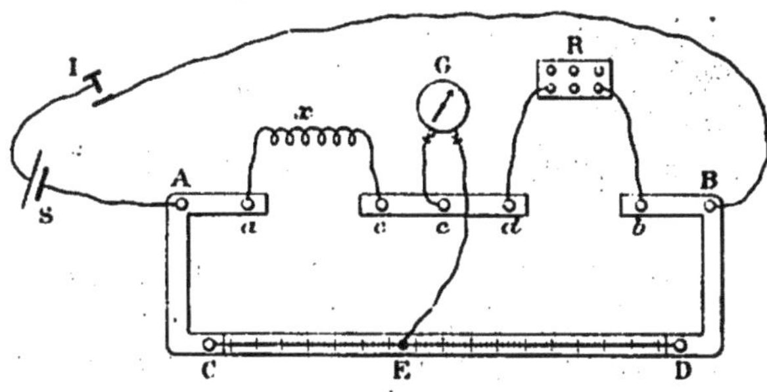

Fig. 60. — Pont à corde.

position de l'extrémité E du fil sur la corde métallique tendue. On cherchera par tâtonnement, en faisant glisser ce fil sur la corde, la position pour laquelle la déviation de l'aiguille du galvanomètre est nulle lorsque l'on ferme le circuit de la pile ; il suffit de noter à ce moment les longueurs CE et ED interceptées sur la corde et la résistance R lue sur la boîte ; on sait que l'on a alors :

$$\frac{x}{CE} = \frac{R}{ED}$$

d'où

$$x = R\,\frac{CE}{ED}.$$

Les résultats sont d'autant plus exacts que la résistance R est plus voisine de la résistance x à mesurer, ce que l'on réalisera en rendant le rapport $\dfrac{CE}{ED}$ aussi voisin que possible de l'unité. On donnera pour cela à la résistance R une valeur suffisante pour que la déviation nulle du galvanomètre soit obtenue lorsque l'extrémité E du fil mobile est au voisinage du milieu de la corde. L'interrupteur I permet de ne lancer le courant de la pile que pendant le temps nécessaire à chaque

Anal. chim. quant.   7

observation, afin de ne pas échauffer le fil du galvanomètre.

On peut construire aisément un pont de ce genre avec des bornes fixées sur une planche et reliées convenablement entre elles par des lames, ou par du fil de cuivre fort au lieu de lames; un mètre ordinaire commercial, placé sous un fil de maillechort tendu, permet, en appréciant à l'œil les fractions de centimètre, de faire des mesures suffisantes dans la plupart des cas.

COMMUTATEURS, INTERRUPTEURS ET BIFURQUEURS DE COURANTS.

On a souvent besoin, au cours des mesures ou des opérations diverses électrolytiques, d'interrompre ou de rétablir les courants, de les bifurquer ou d'en changer le sens; on y parvient au moyen d'interrupteurs, de bifurqueurs, de commutateurs.

Commutateurs. — Pour intervertir le sens des courants, le dispositif le plus commode dans les laboratoires de chimie, parce qu'il résiste aux émanations acides ou sulfurées et autres, consiste en quatre godets, en porcelaine ou en verre a, b, a', b', pleins de mercure, encastrés dans une planche ou dans un pain de paraffine (fig. 61).

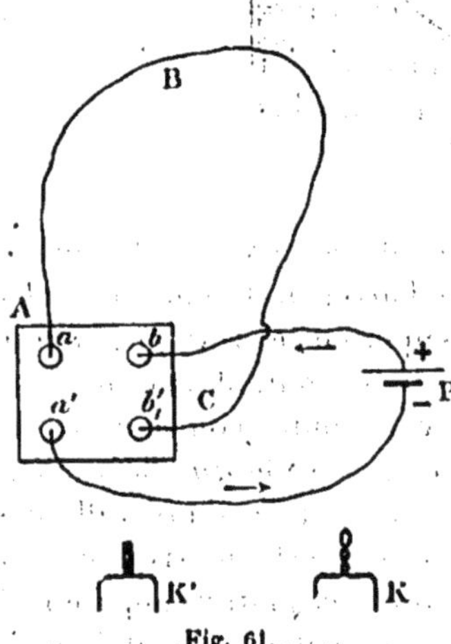

Fig. 61.

Soit à faire passer le courant d'une source électrique P dans le fil ABC alternativement dans un sens et en sens opposé. Si l'on réunit, au moyen de deux arcs métalliques, brin de fil métallique tordu K ou languette de cuivre fixée à un manche de bois K', a avec b et a' avec b', le courant circule dans le sens ABC pour revenir à la source. Si au contraire on place les deux cavaliers dans les positions aa' et bb', le courant circule dans le sens opposé CBA.

On a fait, pour l'usage des laboratoires de physique, bien des types de commutateurs; celui de Bertin (fig. 62) est particulièrement recommandable. Il consiste en une sorte de lyre métallique CDD' reposant sur un disque isolant et pouvant tourner autour de son centre. La branche centrale C est en rapport par l'axe de rotation de la lyre avec le pôle positif de la source électrique et les deux branches latérales D et D' avec le pôle négatif. Ces branches peuvent venir frotter

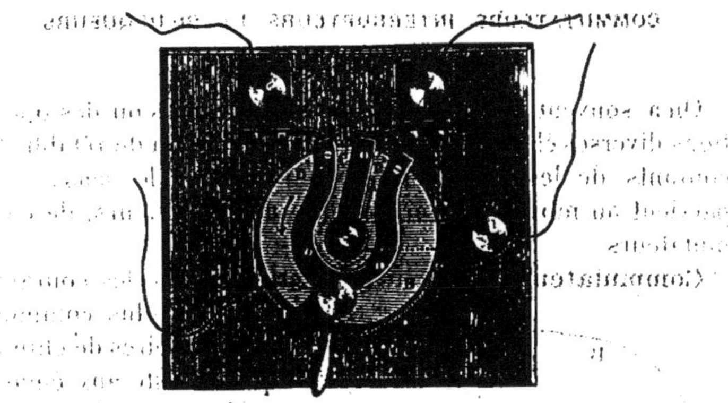

Fig. 62. — Commutateur de Bertin.

contre les ressorts R et R'. Quand, comme sur la figure, la manette M vient buter contre l'arrêt a, le courant entre alors par C et R' dans le circuit supérieur et revient par RD, ainsi que le montrent les flèches; le courant marchera en sens inverse lorsque la manette vient buter contre a'; enfin, quand la manette est du milieu de l'intervalle $a\,a'$, la branche centrale C du commutateur est au milieu de l'intervalle des deux ressorts R et R' et le courant est interrompu. Le commutateur de Bertin, comme tous les autres appareils à contacts de cuivre, se sulfure aux émanations inévitables de nos laboratoires et réclame des soins que n'exigent pas les godets à mercure ci-dessus.

Interrupteurs. — Remarquons que l'appareil à contact de mercure indiqué plus haut (fig. 61) constitue un interrupteur si l'on retire l'un des cavaliers; mais, si on n'a en vue exclusivement que l'interruption simple et facile des courants, deux godets encastrés dans une planche suffisent (fig. 63).

Des interrupteurs métalliques, assez commodes, consistent en deux plaques métalliques épaisses, A et B, séparées

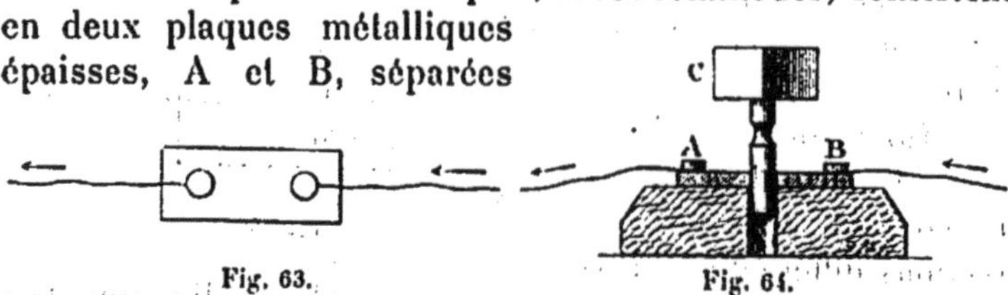

Fig. 63.   Fig. 64.

(fig. 64) par un petit intervalle et intercalées dans le circuit qui est ainsi interrompu. Une fiche (ou clé) C, que l'on peut enfoncer à frottement dans l'intervalle, rétablit le circuit.

On a ici encore à redouter les oxydations, mais le frottement de la fiche décapant les surfaces pare assez souvent à cet inconvénient.

Les interrupteurs que nous venons de signaler présentent, dans certaines circonstances, l'inconvénient de n'être pas automatiques; par exemple, lorsqu'il s'agit de lancer un courant durant un temps assez court, comme dans le cas d'un voltmètre, où l'on peut oublier de retirer les cavaliers des godets ou la fiche de l'interrupteur. Le mieux est alors d'employer un interrupteur automatique, qui rompt le circuit dès que la main de l'opérateur l'abandonne.

Cet interrupteur rappelle le manipulateur du télégraphe Morse, mais de moindres dimensions. Il se compose d'un levier métallique K (fig. 65), qui est mobile autour d'un axe S communiquant avec l'une des portions du circuit conducteur ; lorsqu'on appuie la main sur la poignée P, la pointe métallique l vient porter sur la pièce métallique b, qui communique avec l'autre portion

Fig. 65. — Interrupteur du courant.

du circuit. Tant que dure cette pression, le courant passe dans le circuit ; dès que cette pression cesse, le ressort r relève le levier et le courant est interrompu. Cette sorte d'interrupteurs est souvent employée avec les appareils de mesures électriques que l'on ne veut pas fatiguer, ou altérer, par des courants trop prolongés.

Ajoutons qu'un simple bouton de sonnerie constitue un
interrupteur automatique fort économique, et qui remplacera,
dans bien des cas, celui
que nous venons de dé-
crire.

Bifurqueurs. — Ils
servent surtout à lancer
les courants dans deux directions différentes ; trois

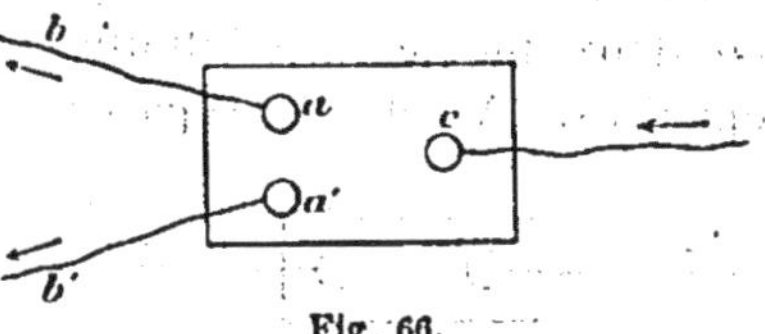

Fig. 66.

godets à mercure (fig. 66), et un seul cavalier que l'on
mettra tantôt en *ac*, tantôt en *a'c*, constituent un bifurqueur
de courant fort commode, particu-
lièrement lorsque l'on veut faire
circuler alternativement le courant dans un circuit d'électrolyse
et dans un ampèremètre destiné
aux mesures.

Trois tubes de verre fermés à un
bout, contenant du mercure, im-
plantés dans un bouchon de liège,
et munis d'un arc K en fil de cuivre

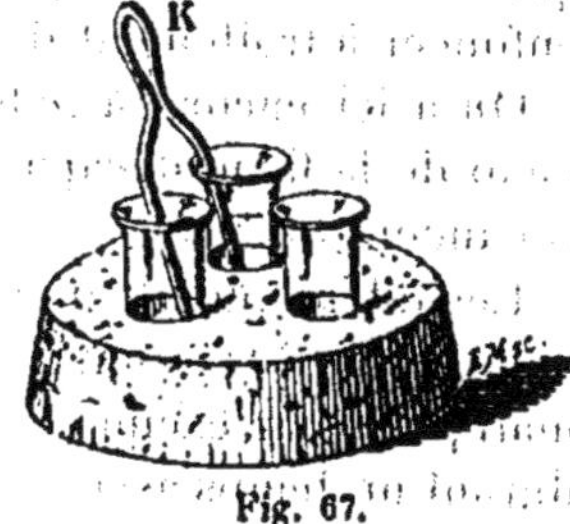

Fig. 67.

(fig. 67), remplissent très simplement et économiquement le
même but.

On peut utiliser aussi les bifurqueurs à manette du commerce (fig. 68), dans lesquels le courant arrive dans le centre *c*

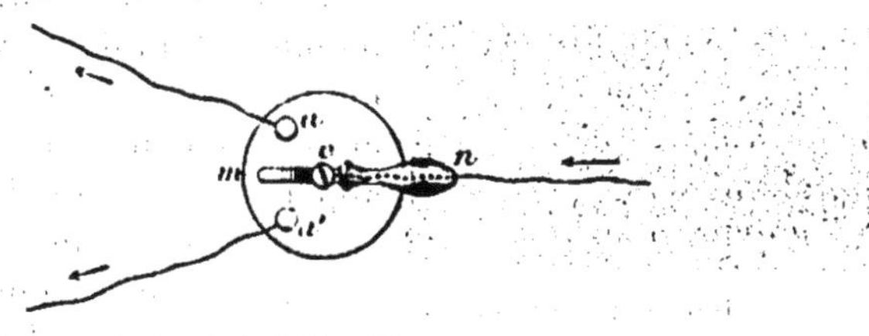

Fig. 68.

servant d'axe de rotation à une manette métallique *mn*, à
manche isolant. Suivant que l'on donnera à celle-ci la
position *ca* ou *ca'*, on lancera le courant dans ces deux
directions différentes.

CHAPITRE IV

**APPAREILS ET DISPOSITIONS ÉLECTROLYTIQUES.
CONDUITE DES ÉLECTROLYSES.**

ÉLECTRODES ET ÉLECTROLYTES.

Les électrodes employées dans l'analyse chimique sont en platine, métal inattaquable. On leur donne la plus large surface possible, pour diminuer la résistance de l'électrolyte et, surtout, afin que le métal à doser ne s'y dépose, pour un même poids, qu'en couche mince, généralement plus adhérente, plus cohérente, et par suite facile à laver et à peser sans perte.

Forme des électrodes. — La forme des électrodes a beaucoup varié, souvent sans raison plausible, parfois pour réaliser une économie de la masse du platine, dont le prix est fort élevé.

Les usines de Mansfeld emploient comme cathode un cône de platine (fig. 69 et, plus bas, fig. 79) et, comme anode, un fil de même métal terminé en cercle ou en spirale, dans sa partie inférieure (fig. 70 et, plus bas, fig. 79). Le cône peut être remplacé par un cylindre, ainsi que le faisait antérieurement Luckow (Voy. plus bas, fig. 80).

Herpin emploie : comme cathode, une capsule conique A,

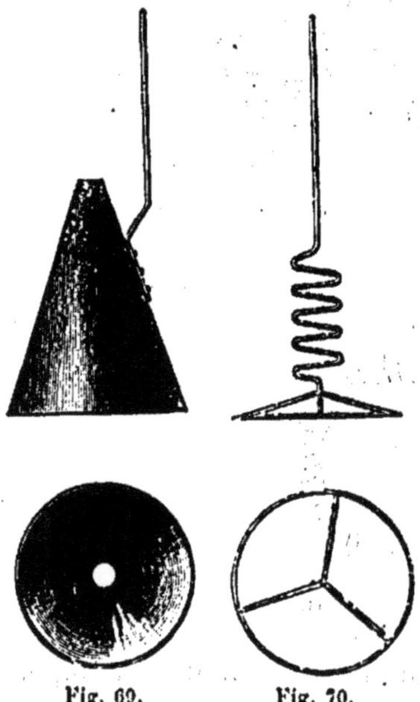

Fig. 69.　　　　Fig. 70.
Électrodes des usines de Mansfeld.

de platine, munie d'une gouttière à sa partie supérieure et reposant sur un trépied conducteur B (fig. 71); comme anode, un fil de même métal contourné en une hélice disposée ensuite en cercle C; celui-ci est suspendu par trois fils. Un entonnoir

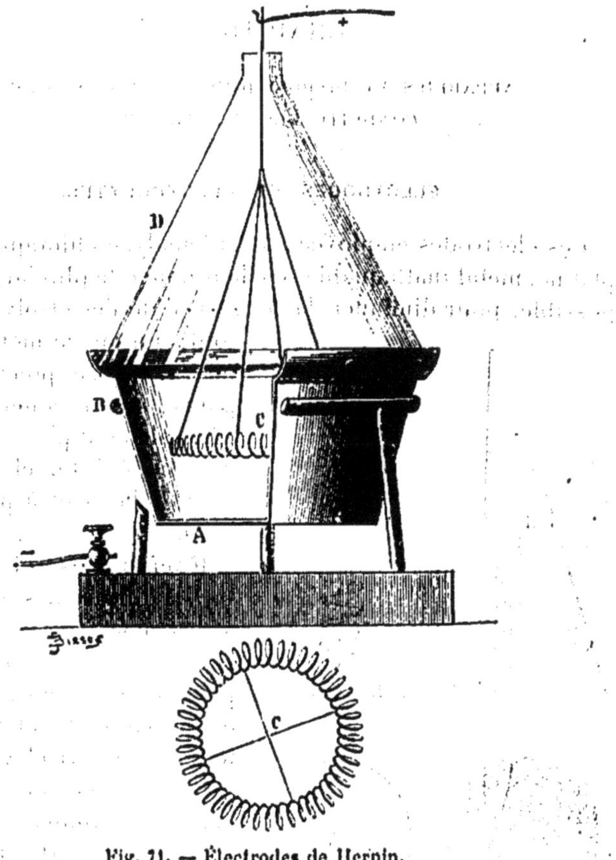

Fig. 71. — Électrodes de Herpin.

de verre D empêche la déperdition des gouttes de liquide projetées par le dégagement gazeux.

Enfin, on peut faire usage, comme Lecoq de Boisbaudran, d'un creuset de platine (cathode), que l'on posera dans un anneau conducteur ou plus simplement sur une plaque métallique p (fig. 72), tandis que dans son intérieur plonge un fil contourné en spirale *s* (anode); ou bien un cylindre (fig. 73).

Il est évident que s'il est fait usage d'un support à pied métallique, comme sur la figure 72, la plaque métallique *p* devra

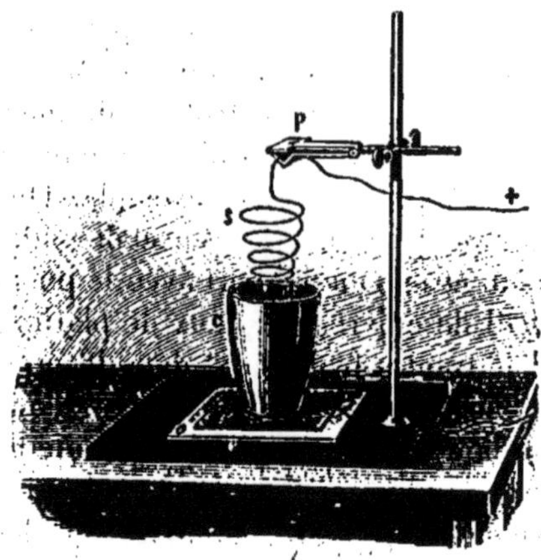

Fig. 72.

être séparée du pied par une lame, *o*, d'une matière isolante quelconque, bois, carton d'amiante, etc...

Ces diverses dispositions, indifféremment employées, pré-

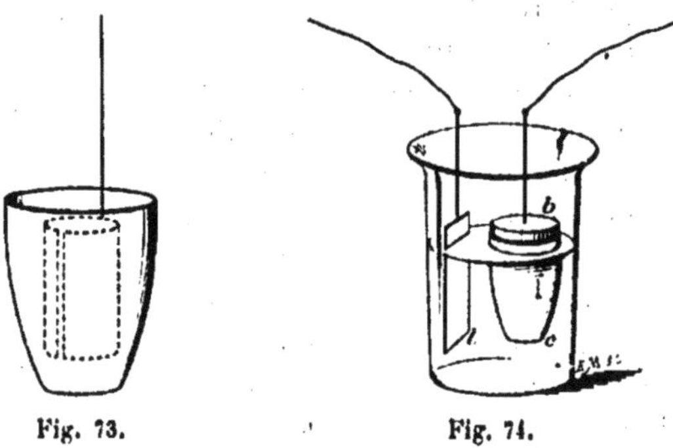

Fig. 73.   Fig. 74.

sentent un inconvénient : c'est que, en raison de la différence considérable des formes géométriques de l'anode et de la cathode, l'intensité du courant n'est pas la même à travers les diverses tranches liquides comprises entre les deux électrodes, l'épaisseur des tranches, et, par suite, leurs résistances étant différentes; mais on obtient toutefois de bons dépôts avec ces appareils.

De plus, en ce qui concerne les creusets de dimensions courantes, commodes pour ceux qui ne possèdent pas d'appareils spéciaux toujours coûteux, on peut leur reprocher, aussi, de ne contenir que peu de liquide. Mais il est possible de les utiliser encore dans l'électrolyse de masses plus considérables de liqueurs, que l'on placera dans un vase quelconque, un vase à précipité par exemple. On y plongera, ainsi que l'a indiqué E. Smith, le creuset de platine c, cathode, (fig. 74), soutenu et mis en rapport avec le pôle négatif d'une source par un fil de cuivre, et mieux de platine, qui traverse un bouchon b entrant à frottement dans le creuset; le dépôt se fixe sur sa face externe si l'on plonge, d'autre part, dans le liquide, une lame de platine l prise comme anode.

La disposition la plus rationnelle, pour les dosages électrolytiques, consisterait à prendre, comme électrodes, une capsule hémisphérique dans laquelle serait placée une capsule, également hémisphérique, d'un diamètre un peu moindre et disposée à une hauteur telle que son centre coïnciderait avec celui de la première. Mais le faible intervalle qui reste entre les deux surfaces ne peut recevoir que peu de liquide, circonstance toujours défavorable en analyse ; aussi l'appareil n'est-il pratique qu'à la condition de diminuer beaucoup le diamètre de la capsule intérieure.

L'appareil que j'ai fait construire dans cet ordre d'idées consiste en une capsule de platine, généralement cathode, constituée par une partie exactement hémisphérique $aocb$ (fig. 75) de 7 centimètres de diamètre et surmontée d'une partie cylindrique $acde$ de même diamètre et de 1 centimètre de hauteur.

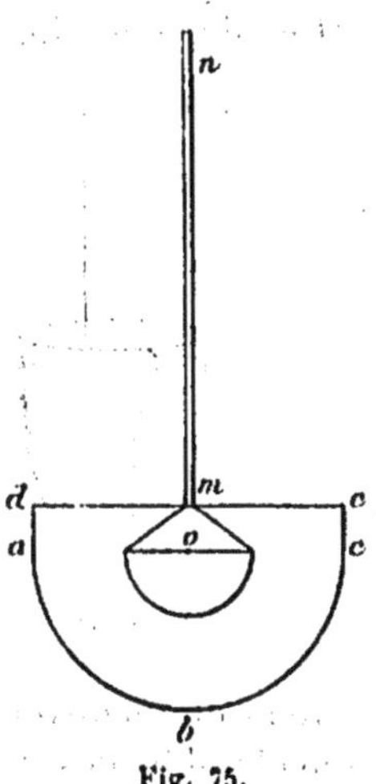

Fig. 75.

Dans l'intérieur de cette capsule, on dispose une demi-sphère, anode, de 3 centimètres de diamètre, surmontée d'un cône de 1 centimètre de haut soudé, au moyen de platine, d'une part à la demi-sphère, de l'autre à une tige creuse *mn*, qui sert à maintenir le système central à une hauteur convenable et de telle sorte que les centres *o* des sphères, périphérique et centrale, coïncident exactement. Le liquide électrolytique occupant le volume compris entre les deux surfaces concentriques, l'épaisseur de la tranche liquide traversée par le courant est ainsi constante; il en est dès lors de même de l'intensité dans toutes les sections, sauf près de la surface du liquide. L'appareil électrolytique idéal serait représenté, non pas, comme ici, par des demi-sphères, mais par deux sphères concentriques, disposition irréalisable.

La forme hémisphérique convexe de l'anode facilite le départ des gaz qui tendent à s'y accumuler et régularise dès lors l'action du courant. En outre, la forme conique de sa partie supérieure ramène vers le bain électrolytique, soit directement, soit si l'on fait usage d'un jet de pissette, les gouttelettes de liquide projetées par les gaz au cours de l'électrolyse.

C'est ce genre d'appareil auquel on devra recourir de préférence, si l'on veut déterminer, avec quelque exactitude, les densités de courants. La hauteur du liquide dans la capsule devra s'arrêter au plan horizontal *aoc*.

Une disposition commode, très employée, et qui permet d'effectuer l'électrolyse d'un volume quelconque de liquide, consiste à prendre pour électrodes deux cylindres concentriques de même hauteur, et d'un diamètre tel qu'ils laissent entre eux un intervalle de 5 à 6 millimètres environ; on les immerge dans le liquide contenu dans un vase à précipité, ou dans un verre de Bohême s'il y a lieu de chauffer (Voy. plus loin, fig. 81).

Les appareils de ce genre sont faciles à construire; on en fait de toutes dimensions (1). Les fils de platine, qui supportent les cylindres, doivent être rivés sur eux. On peut, à la rigueur, les souder à l'or, ce qui se pratique aisément à l'aide d'une

---

(1) Ceux dont nous faisons usage ont le plus souvent les dimensions suivantes : hauteur commune des deux cylindres concentriques, 50 millimètres; diamètre du cylindre intérieur, 25 millimètres; du cylindre extérieur, 40 millimètres; longueur des fils de platine qui supportent ces éléments, 11 centimètres; diamètre de ces fils, $1^{mm},2$ à $1^{mm},5$. Du platine en lames de $0^{mm},2$ seulement d'épaisseur suffit pour la confection de ces électrodes.

parcelle d'or, humectée d'une bouillie de borax, sur laquelle
on dirige le dard d'un chalumeau ordinaire de la lampe d'émail-
leur ; mais les appareils soudés à l'or ne conviennent pas dans
toutes les circonstances, la soudure de l'anode pouvant être
attaquée et de l'or se transporter à la cathode ; ils ne sauraient servir, par exemple, dans les électrolytes contenant du
cyanure de potassium, ou des sulfures alcalins.

L'appareil de Riche (fig. 76), très commode et fort employé,

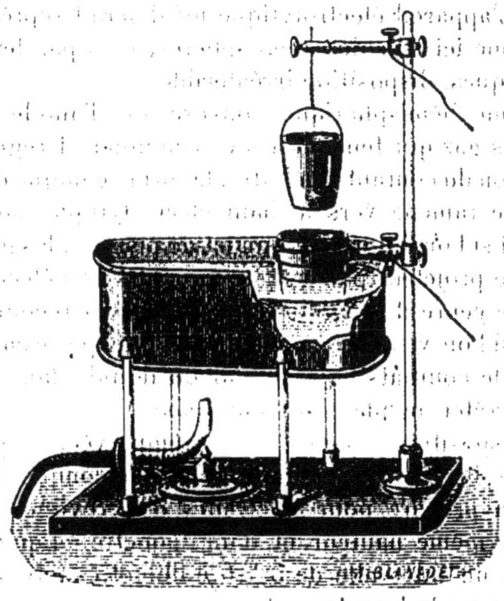

Fig. 76. — Appareil d'électrolyse de Riche.

consiste en deux creusets de platine concentriques laissant
entre eux un intervalle de 4 à 5 millimètres. Le creuset
intérieur, soutenu par un bras mobile sur une tige de verre, est
dépourvu de fond et porte, en outre, deux fenêtres latérales
pour faciliter les mouvements de convection dans l'électrolyte ; le creuset extérieur a une capacité totale de 90 centimètres cubes environ, mais il ne contiendra guère, pratiquement,
que 85 centimètres cubes de liquide environ ; il est supporté par
un anneau et peut être plongé dans une sorte de baignoire métallique pleine d'eau, qui sera chauffée, ou refroidie, suivant les

circonstances; un vase quelconque de verre ou de porcelaine remplira le même but; le bain-marie, quoique plus régulier, n'est pas toujours nécessaire : une simple flamme de gaz en veilleuse suffit le plus souvent pour le chauffage du creuset. Les parties métalliques qui supportent les électrodes sont généralement dorées pour les rendre inoxydables; on n'a jamais ainsi à les décaper.

Classen, à l'exemple de Gibbs, emploie de préférence une capsule de platine comme cathode et un disque comme anode.

La capsule de Classen, fort commode parce qu'elle présente beaucoup de surface et peut contenir pratiquement un grand volume de liquide, 150 à 175 centimètres cubes, a une forme basse, spéciale, représentée ici en 1/2 grandeur (fig. 77); son diamètre est de 9 centimètres et sa profondeur 4ᶜ,2; elle ne pèse guère que 35 à 40 grammes.

Le disque (fig. 78), dont le diamètre est de 4,5 centimètres, est rivé à un fil de platine un peu fort; on le place dans l'axe de la capsule à environ 2,5 centimètres de

Fig. 77. — Capsule de Classen pour l'électrolyse.   Fig. 78.

son fond (fig. 87, plus bas). Cette dernière sera toujours prise pour recevoir le dépôt métallique, comme dans les autres types d'appareils, où c'est la plus grande surface d'électrode que l'on réserve à cet effet.

Le défaut principal de cet appareil est que les gaz, qui se dégagent sous le disque, s'y accumulent et diminuent l'efficacité de sa surface; aussi, pour certaines électrolyses, Classen a-t-il percé ce disque de quelques trous, à la façon d'une écumoire; enfin, l'inégalité de forme et de surface de ces électrodes donne des intensités variables dans les divers filets liquides de l'électrolyse; mais, malgré tout, on obtient d'excellents résultats avec cet appareil.

Enfin, lorsque l'on veut effectuer des électrolyses par voie sèche, au rouge, sur des corps fondus, on emploie comme cathode, par exemple un creuset de platine supporté par un anneau métallique permettant de le porter à température élevée, et, comme anode, un gros fil de platine maintenu dans l'axe du creuset; ce dispositif sera d'ailleurs décrit et figuré dans la deuxième partie, au sujet de l'attaque des sulfures et du fer chromé par électrolyse (Voy. p. 190 et fig. 93).

Nature des électrodes. — Les électrodes sont généralement faites en platine martelé et brillant; elles doivent être maintenues dans un grand état de propreté, pour que les dépôts y soient homogènes et adhérents. On les nettoie, après chaque électrolyse, avec de l'acide chlorhydrique, de l'acide azotique ou de l'acide sulfurique, suivant la nature des dépôts; quelques-uns de ceux-ci exigent même d'autres réactifs spéciaux, qui seront indiqués par la suite. Les dépôts ou souillures qui résisteraient à ces actions seront attaqués par du bisulfate de potasse en fusion. Les électrodes, finalement lavées à l'eau, sont ensuite portées au rouge sur un bec Bunsen avant l'électrolyse; il faudra éviter de toucher les surfaces, ainsi nettoyées, avec les doigts.

On a fait récemment, pour l'électrolyse, des capsules dépolies par un jet de sable, qui ont donné de bons résultats; mais il doit être moins facile de constater si leur nettoyage est convenablement effectué. Elles sont toutefois très avantageuses dans certains cas, parce que les dépôts y contractent une plus grande adhérence.

D'après Hough, il serait possible, dans quelques cas particuliers, de substituer l'aluminium au platine comme cathode, par exemple dans les solutions contenant de l'acide nitrique, ou comme anode avec les oxalates doubles et même, à froid, avec les cyanures alcalins.

SUPPORTS DES ÉLECTRODES.

Bon nombre d'opérateurs emploient, pour chaque électrolyse, deux supports distincts à tige métallique, sur laquelle

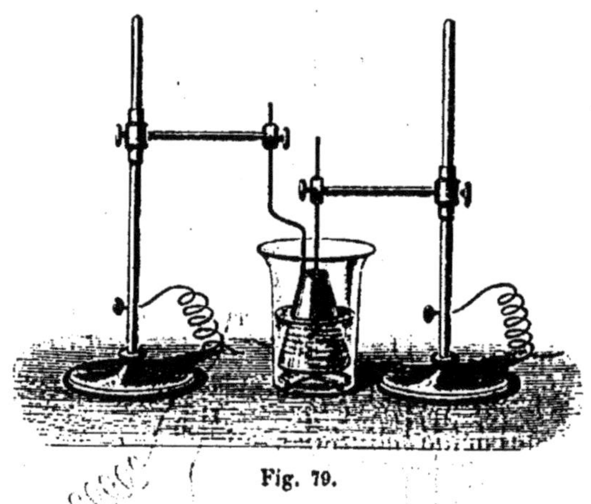

Fig. 79.

peuvent se mouvoir des bras de longueur fixe munis de bornes
à leur extrémité, comme il est représenté dans les figures

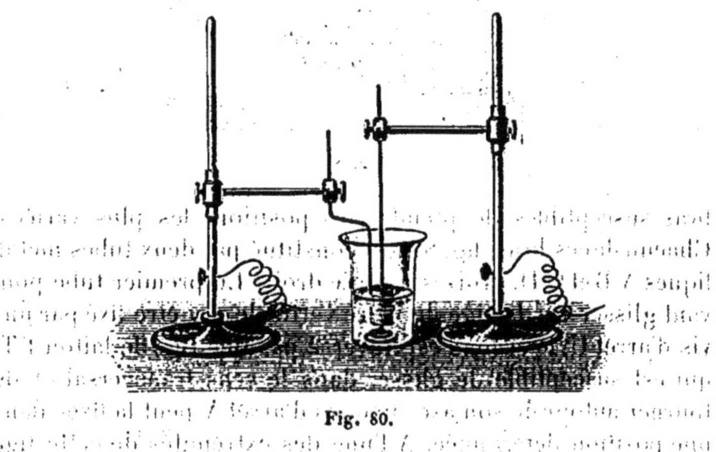

Fig. 80.

ci-jointes (fig. 79 et fig. 80). Ce système est, le plus souvent,
encombrant et inutile; de plus, il exige un décapage fréquent

de la tige métallique implantée sur le pied, qui doit rester
conductrice. Toutefois il présente l'avantage de ne réclamer
que les supports ordinaires de nos laboratoires.

J'emploie de préférence un seul pied, mais alors à tige isolante de verre (fig. 81 et fig. 82), sur laquelle se meuvent des

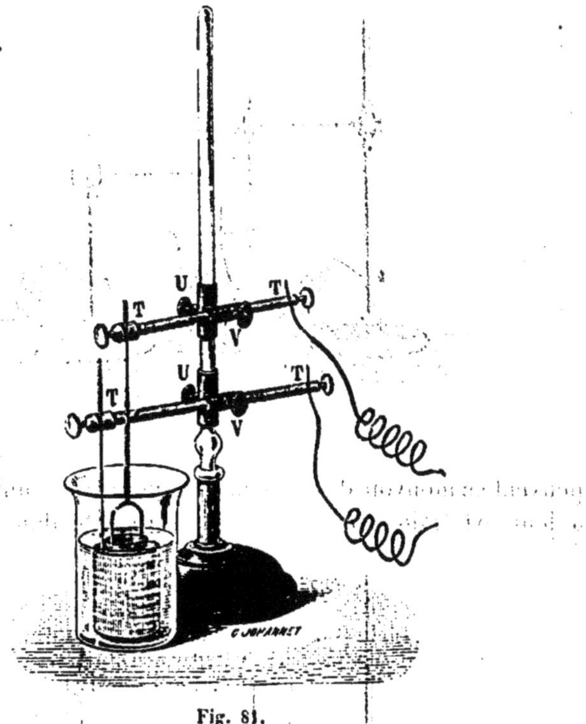

Fig. 81.

bras susceptibles de prendre les positions les plus variées.
Chacun de ces bras (fig. 82) est constitué par deux tubes métalliques A B et C D, croisés à angle droit. Le premier tube pouvant glisser sur la tige de verre verticale et y être fixé par une
vis d'arrêt U, le second est traversé par une tige de laiton T T,
qui est susceptible de glisser dans le sens transversal et de
tourner autour de son axe ; une vis d'arrêt V peut la fixer dans
une position déterminée. A l'une des extrémités de cette tige
est soudée une borne P destinée à pincer le fil suspenseur
de l'électrode ; le trou de cette borne porte une encoche laté-

rale *e* permettant la sortie facile de l'électrode ; il est taillé, en outre, en forme de V pour le bon calage du fil. L'autre extrémité de la tige est percée d'un trou O, avec vis de pression, pour recevoir le fil amenant le courant. La faculté

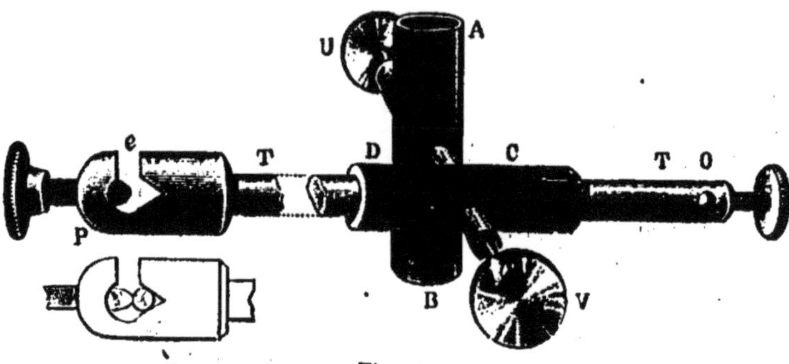

Fig. 82.

de pouvoir faire glisser transversalement la tige et de lui communiquer aussi divers mouvements de rotation et de translation, permet d'assurer la verticalité des électrodes et un bon centrage dans les bains. L'appareil est en outre peu encombrant. Il y a fort longtemps que j'ai fait réaliser cette disposition par Chabaud, constructeur, pour mon laboratoire où elle est depuis couramment en usage.

J'ai fait terminer aussi quelques-unes de ces tiges transversales par une petite pince à ressort, dont les surfaces de pression sont faciles à décaper, et qui ne déforme pas les fils par écrasement comme les vis de pression. Ces pinces (fig. 83)

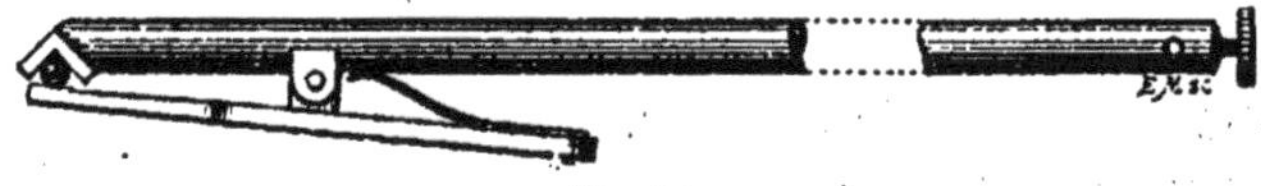

Fig. 83.

rappellent, en miniature, celles qui supportent certaines burettes de Mohr.

Lorsque l'on veut effectuer l'électrolyse dans une capsule ou dans un creuset, on supprime l'un des bras et on lui substitue un anneau métallique comme dans l'appareil de Riche (fig. 76) ou un anneau dans lequel (fig. 84), ainsi que l'a recom-

mandé Classen, sont encastrées trois petites cales *a*, en fil
de platine, sur lesquelles repose la capsule. Mais on peut se
dispenser de cette adjonction, en
posant directement la capsule
sur l'anneau décapé au papier
de verre, en ses points de contact.

Le bras de longueur fixe *b*
(fig. 84), porteur de l'une des
électrodes et qui est habituellement en usage, sera remplacé
avantageusement, pour un bon
centrage, par le bras mobile décrit plus haut.

Pour les vases de platine pris
comme cathode et ayant un fond
plat, il suffira de les poser simplement sur une plaque de cuivre, que l'on peut chauffer au
besoin sur un bec en veilleuse.

Ajoutons enfin, en vue de
ceux qui n'ont pas à leur disposition ces outillages particuliers,
que la plupart des supports de

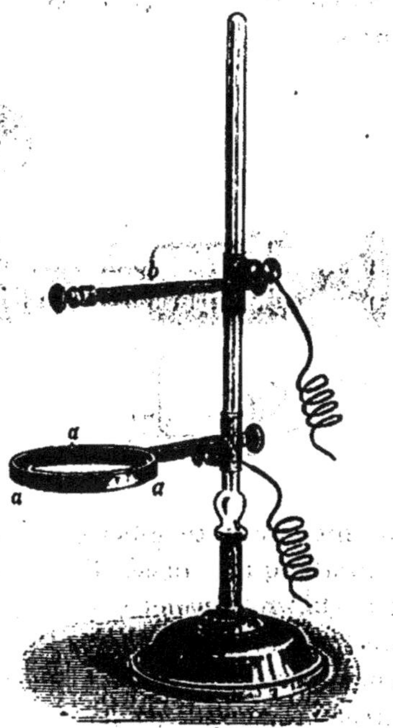

Fig. 84.

nos laboratoires peuvent être, au moyen de quelques bornes
ou pinces de piles, etc..., transformés en appareils équivalents, quoique moins commodes.

Tous les vases dans lesquels on effectue
une électrolyse doivent être fermés par un
verre de montre coupé en deux (fig. 85) et
portant une encoche (1) donnant passage au
fil suspenseur de l'électrode. Ces verres de
montre sont indispensables pour arrêter les
gouttelettes d'électrolyte projetées par les
gaz qui se dégagent en abondance; ils atténuent, en outre,

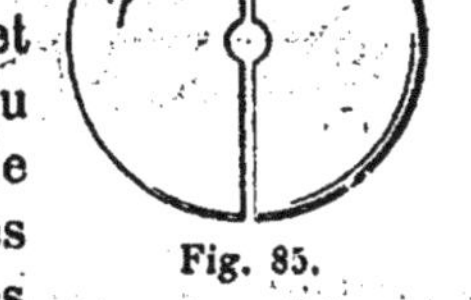

Fig. 85.

(1) On fait, très facilement et rapidement, ces encoches à l'aide d'une lime triangulaire, ou autre, qui a été mouillée avec de l'essence de térébenthine contenant
un peu de camphre en dissolution. Un foret ou l'extrémité d'une lime taillée en
pointe triangulaire, mouillés de ce même liquide, permettent de percer en quelques
instants des trous dans le verre.

l'évaporation des électrolytes chauffés. De temps à autre, on fait retomber dans le vase, à l'aide d'un jet de pissette, le liquide qui se trouve projeté sur les verres formant couvercle.

LAVAGE ET DESSICCATION DES DÉPÔTS ÉLECTROLYTIQUES.

La plupart des dépôts obtenus en liqueurs acides, ammoniacales ou autres, seront lavés sans interrompre le courant; on conçoit, en effet, que, celui-ci ayant cessé de passer, l'eau mère peut redissoudre une partie du dépôt, pendant le temps nécessaire à la sortie de l'électrode qui en est chargée. Par exemple, avec le cuivre électrolysé en liqueur nitrique ou bien ammoniacale, cet incident se produirait et conduirait fatalement à des déterminations inexactes. Il en serait de même pour d'autres métaux.

Lorsqu'on n'a qu'un seul corps à doser et que l'eau mère peut être rejetée, il suffira souvent de faire le lavage sans interrompre le courant, en ajoutant un assez grand volume d'eau au vase contenant l'électrolyte, de façon à le faire déborder, un récipient étant préalablement placé au-dessous pour recevoir les eaux de lavage à rejeter.

Le plus ordinairement, dans le cas où l'on emploie comme électrodes des cylindres concentriques, ou les creusets de Riche, on arrose l'électrode avec la pissette en la sortant doucement du bain; on la détache ensuite du courant et se hâte, une fois sortie, de la laver plus complètement par le même procédé ou en la plongeant dans de l'eau. Cette manière d'opérer permet de ne pas perdre l'eau mère en vue du dosage ultérieur d'un autre métal coexistant dans la liqueur primitive.

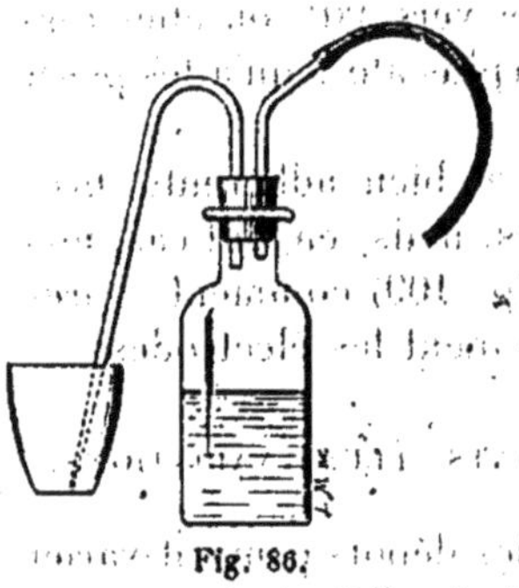

On a proposé aussi d'avoir recours à deux siphons, sensiblement égaux, l'un versant l'eau d'un vase supérieur sur les électrodes, l'autre décantant le liquide électrolysé.

Fig. 86.

Enfin, d'autres opérateurs ont employé un flacon aspirateur (fig. 86) analogue à une pissette, fonctionnant à l'inverse des pissettes ordinaires, et dont le bec, long et effilé, permet d'aspirer lentement le liquide électrolysé, pendant qu'on arrose l'électrode avec de l'eau.

On peut aussi faire usage d'un siphon spécial (fig. 87), dont la branche effilée *ab* doit être presque verticale pour permettre d'aspirer indifféremment les eaux de lavage dans un vase de forme quelconque. Il est évident que la hauteur *ac* devra être plus grande que *ab*.

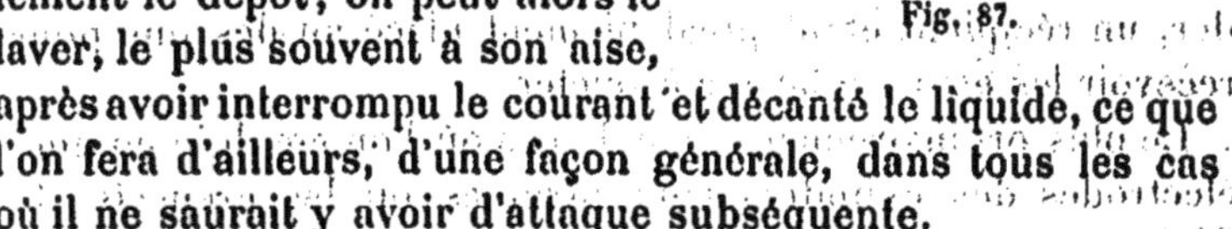
Fig. 87.

Classen, pour éviter dans quelques cas les inconvénients de ces lavages sans interruption du courant, a proposé d'effectuer certaines électrolyses en solutions oxalo-ammoniacales ou potassiques, qui n'attaquent pas généralement le dépôt; on peut alors le laver, le plus souvent à son aise, après avoir interrompu le courant et décanté le liquide, ce que l'on fera d'ailleurs, d'une façon générale, dans tous les cas où il ne saurait y avoir d'attaque subséquente.

Les électrodes, bien lavées à l'eau, sont ensuite lavées, à plusieurs reprises, avec quelques centimètres cubes d'alcool, puis placées dans une étuve chauffée vers 90°, où elles resteront une dizaine de minutes. Il n'y a plus alors qu'à les peser après refroidissement.

Les dépôts doivent être compacts et bien adhérents, brillants ou mats suivant les circonstances, mais, en tout cas, non spongieux. On a vu précédemment (p. 109) comment, après la pesée, on en débarrasse ultérieurement les électrodes.

NATURE DES ÉLECTROLYTES, LEURS ÉTATS, LEURS VARIATIONS.

La nature, l'aspect et l'adhérence des dépôts peuvent varier singulièrement avec l'état primitif de l'électrolyte, avec ses transformations successives dans le cours de l'électrolyse, et surtout avec l'intensité du courant.

On emploie, comme électrolytes, des sulfates, des azotates, des liqueurs ammoniacales, des sulfates doubles, des cyanures métalliques dissous dans le cyanure de potassium, des oxalates doubles ammoniacaux ou potassiques; enfin, pour quelques cas particuliers, des sulfures métalliques dissous dans les sulfures ammoniacaux ou alcalins.

On a même proposé plus récemment des liqueurs phosphoriques, pyrophosphoriques, acétiques, citriques, tartriques, etc...

D'une manière générale, on évite l'emploi des chlorures, sauf dans quelques cas particuliers.

L'usage des oxalates doubles permet souvent le lavage après interruption complète du courant.

A mesure que l'électrolyse se poursuit, la concentration et la nature de l'électrolyte changent; partis d'un sel, par exemple, nous aboutissons progressivement, en général, à un métal déposé et à un acide libre en solution; de là, une variation progressive de la résistance du milieu et, partant, de l'intensité du courant, que l'on est obligé de surveiller et de régler pour la ramener à sa valeur convenable. On effectue ce réglage à l'aide d'une résistance auxiliaire introduite dans le circuit. D'autre part, des réactions secondaires se produisent souvent et peuvent changer, au cours de l'expérience, la nature de l'électrolyte et celle du dépôt. Nous avons vu, par exemple, que, dans certains cas, l'acide azotique, mis en liberté dans l'électrolyse de quelques azotates, se convertit en ammoniaque; aussi est-on obligé, soit dans le cours, soit vers la fin de l'électrolyse, d'ajouter alors de l'acide azotique, pour que, l'ammoniaque produite se trouvant aussitôt saturée, le milieu se maintienne acide. L'électrolyse des oxalates peut donner aussi du carbonate d'ammoniaque, qui précipiterait les métaux à l'état de flocons de carbonates ou d'oxydes; on parera à cet inconvénient par des additions convenables d'acide oxalique durant la marche.

En prenant les précautions convenables relatives à la nature, au choix des électrolytes et à la densité des courants, que l'expérience a appris à connaître dans chaque cas particulier, on obtient, pour le dosage de la plupart des métaux, des résultats concordants à quelques dixièmes de milligramme près.

DISPOSITION A DONNER AUX APPAREILS ÉLECTROLYTIQUES SUIVANT LES CAS.

Plusieurs cas peuvent se présenter :

1º On n'a qu'un seul métal à doser dans un seul électrolyte.

2º Avec un même courant, on veut faire plusieurs dosages simultanés d'un même métal dans une série d'électrolytes semblables.

3º Avec un même courant, on se propose de doser simultanément, dans des électrolytes différents, des métaux exigeant des forces électromotrices minima différentes et, par suite, des intensités distinctes.

4º Plusieurs expérimentateurs ont à faire simultanément plusieurs électrolyses distinctes en utilisant un même courant, un seul ampèremètre et un seul voltmètre.

PREMIER CAS : *On n'a qu'un seul métal à doser dans un seul électrolyte.*

C'est le cas le plus simple. On donne au système la disposition suivante (fig. 88) : le courant d'une source électrique S sensiblement constante, piles hydro- ou thermo-électriques, ou, de préférence, accumulateurs ou machine dynamo, traverse l'une des résistances R (rhéostat) déjà décrites, susceptibles d'être variées, puis les fils *abd* pour se rendre à l'électrolyte E et revenir à la source.

Un bifurqueur de courant B, formé de trois godets de porcelaine ou de verre encastrés dans une planche ou dans un morceau de liège (1), permet de lancer le courant, à volonté, dans la direction *abd* ou dans la direction *acAd* à travers un ampèremètre A. Il suffit, pour cela, dans le premier cas, de faire communiquer le mercure des deux godets *a* et *b* en y plongeant un arc métallique K en fil de cuivre fort, et, pour le

---

(1) On fait pour les sonneries, et autres appareils, des bifurqueurs métalliques à manette (fig. 68) ou à fiches, mais ces appareils métalliques sont susceptibles de s'oxyder dans les laboratoires et ne valent pas les bifurqueurs à mercure, ainsi que nous l'avons déjà dit.

second cas, de plonger l'arc dans les godets *a* et *c*. Cette disposition permet de laisser l'ampèremètre A en permanence ou non dans le circuit, ou même de l'enlever, sans interrompre l'électrolyse et sans altérer l'intensité, et de le transporter dans d'autres circuits électrolytiques disposés de même, dont on veut surveiller l'intensité.

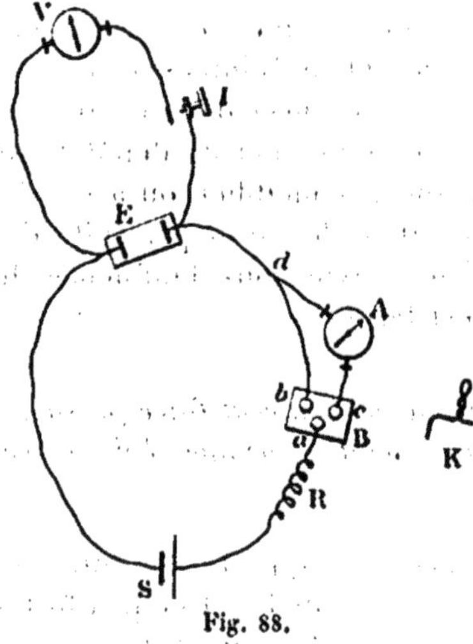

Fig. 88.

Les ampèremètres, ayant une résistance très faible, ne changent pas sensiblement l'intensité des courants dans lesquels ils sont interposés ; avec ceux qui auraient une résistance non négligeable, il suffira, dans des expériences précises, de mettre en *bd* un brin de fil d'une résistance équivalente à celle de l'ampèremètre; celui-ci pourra dès lors, avec la disposition sus-indiquée, être introduit ou sorti sans produire la moindre variation. Si l'on fait usage d'un voltamètre à acide sulfurique, celui-ci ne pouvant, sous aucun prétexte, sortir du circuit, le bifurqueur devient inutile.

Enfin, s'il y a lieu de constater la différence de potentiel aux électrodes, on mettra les bornes d'un voltmètre V en rapport, en dérivation, avec les électrodes ou avec des points voisins, en ayant soin d'interposer, dans le circuit du voltmètre, un interrupteur quelconque I, déjà figuré pages 99 et suivantes (un simple bouton de sonnerie suffit bien souvent), de façon à ne faire passer le courant dans cet appareil que pendant le temps nécessaire à la lecture de la différence du potentiel.

Les fils de cuivre employés dans les circuits ne seront pas pris trop fins, pour ne pas introduire de résistances inutiles. Les fils de téléphone, d'un diamètre de $0^{mm},8$ à 1 millimètre, recouverts de gutta-percha et de coton ou de soie, sont bien isolés et résistent mieux à l'action des acides ou autres substances, qui, dans les laboratoires, peuvent accidentelle-

ment les souiller. Sous ces diamètres, ils jouissent encore
d'une souplesse convenable.

Dans toute électrolyse, avant de lancer le courant, on doit
donner à la résistance variable interposée dans le circuit sa
résistance maximum, puis, le courant étant établi, on diminue
progressivement celle-ci jusqu'à obtenir l'intensité voulue;
sans cette précaution, on s'expose à lancer dès l'origine un
courant trop fort et à avoir, par suite, un mauvais dépôt. Cette
même résistance servira à rétablir, à modifier ou à régula-
riser l'intensité, qui est susceptible de varier par suite des
transformations que subit l'électrolyte sous l'influence du
courant et qui modifient sa résistance.

DEUXIÈME CAS : *Avec un même courant on veut faire plusieurs
dosages simultanés d'un même métal, dans une série d'électrolytes semblables.*

La source électrique S est mise en rapport (fig. 89) avec
deux tringles de cuivre ou de laiton parallèles et un peu fortes
AB et CD, dont les extrémités B et D restent libres ; un

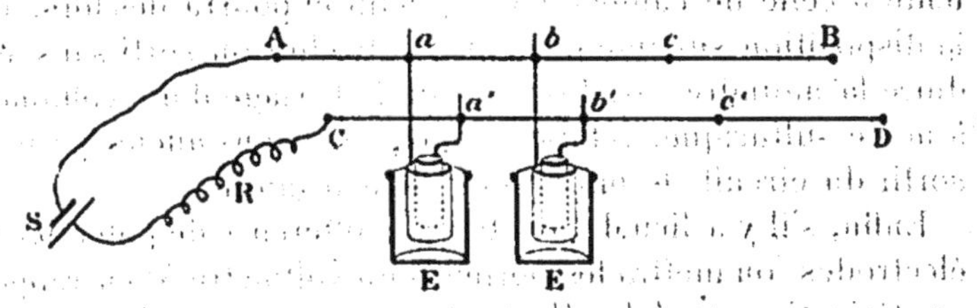

Fig. 89.

rhéostat R est interposé. On a ainsi un circuit ouvert dans
lequel les deux tringles sont à un potentiel différent, mais
constant dans toute leur étendue. Il en résulte que la différence de potentiel entre des couples de points quelconques,
tels que aa', bb', cc', etc..., pris sur les deux tringles, sera
constante. Si, dès lors, on branche, au moyen de pinces, sur
ces couples de points, des électrodes sensiblement égales en
surface, semblablement placées et plongeant dans des électrolytes E E, etc..., identiques, l'intensité du courant les traversant tous sera la même, et l'on pourra effectuer ainsi un grand

nombre d'électrolyses, de même nature, simultanées. Le rhéostat R permettra d'amener le système à l'intensité voulue, qu'il suffira d'observer sur un seul des électrolytes sensiblement identiques, en y interposant, comme on l'a montré dans le premier cas (p. 117), un ampèremètre. Un voltmètre, mis en rapport avec les extrémités B et D, permettra, s'il est nécessaire, d'avoir la différence de potentiel en volts.

Cette disposition est très employée dans les usines et dans les laboratoires ordinaires, lorsque l'on a à effectuer un grand nombre de dosages simultanés d'une même substance, par exemple dosage du cuivre dans les bronzes, les laitons, etc...

TROISIÈME CAS : *Avec un même courant, on se propose de doser simultanément, dans des électrolytes différents, des métaux exigeant des forces électromotrices minima différentes et, par suite, des intensités distinctes.*

La disposition précédente peut être utilisée dans ce cas, à la condition d'interposer une résistance entre chaque électrolyte et l'une des tringles; on y reviendra, avec plus de détails, au quatrième cas. Mais on peut aussi brancher les électrodes de chaque électrolyte en deux points distincts d'une résistance hélicoïdale en lacet (fig. 90), déjà mentionnée (p. 67), et comme nous le représentons ici, de manière à prendre, en dérivation sur le lacet parcouru par le courant d'une source S, telle différence de potentiel que l'on juge nécessaire pour chacun des électrolytes E_1, E_2, E_3, etc. On fait varier ainsi concurremment les intensités en sautant

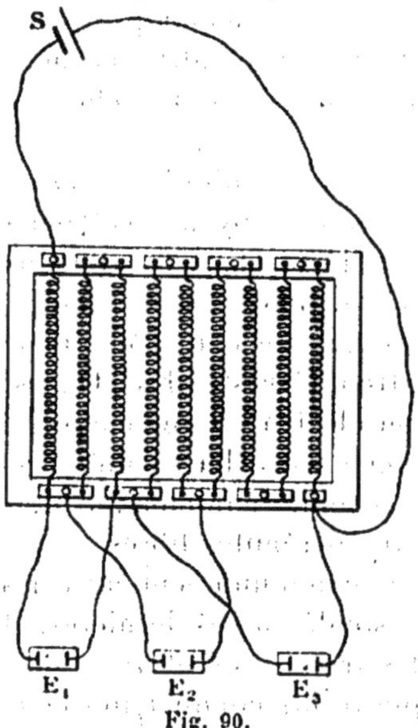

Fig. 90.

d'une extrémité d'hélice à une autre. Une résistance placée, en outre, au voisinage de chaque électrolyte permettrait d'ailleurs,

si on le désirait, de régler avec plus de précision l'intensité
dans chacun d'eux. Le seul défaut de cette disposition est que
l'on n'utilise ainsi, en dérivation, qu'une partie du courant
circulant d'une façon continue dans le fil en lacet, le reste de
l'énergie dépensée par la source est perdu; mais cette dépense
est le plus souvent négligeable; d'ailleurs, on la diminue en
formant le lacet avec du fil suffisamment fin, condition
nécessaire si l'on veut qu'il passe dans les électrolytes une
fraction importante du courant circulant dans cette résistance
hélicoïdale.

L'ampèremètre et le voltmètre seront disposés dans le circuit de chaque opération, comme il est dit au sujet des divers
agencements qui précèdent.

QUATRIÈME CAS : *Plusieurs expérimentateurs ont à faire simultanément plusieurs électrolyses distinctes en utilisant un même
courant, un seul ampèremètre et un seul voltmètre.*

Voici la disposition (fig. 91) que nous avons adoptée dans
notre laboratoire; elle permet à un grand nombre d'expérimentateurs d'opérer simultanément, elle dérive de celle que
nous avons décrite dans le deuxième cas.

Quatre longues tringles de cuivre ou de laiton, et d'assez
fort diamètre, sont fixées parallèlement, au moyen d'isolateurs
en porcelaine, sur une planche scellée au mur. Les deux
tringles *ab* et *cd* ont leur extrémité de gauche, sur la figure,
mise en rapport, au moyen de bornes, avec les deux pôles d'une
source électrique S, leur autre extrémité reste libre. On est
ainsi en circuit ouvert lorsque aucune électrolyse ne fonctionne
et la différence de potentiel est la même entre deux points pris
chacun sur l'une des tringles, dans toute leur étendue. Les
deux autres tringles *ef*, *gh*, ont leurs extrémités libres.

Les bornes d'un ampèremètre A communiquent avec les
tringles *ab* et *ef*, au moyen de fils soudés à ces dernières, et
pareillement le voltmètre V avec les tringles *ab* et *gh*.

Chaque opérateur dispose de quatre fils conducteurs *mqrt*
soudés aux tringles *ab*, *ef*, *gh*, *cd*, qui sont ainsi mises en
rapport avec des bornes communiquant, au moyen d'un brin
de fil, avec les godets à mercure encastrés dans une planchette

ou dans de la paraffine ; ces godets sont affectés des mêmes lettres que les fils qui s'y rendent. Toutefois, le fil l communique seulement avec la borne *isolée l*. Les fils émanant des tringles sont fixés à demeure sur les bornes des planchettes et par suite aux godets correspondants, de telle sorte que l'opérateur n'ait jamais à y toucher. Les godets encastrés dans chaque planchette (1) sont en réalité au nombre de cinq et vont nous permettre d'effectuer les diverses électrolyses, soit sans faire usage de l'ampèremètre et du voltmètre, soit en mettant chacun de ces appareils en rapport avec chaque électrolyse, afin de mesurer, à un instant donné, l'intensité du courant ou la différence de potentiel aux électrodes.

Pour effectuer une ou plusieurs analyses, les opérateurs n'ont qu'à interposer à demeure, entre les bornes p et l, une résistance (rhéostat) R_1, R_2, R_3, destinée à régler les intensités, puis à brancher leurs électrolytes E_1, E_2, E_3, etc., sur les bornes n et p communiquant avec les godets correspondants, sans jamais avoir à toucher, en aucun temps, aux autres fils fixés d'une manière définitive.

Si maintenant, comme sur la planchette 1, on fait communiquer, à l'aide d'un arc métallique, les godets m et n, on voit que le courant passe simplement dans l'électrolyte E_1, sans aller aux appareils de mesure.

Si l'on veut introduire l'ampèremètre A dans le circuit, l'opérateur n'a qu'à transporter, pendant un instant suffisant pour une lecture, l'arc métallique de mn en nq, comme cela est représenté sur la planchette 2 pour l'électrolyte E_2. Il n'y a qu'à suivre le courant sur la figure, pour s'assurer que l'ampèremètre s'y trouve, ainsi, bien intercalé.

Enfin, pour mesurer la différence de potentiel aux électrodes, il suffira de deux arcs métalliques, l'un placé en mn et l'autre en pr, comme nous l'avons représenté sur la planchette 3 pour l'électrolyte E_3 ; le courant passe alors dans le voltmètre V, si l'on a soin de fermer le circuit de dérivation allant au voltmètre par un interrupteur I quelconque, bouton de son-

---

(1) Les planchettes à godets et les électrolytes reposent, en réalité, sur le plan horizontal de la table où s'effectuent les opérations ; pour plus de clarté, dans la figure on a rabattu cette portion du dispositif sur le plan vertical du mur portant les tringles et les appareils de mesure.

neric, ou autre, interposé. Le but de cet interrupteur, déjà

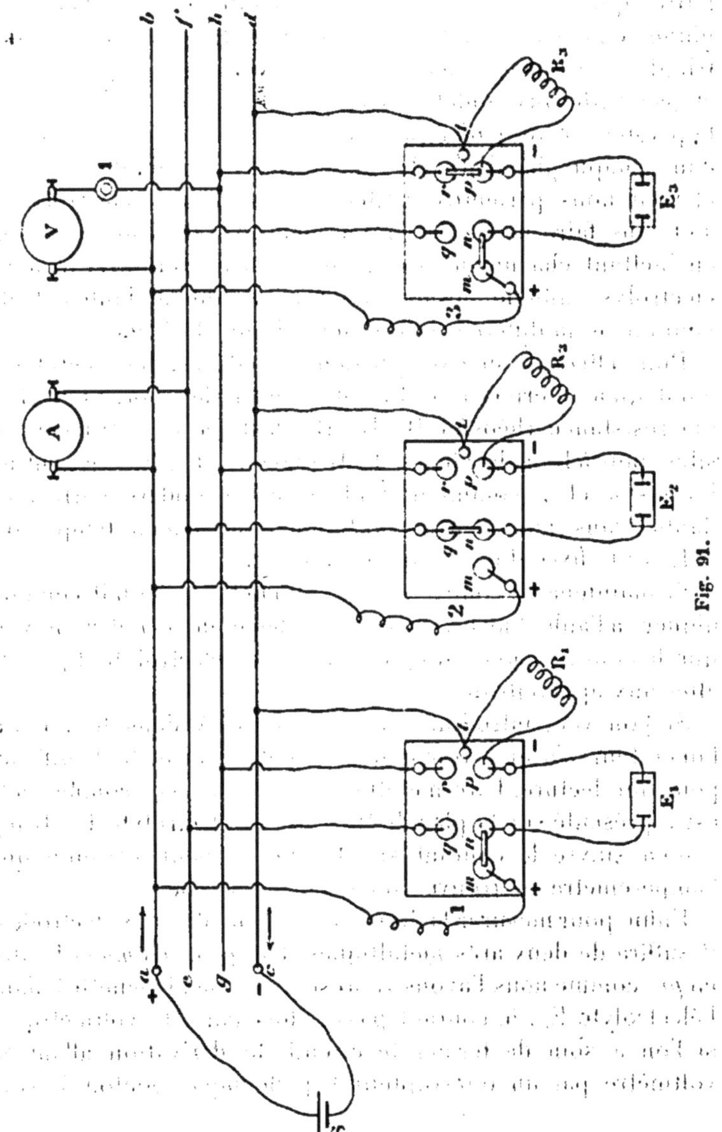

connu, est de n'admettre le courant dans cet appareil de
mesure que durant le temps nécessaire à la lecture. Il est

visible que la différence de potentiel est bien prise de la sorte
aux électrodes, en dehors de la résistance R_1, R_2 ou R_3.

Il serait oiseux de dire que les divers opérateurs ne doivent
pas faire leurs mesures au même instant.

Ajoutons enfin que les distances comprises entre les godets
m et n, n et q, r et p sont égales, pour pouvoir recevoir un
même arc métallique ; mais les intervalles np, qr, et mq, sont
bien plus grands que les précédents, afin que l'arc métallique ne puisse les embrasser. Cette disposition empêche
l'opérateur de faire communiquer, par inadvertance, les godets qui pourraient donner lieu à des courts circuits, toujours
à redouter pour les sources électriques et leurs fils conducteurs.

Dans la figure ci-dessus, on n'a représenté le dispositif
qu'avec trois électrolyses à effectuer ; mais on peut en brancher un bien plus grand nombre sur les tringles parallèles,
de manière à permettre encore le travail simultané de plusieurs
autres expérimentateurs. Le calcul montre, d'ailleurs, que
l'introduction de nouveaux électrolytes n'apporte que de
faibles variations dans l'intensité du courant qui traverse les
autres électrolytes se trouvant déjà en expérience. Les variations sont, tout au plus, de l'ordre de celles que l'on observe
au cours d'une électrolyse isolée et absolument négligeables ;
les résistances individuelles interposées R_1, R_2, R_3, etc.,
nous donneraient d'ailleurs, le cas échéant, le moyen de
rétablir exactement les intensités primitives.

DURÉE DES ÉLECTROLYSES.

La durée d'une électrolyse est très variable ; elle dépend
nécessairement de la quantité de matière à déposer, de l'intensité du courant et aussi de la partie de l'énergie électrique con-
sommée par des réactions secondaires. Tel métal, demandant
pour son dépôt satisfaisant une très faible intensité, exigera
naturellement plus de temps pour se déposer en quantité
équivalente à tout autre qui permettrait, sans inconvénient,
l'usage de forts courants. Dans le cas d'une électrolyse
simple, sans réactions secondaires, si le poids de métal
existant dans la solution est connu, il est possible, pour une

intensité donnée, de calculer la durée de l'électrolyse au
moyen de la formule établie (p. 24). Mais s'il se produit,
comme cela a lieu souvent, des réactions secondaires peu
connues, le calcul n'est plus que très approximatif, ou
absolument inexact. D'une manière générale, la durée d'une
électrolyse peut varier de deux heures à quinze heures environ,
suivant les cas : elle atteint rarement vingt-quatre heures ;
pour les électrolyses qui sont d'une longue durée, il est
souvent avantageux de les faire marcher la nuit ; on y trouve
une grande économie de temps, mais ceci n'est applicable
qu'à celles dont l'électrolyte n'éprouve pas, sous l'action
prolongée du courant, de trop grandes variations de résistance entraînant celle de l'intensité, que l'opérateur absent
ne peut rétablir.

DISTRIBUTION DE L'ÉLECTRICITÉ. — TABLEAU DE DISTRIBUTION DE L'ÉLECTRICITÉ DANS NOTRE LABORATOIRE.

Toute installation électrique, dans un laboratoire de quelque
importance, suppose un tableau de distribution de l'électricité,
permettant d'utiliser celle-ci, d'une façon indépendante, dans
les diverses salles ou en des points différents d'une même
salle. Voici le tableau de distribution, fort simple, que j'ai fait
installer pour desservir diverses portions et étages de notre
laboratoire, plus généralement avec des accumulateurs ou
encore avec le courant continu des dynamos.

Ce tableau (fig. 92), qui n'occupe que $1^m,15$ de large sur
$0^m,90$ de haut, porte 21 barres de laiton percées chacune de
12 trous et formant 3 groupes $b\,b$ de 7 barres. On n'a représenté ici que les deux tiers du tableau environ, et par conséquent que deux de ces groupes. Chacun d'eux est relié à un
groupe de 6 accumulateurs A_1, A_2, etc..., montés en tension,
et placés en réalité dans le sous-sol du laboratoire, mais
représentés ici par le signe conventionnel des piles, traits
grêles et pleins, au voisinage du tableau (1). Ce dernier porte,

(1) Le circuit PQS, représenté au-dessous des accumulateurs, est le circuit qui
sert à leur charge au moyen de la source d'électricité S. Les fils reliant les
accumulateurs aux barres, ainsi que quelques autres, sont représentés ici appa-
rents sur le tableau, alors qu'en réalité ils sont dissimulés derrière lui.

visiblement, au-dessous de chaque barre constituant une
prise du courant, le numéro d'ordre de l'accumulateur auquel
elle correspond.

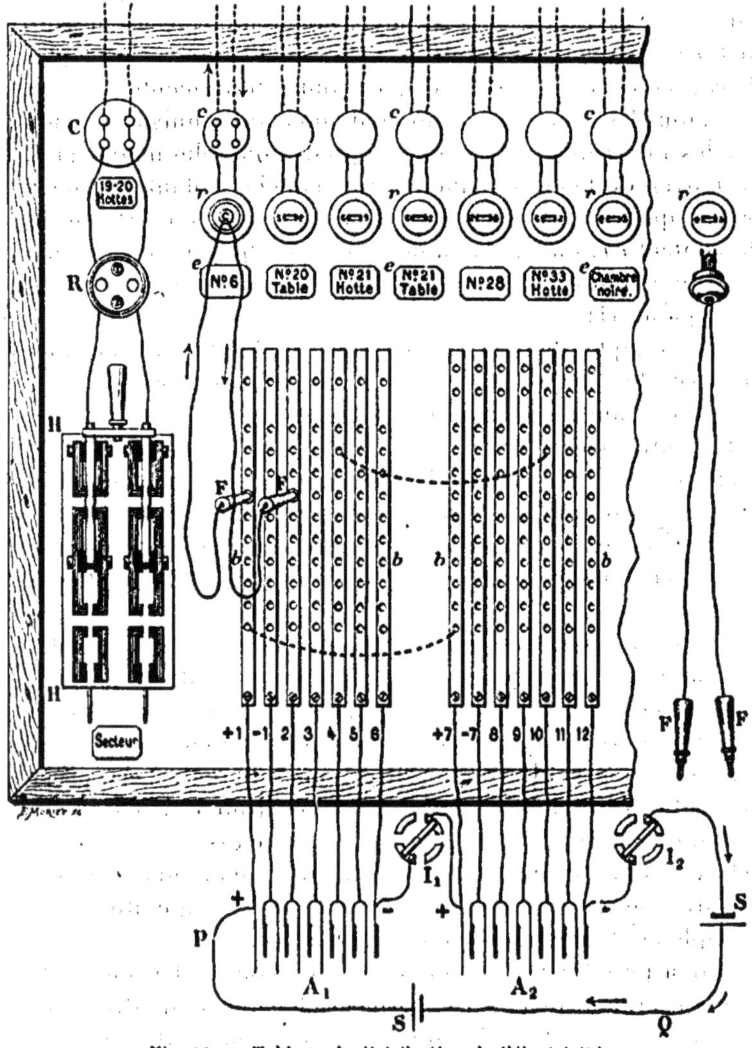

Fig. 92. — Tableau de distribution de l'électricité.

Des pièces de contact en porcelaine, $r\,r$, reçoivent chacune
les extrémités de la canalisation électrique d'une des salles à

desservir ou des régions que l'on veut rendre indépendantes dans une même salle. Des étiquettes émaillées, placées en *e e* au-dessous de chaque pièce de porcelaine, indiquent leur destination. Les extrémités des canalisations électriques des salles traversent, avant de se terminer aux pièces de contact *r r*, des coupe-circuits *c c*; les canalisations électriques de ces salles sont ainsi protégées contre tout accident.

Si, tous les groupes d'accumulateurs étant réunis en tension par les interrupteurs fermés I_1, I_2, etc., on relie maintenant, au moyen de fiches conductrices à manche isolant F F, deux barres quelconques (prises de courant) avec l'une des pièces de contact *r r*, on lancera ainsi, dans la salle afférente, le courant du nombre d'accumulateurs correspondant aux barres ainsi prises (1).

Par exemple, dans la figure ci-dessus, les fiches étant placées sur les barres +1 et 2, l'opérateur lance dans la salle n° 6 le courant de deux accumulateurs.

Un autre opérateur, grâce au grand nombre de trous, peut prendre, simultanément s'il y a lieu, sur ces mêmes deux barres, le courant des deux mêmes accumulateurs ou, sur d'autres barres, le courant d'un nombre quelconque d'accumulateurs et l'envoyer dans toute autre direction, salle 21 par exemple.

Il pourra aussi, avec des fiches placées en 2 et 6, prendre 4 accumulateurs; avec les fiches en 3 et 11, prendre 8 accumulateurs, etc., etc..., réalisant de la sorte simultanément un grand nombre de dispositions possibles, tant comme nombre d'accumulateurs que comme directions différentes. Avec ces dispositions, toutes les opérations pourront être effectuées sans que l'on ait à redouter des courts circuits.

Il y a plus, ce même tableau permet, dans une certaine mesure, de grouper les accumulateurs en quantité, par exemple en doublant ou triplant la surface.

Soit à prendre 8 accumulateurs que l'on veut grouper de manière à réunir deux séries formées chacune de quatre accumulateurs en tension. Il suffira, les 3 groupes d'accumula-

---

(1) Un couple de ces fiches conductrices F F, ainsi que l'une des pièces de contact *r*, sont, en outre, reproduits isolés, en dehors de la figure et à sa droite, pour mieux montrer cet agencement.

teurs A_1, A_2, A_3, étant *au préalable séparés les uns des autres*
par les interrupteurs ouverts I_1, I_2, I_3, etc., de réunir, ainsi
qu'il est figuré seulement en pointillé, au moyen d'un fil
conducteur armé de fiches terminales, les barres 4 et 10 par
exemple. On aura ainsi assemblé les pôles négatifs de 4 accumulateurs pris dans chaque groupe ; une réunion semblable
des barres + 1 et + 7 assemble les pôles positifs de ces deux
groupes de 4 accumulateurs.

Il est visible que deux fiches, telles que F F, enfoncées
maintenant dans un trou quelconque des barres + 1 et 4 (ou,
ce qui revient au même, + 1 et 10 ou 4 et + 7, ou bien encore
+ 7 et 10) permettront de lancer le courant des accumulateurs,
ainsi groupés, dans une direction quelconque déterminée.

Ces quelques exemples montrent les nombreuses combinaisons que ce tableau, tel que nous l'avons fait exécuter,
met à la disposition de plusieurs opérateurs travaillant
simultanément.

On voit, en outre, sur la gauche du tableau, un fort interrupteur H H, permettant de lancer dans des salles spéciales, n°' 19
et 20, des courants continus à grande différence de potentiel,
110 volts par exemple, donnés par une dynamo ; ils traversent un gros coupe-circuit C. Une pièce de contact R sert à
mettre, au besoin, la canalisation de ces salles en rapport avec
les barres d'accumulateurs au moyen de fiches, et à y lancer,
s'il y a lieu, le courant de ces accumulateurs. Cette disposition se reproduit symétriquement, pour une autre salle, sur
la droite du tableau, non figurée.

DEUXIÈME PARTIE

Dosage individuel des métaux
et des métalloïdes.

———

Les indications que nous allons donner à ce sujet ne sauraient être considérées, dans l'état actuel de la science, comme d'une rigueur absolue. En effet, ainsi que nous l'avons déjà fait pressentir, un certain nombre de déterminations ont été effectuées en un temps où les unités électriques et les appareils de mesure usuels n'étaient point encore établis. D'autre part, depuis cette époque, bon nombre d'expérimentateurs, ignorant ou méconnaissant les progrès accomplis dans l'étude de l'électricité, ont négligé de considérer les données les plus essentielles du problème : la densité du courant et la différence du potentiel aux électrodes. Dans ces dernières années, toutefois, un certain nombre d'opérateurs ont enfin tenu compte de ces valeurs essentielles. Dans leurs travaux, les intensités des courants sont généralement rapportées à des surfaces d'électrodes de 100 centimètres carrés sur lesquelles a lieu le dépôt (Voy. p. 68), ce qui permet de calculer l'intensité du courant nécessaire dans le fil conducteur pour toute autre surface. Mais il y a lieu d'observer que les chiffres donnés sont afférents aux genres d'électrodes employées par chaque expérimentateur, et, suivant la forme de celles-ci, la densité du courant n'est pas la même dans les diverses portions de surface considérées; le dépôt ne peut donc y être homogène. Lorsqu'il s'agit d'électrodes représentées par deux cylindres concentriques, les divergences sont encore plus grandes, la densité du courant étant bien différente entre les surfaces en regard et celles qui ne le sont pas, où une partie du dépôt se forme également; tout au plus pourrait-on admettre alors une densité moyenne. Il faut donc considérer ces chiffres comme une indication très précieuse, mais non comme ayant une valeur absolue. L'électrolyse est susceptible, d'ailleurs, de donner le plus souvent de bons résultats avec des intensités de courant oscillant entre des limites assez étendues; on doit même ajouter que la densité du courant à employer pourra varier notablement avec la proportion et la nature des corps auxiliaires, ou accidentels, existant dans l'électrolyte.

Lorsque l'on n'aura pas d'indication bien précise touchant la densité de courant nécessaire pour effectuer une électrolyse, le mieux sera de chercher, une fois pour toutes, avec l'appareil dont on dispose, l'intensité convenable pour un bon dépôt dans un électrolyte déterminé et d'employer exclusivement, à l'avenir, cette intensité dans toutes les déterminations semblables.

On trouvera dans ce recueil, à côté de méthodes exactes, des procédés controversés ou douteux; une bonne électrolyse est fonction de tant de variables que, dans l'état actuel de cette partie de la science encore en voie d'élaboration, il nous a paru nécessaire, avant de rejeter ces procédés, qu'il ait été fait de nombreuses expériences de contrôle. D'ailleurs, cette manière de voir aura l'avantage de signaler au lecteur les points à éclaircir dans ce champ d'expériences relativement nouveau.

Tout ce que nous venons de dire, au sujet du dosage individuel des métaux, est applicable de tous points à la séparation des métaux par électrolyse et aux analyses spéciales, qui font l'objet de la troisième et de la quatrième partie de cet ouvrage.

ARSENIC.

Il n'existe, jusqu'à ce jour, aucun moyen de doser électrolytiquement l'arsenic, soit que l'on opère en liqueur aqueuse, chlorhydrique, oxalo-ammonique ou en présence des sulfures alcalins. Dans les solutions aqueuses ou oxaliques, l'arsenic n'est que partiellement réduit à l'état métalloïdique, tandis que dans les liqueurs chlorhydriques il se transforme intégralement, sous l'action prolongée du courant, en hydrogène arsénié.

L'arsenic est, en somme, un corps gênant dans l'électrolyse, surtout sous la forme arsénieuse; mais à l'état arsénique sa présence permet, toutefois, la séparation exacte de quelques métaux coexistant dans la même solution. Il y aura donc toujours lieu de l'amener au maximum d'oxydation, ou bien encore de l'éliminer au préalable, comme on le verra par la suite.

ANTIMOINE.

L'antimoine se dépose à l'état métallique dans des dissolutions simplement chlorhydriques, ou des solutions de trichlorure d'antimoine dans l'oxalate de potasse; mais il n'est alors ni compact ni adhérent. Les électrolytes tartro-potassiques l'abandonnent bien adhérent, mais avec beaucoup de lenteur.

Il est préférable d'avoir recours à l'électrolyse des composés d'antimoine dans les sulfures d'ammonium ou de sodium *purs* et exempts de polysulfures, dans lesquels le métal se trouve à l'état de sulfosel. Ce procédé a été particulièrement étudié par Parrodi et Mascazzini, Luckow, Classen et De Reiss, Classen, Classen et Ludwig. D'une manière générale, on ne pourra obtenir de bons dépôts qu'avec des solutions étendues ne contenant que quelques décigrammes de métal, et en n'employant que de faibles courants et de larges surfaces de cathode, afin que le dépôt métallique y soit de peu d'épaisseur. Toutefois, Classen est parvenu, dans ces derniers temps, à déposer jusqu'à près de $0^{gr},8$ environ en quelques heures.

Pour effectuer la détermination de l'antimoine en liqueur sulfo-ammonique, on ajoute au liquide, ou à la matière solide si c'est le sulfure ou l'un des oxydes, un excès de sulfhydrate d'ammoniaque exempt d'ammoniaque libre et de polysulfure. Pour cet usage, on conserve le sulfhydrate à l'abri de l'air dans des flacons complètement pleins, bouchés et renversés sur l'eau. On électrolyse, à froid, avec un courant de 0,15 à 0,20 ampère p. 100 centimètres carrés environ de cathode. Le métal déposé en liqueur sulfurée est souvent recouvert d'un voile de soufre que les lavages à l'eau n'éliminent point. On l'en débarrasse en frottant doucement la surface avec le doigt ou avec un linge fin, mouillés d'alcool, de façon à ne pas arracher le métal.

La précipitation dans des liquides sulfo-ammoniques présente l'inconvénient d'une odeur désagréable; aussi est-il préférable, à l'instigation de Classen, d'opérer en liqueur sulfo-sodique. A cet effet, on ajoute au produit à analyser une solution saturée de monosulfure de sodium pur Na^2S (poids spécifique 1,15 environ) et surtout exempt de polysulfure, qui peut fausser les résultats (1). On emploie, pour $0^{gr},15$ à $0^{gr},18$ d'antimoine présent, quantité qu'il ne faut guère dépasser en général, de 30 à 50 centimètres cubes de sulfure de sodium et l'on électrolyse, à froid, avec un courant de 0,15 à 0,20 ampère p. 100 centimètres carrés environ de cathode, l'intensité du courant nécessaire pouvant varier un peu avec l'état de la liqueur; on l'obtenait, à l'origine, avec 4 à 6 éléments Meidinger en tension. L'opération exige dix à douze heures et plus, suivant les quantités. Si l'on opère à chaud et avec des courants plus intenses, comme l'a fait Nissenson, on abrège considérablement la durée, qui peut être réduite à une heure, suivant cet auteur. Tout ceci se rapporte à l'emploi d'électrodes ordinaires polies.

Classen a montré, depuis, qu'il est possible, avec les électrodes mates dépolies par un jet de sable, de précipiter de plus grandes quantités de métal bien adhérent. En opérant, par exemple, sur $0^{gr},3$ et même $0^{gr},8$ environ de métal en combinaison sous forme de tartre stibié et additionné de 80 centimètres cubes de sulfure de sodium (D = 1,15), le tout étendu ensuite à 120 centimètres cubes, il a pu, dans des conditions variées, doser rigoureusement l'antimoine. Les expériences ont été effectuées à des températures comprises entre 20° et 70°, avec densités de courant variées de 0,3 à 1,5 ampère p. 100 centimètres carrés, et des voltages de 0,85 à 1,85 volt aux électrodes.

A la température ordinaire, densité de courant 0,3 à 0,35 ampère, voltage 1 à 1,8 volt, la durée de l'opération est de dix-sept heures; elle n'est plus que de deux heures en opérant à chaud 55° à 70°, avec densité de courant 1 à 1,5 ampère, voltage 1,3 à 1,8 volt.

Rudorff a également effectué le dosage de l'antimoine en

(1) Voy., dans la troisième partie, à la séparation de l'antimoine et de l'étain, la préparation de ce réactif dur.

liqueur sulfo-sodique dans des conditions moins bien définies.

Dans toutes ces opérations, on constate que l'électrolyse est terminée en prélevant quelques gouttes de liquide, qui ne doivent plus donner de précipité de sulfure par l'addition d'un excès d'acide acétique. Mais ce procédé est peu sûr; il vaut mieux plonger dans le liquide une électrode auxiliaire, mise en contact avec la cathode, et constater qu'il ne s'y forme plus aucun dépôt métallique sous l'action continuée du courant.

Les dépôts d'antimoine obtenus sont lavés d'abord à l'eau, sans interrompre le courant, puis à l'alcool après interruption. On les sèche, durant un quart d'heure, dans une étuve chauffée à 80°-90° et on les pèse. Le métal a l'éclat métallique; il est compact, adhérent, d'un blanc grisâtre tirant parfois sur le brun.

Lorsque le sulfure de sodium employé dans les expériences contient des polysulfures, qui le colorent en jaune, ou lorsqu'on dissout dans ce réactif des sulfures d'antimoine mêlés de soufre pouvant donner naissance à des polysulfures, il est absolument nécessaire de procéder à la destruction préalable de ces derniers. A cet effet, Classen recommande l'emploi de l'eau oxygénée, qui les transforme en sulfates.

On ajoute à la solution polysulfurée, qui peut aussi contenir des hyposulfites, un excès d'une solution d'eau oxygénée (1). et l'on chauffe jusqu'à ce que le liquide soit décoloré; il peut arriver que, par suite de la transformation, tout au moins partielle sinon totale, du sulfure alcalin en sulfate, il apparaisse un précipité de sulfure d'antimoine : on ajoute alors à la liqueur un excès, jusqu'à 80 centimètres cubes même s'il y a lieu, d'une solution saturée de sulfure de sodium, de manière à se retrouver dans les conditions précédemment exposées, et l'on effectue ensuite l'électrolyse.

Pour éliminer l'antimoine déposé sur les électrodes, il suffit de les immerger dans de l'acide azotique, étendu et chaud, additionné d'acide tartrique.

Vortmann a proposé de doser l'antimoine à l'état d'amalgame en le transformant, au préalable, en sulfosel.

(1) L'eau oxygénée doit être bien exempte de composés du baryum, qui entrent dans sa préparation. Distillée, comme on la trouve aujourd'hui dans le commerce, elle est tout à fait pure.

On dissout dans l'eau le sel d'antimoine, l'émétique par exemple, et un poids rigoureusement connu de chlorure mercurique contenant une quantité de mercure égale environ à quatre fois celle de l'antimoine. La solution est versée dans la capsule destinée à l'électrolyse et chauffée doucement avec un excès de brome. Ce traitement a pour but de faire passer l'antimoine au maximum d'oxydation; autrement les sels antimonieux au contact des sels mercuriques réduiraient ceux-ci à l'état de mercure, pour donner naissance à de l'acide antimonique. Après avoir chassé l'excès de brome par la chaleur, on ajoute à la solution un mélange de soude et de sulfure de sodium, jusqu'à redissolution du précipité des sulfures, qui se forme d'abord; ils sont ainsi transformés en sulfosels; on étend d'eau et on électrolyse dans les conditions de courant qui seront indiquées plus loin au sujet de la méthode de Vortmann relative au mercure ou au bismuth. L'amalgame d'antimoine ainsi obtenu est gris d'acier, stable à l'air; après lavage on le sèche dans un exsiccateur à acide sulfurique, à la température ordinaire.

Pour nettoyer la capsule, on lave celle-ci avec un mélange chaud d'acide azotique un peu étendu et d'acide tartrique.

Dans ce dosage, s'il existait de l'étain il ne se précipiterait pas, ce qui permettra la séparation ultérieure de l'étain et de l'antimoine.

Une solution d'un sel d'antimoine et de chlorure mercurique dans un excès d'ammoniaque, soumise à l'action du courant en présence d'acide tartrique, ne dépose que du mercure seul; de là un mode de séparation, assez difficile, de l'antimoine d'avec le plomb, le bismuth, etc., précipités sous forme d'amalgames.

ÉTAIN.

On peut indifféremment précipiter l'étain de ses dissolutions dans lesquelles il a été amené, au préalable, à l'état de sel double oxalo-ammonique, ou à l'état de sulfosel dans le sulfure d'ammonium. On ne saurait substituer à ce dernier les sulfures de potassium ou de sodium, car, avec ceux-ci, la précipitation est incomplète en liqueur étendue et nulle dans les solutions concentrées (Classen).

Précipitation en liqueur oxalo-ammonique. — On ajoute à la solution d'étain, qui peut être au minimum ou au maximum d'oxydation, une solution saturée à froid d'oxalate acide d'ammonium, environ 20 centimètres cubes pour chaque $0^{gr},1$ de métal existant dans la liqueur. On étend à 150 centimètres cubes environ et on électrolyse à froid, densité du courant $ND_{100} = 0,2$ à $0,6$ ampère, différence de potentiel $2,7$ à $3,8$ volts. En opérant ainsi, le dépôt de $0^{gr},3$ environ d'étain métallique, contenu dans le $SnCl^2 2NH^4Cl$, exige huit à dix heures. Le métal est d'un brillant d'argent et très adhérent, même pour des quantités atteignant 6 grammes. Après avoir interrompu le courant, on lave le dépôt comme à l'ordinaire, avec de l'eau, de l'alcool, et on le sèche à la température de $80°$-$90°$.

Lorsque la quantité d'étain dépasse $0^{gr},3$ environ, la liqueur devenant alcaline au cours de l'électrolyse par suite de la décomposition de l'oxalate, il est nécessaire, pour prévenir ou pour faire disparaître la précipitation d'oxyde d'étain, d'ajouter, de temps à autre, au cours de l'électrolyse, de l'oxalate acide d'ammonium et même de l'acide oxalique. Les opérations bien conduites donnent des résultats d'une telle précision que J. Bongartz et A. Classen ont pu, en opérant sur de plus grandes masses de matière, déterminer, avec beaucoup d'exactitude, le poids atomique de l'étain.

Heidenreich est parvenu, avec une légère modification du procédé, à réduire la durée des opérations à quatre heures ou cinq heures. Pour cela, il ajoute à la solution, contenant environ $0^{gr},3$ d'étain, 4 grammes d'oxalate d'ammoniaque et il acidifie avec 9 à 10 grammes d'acide oxalique. On effectue ensuite l'électrolyse à $60°$-$65°$ avec un courant $ND_{100} = 1$ à $1,5$ ampère; on lave le dépôt sans interrompre le courant.

Classen a fait, en outre, récemment, une nouvelle série de déterminations d'étain très concordantes, mais en substituant à l'acide oxalique, comme agent acidifiant, l'acide acétique.

Pour $0^{gr},3$ d'étain environ, on ajoute 100 centimètres cubes de dissolution saturée d'oxalate d'ammoniaque, puis 25 centimètres cubes d'acide acétique (poids spécifique $1,06$; acide à 50 p. 100 environ). La densité du courant a varié, dans les diverses expériences, de 0,3 à 0,5 ampère; on a pu même, sur la fin de l'électrolyse, la pousser jusqu'à 1 ampère; la différence de potentiel correspondante était comprise entre 3,2 à 4,2 volts. La durée des opérations est de cinq à six heures à la température ordinaire.

Cette manière d'opérer est particulièrement recommandable lorsque l'on veut effectuer l'électrolyse sans grande surveillance, par exemple la nuit.

Le métal déposé apparaît clair, cristallin, sur les capsules polies, et d'un brillant d'argent sur les capsules dépolies au jet de sable.

Enfin, C. Engels a également obtenu une série de résultats très concordants en électrolysant un milieu complexe constitué de la façon suivante : Pour $0^{gr},5$ à $1^{gr},2$ de chlorure double d'étain et d'ammonium, on ajoute quelques centimètres cubes de solution d'acide oxalique, $0^{gr},3$ à $0^{gr},5$ de chlorhydrate d'hydroxylamine, 2 grammes d'acétate de soude et 2 grammes d'acide tartrique, le tout étendu à 150 centimètres cubes. On l'électrolyse à 60°-70° avec $ND_{100} = 1$ ampère et différence de potentiel 4 à 5 volts.

Précipitation en liqueur sulfo-ammonique. — On ajoute, d'après Classen, à la solution d'étain préalablement saturée, s'il y a lieu, par de l'ammoniaque, une dissolution de sulfure d'ammonium exempte d'ammoniaque libre, en ayant soin de n'en pas employer beaucoup plus qu'il n'est utile pour la formation du sulfosel ; on étend avec de l'eau à 150-175 centimètres cubes, puis on électrolyse, à la température de 50°-60°, avec un courant $ND_{100} = 1$ à 2 ampères et de 3,5 à 4 volts. On peut, dans ces conditions, précipiter jusqu'à $0^{gr},3$ à $0^{gr},4$ d'étain dans l'intervalle de une heure. Cette dernière méthode de dosage de l'étain est un peu plus facile et sensiblement plus rapide que les précédentes.

Il arrive parfois que les parties supérieures de la capsule avoisinant le dépôt sont recouvertes d'un peu de soufre que les lavages à l'eau ne peuvent enlever : on élimine ce soufre en frottant doucement avec un chiffon de laine imprégné d'alcool.

Dans la séparation de l'étain d'avec d'autres métaux, par exemple de l'antimoine, on est obligé, pour l'élimination de l'un de ces métaux, d'opérer en présence de sulfure de sodium; dans ce cas il y a lieu de transformer celui-ci en sulfure d'ammonium (1), si l'on veut pouvoir effectuer la détermination consécutive de l'étain. On obtient ce résultat en ajoutant à la liqueur 25 grammes environ de sulfate d'ammoniaque pur, exempt de fer; on chauffe ensuite avec précaution, dans la capsule couverte, jusqu'à cessation de dégagement d'hydrogène sulfuré, et l'on soumet finalement, durant un quart d'heure, à une ébullition modérée. Le sulfure de sodium se trouve ainsi complètement transformé, par double échange, en sulfure ammonique. Si, par l'action prolongée de la chaleur, du sulfure d'étain était mis en liberté, on le redissoudrait avec un peu de sulfure d'ammonium. Il ne reste plus qu'à dissoudre avec de l'eau le sulfate de soude qui a pu se déposer et à électrolyser cette fois avec un courant plus fort, densité 1 ampère environ.

La détermination consécutive de l'étain est d'une exécution encore plus simple si l'on transforme, tout d'abord, le sulfure d'étain, dissous dans le sulfure de sodium, en oxalate acide d'étain. On y parvient par deux moyens différents, selon Classen; ou bien on décompose la majeure partie du sulfure alcalin à l'aide d'une quantité ménagée d'acide sulfurique étendu, qui dégage l'hydrogène sulfuré et met en liberté le sulfure d'étain (le liquide doit rester alcalin), puis on oxyde par des additions successives d'eau oxygénée, jusqu'à ce que l'oxyde d'étain, ainsi formé, apparaisse complètement blanc. Ou bien on ajoute à la solution chaude, sulfo-alcaline, de l'eau oxygénée jusqu'à ce qu'elle devienne incolore, ce qui exige une assez grande quantité de ce réactif, puis on acidifie par l'acide sulfurique pour précipiter l'acide stannique, on neutralise par l'ammoniaque et on ajoute encore un peu d'eau oxygénée. Que l'on ait eu recours à l'une ou à l'autre de ces manières de procéder, on chauffe pour chasser l'excès d'eau oxygénée et rassembler le précipité d'acide stannique que l'on recueille sur un filtre. On le fait tomber, à l'aide d'une solution d'acide oxalique additionnée d'oxalate d'ammoniaque, dans un verre de Bohême,

(1) On ne peut pas, dans ces opérations, remplacer le sulfure de sodium par le sulfure de potassium, car ce dernier donnerait, lors de sa transformation en sulfure ammonique, un dépôt de sulfate de potasse peu soluble.

on lave le filtre avec une solution chaude de cet acide et l'on achève, en chauffant, la dissolution de l'acide stannique contenu dans le vase. Il reste parfois un résidu de soufre que l'on élimine par filtration, on transvase le liquide dans la capsule même destinée à l'électrolyse, on lave le soufre avec une solution saturée à froid d'oxalate acide d'ammonium et l'on fait en sorte que le liquide, que l'on va électrolyser, contienne au moins 4 grammes d'oxalate.

A cause des difficultés que l'on rencontre pour dissoudre complètement les chlorures d'étain commerciaux, il est bon, lorsque l'on veut les analyser, de les convertir d'abord en chlorure double ammoniacal soluble et plus maniable. En pratique, l'électrolyse en solution sulfo-ammoniacale est le plus souvent recommandable, parce que dans les analyses l'étain est obtenu sous forme d'oxyde ou de sulfure, l'un et l'autre immédiatement solubles dans le sulfure d'ammonium.

OR.

Ce métal peut être complètement et aisément précipité des dissolutions où il se trouve à l'état de cyanure double, de sulfo-aurate alcalins (Smith et Muhr, Smith et Wallace) ou de sulfocyanate et même, d'après Smith, dans des liqueurs contenant de l'acide phosphorique libre. Il n'exige pour sa précipitation que les plus faibles densités de courant.

Dans une expérience effectuée sur les cyanures doubles, E. F. Smith a employé pour 0^{gr},1162 d'or métallique 1^{gr},5 de cyanure de potassium; la liqueur étendue à 150 centimètres cubes était électrolysée avec un courant de 0,076 à 0,096 ampère (surface de la cathode non indiquée, probablement 100 centimètres carrés); on a obtenu ainsi 0^{gr},1163 d'or.

Les expériences récentes de de Wirkner établissent, d'une façon bien plus précise, les conditions à observer lorsque l'on veut effectuer la précipitation de l'or dans le cyanure double alcalin. Pour une quantité de chlorure aurique contenant 0^{gr},05 à 0^{gr},1 de métal, on ajoute 3 grammes de cyanure de potassium, on étend à 120 centimètres cubes et l'on électrolyse, soit à la température ordinaire, ou mieux encore à 50°-60°, car à la température ordinaire il tend à se former des produits bruns cyanogénés, avec un courant $ND_{100} = 0,3$ à 0,8 ampère et différence de potentiel 2,7 à 4 volts. Les résultats sont très concordants, durée une heure et demie à cinq heures. Toutes ces dernières expériences ont été effectuées avec des capsules mates en platine iridié.

On peut encore, d'après Smith et Wallace, doser exactement l'or en le transformant en sulfosel. Il suffit d'ajouter à la solution aurique une dissolution de sulfure de sodium en excès (poids spécifique 1,18) et de faire passer un courant de 0,19 à 0,29 ampère (surface de cathode inconnue).

L'or, déposé dans tous les cas, est très adhérent et d'un beau jaune brillant ; on le lave d'abord à l'eau froide, puis à l'eau chaude. La faible densité de courant nécessaire pour la précipitation de l'or permettra, comme nous le verrons par la suite, de le séparer aisément d'un certain nombre d'autres métaux.

Le métal, quel que soit le procédé employé, adhérant fortement à la capsule de platine, celle-ci ne saurait en être débarrassée par l'eau régale, qui attaquerait le platine. Aussi est-il nécessaire de recouvrir d'abord la surface intérieure de la capsule d'une couche électrolytique bien adhérente de cuivre ou d'argent, susceptible d'être attaquée par l'acide azotique. On peut aussi, comme l'indique Smith, après avoir pesé le dépôt d'or formé directement sur le platine, emplir la capsule, prise maintenant comme anode, d'une solution très étendue de cyanure de potassium, et faire passer un très faible courant ; l'or est ainsi complètement dissous et se transporte à la cathode constituée par une tige ou un disque de cuivre.

Enfin Classen recommande, pour débarrasser le platine des dépôts d'or, le procédé de W. Dupré consistant dans le traitement à chaud par une solution d'anhydride chromique dans l'acide chlorhydrique fumant, qui dissout l'or sans attaquer le platine.

Smith a aussi obtenu des dépôts électrolytiques d'or dans les solutions additionnées d'acide phosphorique libre ; longtemps auparavant, Persoz, en 1847, avait effectué une électrolyse analogue en présence de pyrophosphate de sodium, mais ces procédés n'offrent aucun avantage.

PLATINE.

Le platine, comme l'or, n'exige pour se déposer convenablement à la cathode que de très faibles densités de courant, qu'il est nécessaire de ne pas dépasser, sous peine de voir le métal se précipiter à l'état spongieux. Les dépôts bien formés sont brillants, compacts et très adhérents, de telle sorte que l'on ne peut les enlever et la cathode augmente sans cesse d'épaisseur, ce qui n'offre d'ailleurs aucun inconvénient. Du reste on pourra, si l'on veut, comme dans le dosage de l'or, recouvrir la cathode d'une couche de cuivre ou d'argent.

Le dosage du platine dans ses sels peut être effectué à chaud, en liqueurs acidifiées par l'acide chlorhydrique ou par de l'acide sulfurique, ou bien additionnées d'oxalate d'ammoniaque. La séparation est assez rapide ; Classen a pu, d'une dissolution contenant $0^{gr},6$ de platine dans 200 centimètres cubes d'eau, déposer en cinq heures $0^{gr},5$ de métal.

Il résulte, d'autre part, des expériences plus précises du laboratoire de Munich, qu'une solution de platine, contenant environ $0^{gr},4$ de métal et additionnée de 2 p. 100 en volume d'acide sulfurique étendu (1 : 5), puis soumise, à chaud, à l'électrolyse (densité du courant 0,01 à 0,03 ampère) abandonne la totalité du métal en cinq heures. Si l'on emploie de plus forts courants, 0,1 à 0,2 ampère par exemple, le platine se dépose spongieux.

E. F. Smith a proposé de précipiter le platine de ses dissolutions contenant à la fois du phosphate de soude et de l'acide phosphorique libre. A une dissolution renfermant, par exemple, $0^{gr},1144$ de platine dans 150 centimètres cubes de véhicule, il ajoute 30 centimètres cubes d'une solution de phosphate de soude (poids spécifique 1,04) et 5 centimètres cubes d'acide phosphorique (poids spécifique 1,35) et électrolyse ensuite avec un courant de 0,076 ampère (surface de cathode inconnue). Le dosage est exact, car on obtient ainsi au bout de dix heures $0^{gr},1140$. Cette manière de procéder, à cause de sa lenteur et de son indétermination, n'offre aucun avantage. Le dépôt avait été effectué sur une capsule de platine préalablement recouverte d'une couche de cuivre.

On lave les dépôts de platine, comme à l'ordinaire, à l'eau, puis à l'alcool, ce dernier utile si l'on veut une dessiccation rapide, inutile dans le cas contraire.

Le terme de la précipitation du platine est assez difficile à déterminer avec une cathode en platine nu ou à surface argentée, mais il est plus facile à constater sur une cathode cuivrée en ajoutant de l'eau à l'électrolyte, afin d'immerger une partie de cuivre encore vierge de tout dépôt, qui ne devra plus se recouvrir de platine sous l'action prolongée du courant.

MOLYBDÈNE.

Selon Smith et Hoskinson, lorsque l'on électrolyse une solution ammoniacale, ou faiblement acide, de molybdate d'ammoniaque, il se forme d'abord, sur la cathode, une couche irisée, qui, en augmentant d'épaisseur dans la suite de l'électrolyse, devient noire et dense. Ce dépôt est constitué par un hydrate de sesquioxyde ; on le lave à l'eau chaude, on le sèche, puis on le grille avec soin, pour le convertir en acide molybdique MoO^3 que l'on pèse. On prend comme cathode, suivant les auteurs, un creuset de platine (surface inconnue) et une intensité de courant de 0,30 à 0,40 ampère. La température du liquide ne doit pas être inférieure à 70°. On a pu déposer ainsi, en trois heures, jusqu'à $0^{gr},1$ d'oxyde métallique.

D'après un travail récent de Heidenreich, en opérant dans ces conditions, avec soin, la séparation quantitative ne serait pas encore achevée même après quatre-vingt-cinq heures et, dans la transformation finale du sesquioxyde de molybdène en acide molybdique, il y aurait une perte inévitable de cet acide par volatilisation.

IRIDIUM.

D'après Schucht, ce métal se dépose, dans l'électrolyse de ses dissolutions acidifiées par l'acide sulfurique étendu, sous forme d'un beau dépôt métallique très adhérent.

RHODIUM.

Suivant Smith, le rhodium se précipite complètement de ses dissolutions phosphoriques, indication assez vague, à l'aide d'un courant de 0,3 ampère (surface d'électrode non donnée). Au cours de l'opération, le liquide perd peu à peu sa couleur purpurine et devient incolore sur la fin. Le dépôt est ordinairement noir, compact et adhérent.

Joly et Leidié ont fait, à ce sujet, un travail étendu, où les conditions expérimentales sont mieux définies. Ils électrolysent les chlorures doubles $RhCl^3,2KCl$ et $RhCl^3, 3KCl + \frac{3}{2} H^2O$ en liqueur acidifiée par l'acide chlorhydrique. Pour que le dépôt métallique soit bien cohérent, il ne faut pas que la concentration dépasse 4 grammes de métal par litre. Au début de l'électrolyse, la température a été portée à 50°-60° et l'intensité à 0,05 ampère, puis l'opération a été terminée à la température ordinaire et l'intensité du courant portée à 0,1 ampère. Les dosages sont très exacts. Cette électrolyse réussit, tout aussi bien, avec les chlorures doubles de sodium ou d'ammonium et l'on a pu l'appliquer à d'autres sels, par exemple à l'analyse des nombreux azotites doubles convertis, à cet effet, en chlorures doubles alcalins.

Le rhodium peut aussi, d'après les mêmes auteurs, être électrolysé en liqueur sulfurique ; le procédé est particulièrement avantageux dans le cas où l'on a effectué la séparation du rhodium d'avec les autres métaux du platine à l'aide du bisulfate de potasse. Le seul inconvénient qui se présente alors, c'est que le sulfate de rhodium n'est stable qu'en présence d'un grand excès d'acide libre et que le dépôt manque quelquefois d'adhérence. On obtient cependant de bons résultats en effectuant très lentement le dépôt. Une dissolution renfermant, sous le volume de 60 centimètres cubes, $0^{gr},24$ de rhodium et $3^{gr},6$ de SO^4H^2 total, donne tout le métal en quarante-huit heures.

En liqueur azotique, suivant la concentration, on peut obtenir ou non une électrolyse. Si la liqueur renferme plus de 20 p. 100 d'acide libre, le dépôt est nul. Au-dessous de cette quantité, et même avec 3,5 p. 100 d'acide seulement et 0,2 ampère, on n'obtient qu'une partie du métal.

Si le rhodium est engagé dans une combinaison avec l'acide oxalique, on n'obtient pas de métal à la cathode et il se forme à l'anode un dépôt, vert foncé, de peroxyde de rhodium.

PALLADIUM.

Le palladium, d'après Smith et Keller, est susceptible d'être précipité, comme le platine, avec son éclat métallique si le courant est faible, à l'état spongieux dans le cas contraire. La précipitation est rapide et complète si l'on électrolyse, avec un courant assez mal défini de 0,07 ampère, une solution très ammoniacale du sel double : $PdCl^2,2NH^4Cl$, que l'on obtient en traitant la solution chlorhydrique de palladium par l'ammoniaque. Pour $0^{gr},2$, par exemple, de sel double, on emploie dans l'électrolyse 20 à 30 centimètres cubes d'ammoniaque $(D = 0,93)$ et l'on étend à 100 centimètres cubes environ. Les résultats indiqués par les auteurs sont satisfaisants. Le métal lavé à l'eau est séché à 110°-115°. Il est nécessaire de recouvrir, au préalable, la cathode d'une couche de cuivre ou d'argent.

D'après Classen, le courant qui convient pour un bon dépôt est $ND_{100} = 0,05$ ampère et 1,2 volt.

Joly et Leidié ont électrolysé les solutions de chloropalladite de potassium, en vue de la détermination du poids atomique du palladium.

L'appareil électrolytique était formé de deux cylindres concentriques soudés à des fils de platine et plongés dans la solution acidulée par l'acide chlorhydrique contenue dans un vase de Bohême de 200 centimètres cubes de capacité environ. Le cylindre central avait pour dimensions : hauteur $6^{cm},0$, diamètre $1^{cm},7$; le périphérique : hauteur $6^{cm},5$, diamètre $4^{cm},7$. L'électrolyse était effectuée, à la température de 50°-55°, avec un courant de 0,1 ampère ; durée de l'opération dix à douze heures, pour des quantités de métal variant de $0^{gr},4$ à 1 gramme environ. Le palladium était pesé après lavage, calcination dans un courant d'hydrogène et refroidissement dans le gaz carbonique. Joly et Leidié ont ainsi trouvé 105,438 pour le poids atomique du palladium.

RUTHÉNIUM.

E. F. Smith et B. Harris ont déterminé le ruthénium dans le chlorure double de potassium et de ruthénium, en présence d'un acétate alcalin ou de phosphate disodique.

La liqueur contenant $0^{gr},0593$ de ruthénium, additionnée de 3 grammes d'acétate de soude pour 50 centimètres cubes de solution, était électrolysée par un courant $ND_{100} = 0,01$ à 0,05 ampère. Le ruthénium précipité est noir, mais se prête toutefois à des dosages exacts.

En liqueur phosphorique : avec $0^{gr},0407$ de métal dans 50 centimètres cubes de liquide, on a ajouté 15 centimètres cubes de phosphate disodique (poids spécifique 1,036) et 1 centimètre cube d'acide phosphorique $ND_{100} = 0,01$ à 0,05 ampère. Le dépôt métallique est, dans ces conditions, brillant, cristallin, et présente l'éclat de l'acier. Le dosage est encore ici très exact. Dans tous les cas, la capsule doit être recouverte, au préalable, à l'intérieur, d'une couche de cuivre. Nous verrons, par la suite, que, grâce à la faible densité de courant nécessaire pour précipiter le ruthénium, il est possible de le séparer ainsi de l'iridium.

CUIVRE.

Le dosage électrolytique du cuivre est l'un des plus faciles à réaliser; aussi est-il à recommander à ceux qui débutent dans ce genre de déterminations : ils ne sauraient y éprouver de mécomptes.

On a proposé de précipiter le cuivre de ses dissolutions sulfuriques, azotiques, acétiques, ammoniacales, de celles où il se trouve à l'état d'oxalate double ammoniacal, ou enfin de liqueurs additionnées d'hydroxylamine, d'urée, etc... La plupart de ces procédés conduisent à de bons résultats; observons toutefois que la présence des chlorures est, en général, nuisible.

C'est Gibbs et Luckow qui ont les premiers réalisé, à peu près à la même époque, le dosage électrolytique si important de ce métal et montré même sa séparation possible d'avec le nickel.

On peut doser le cuivre dans les solutions où il existe à l'état de sulfate ; mais il est nécessaire que la liqueur contienne, dès l'origine, un peu d'acide sulfurique libre, 2 à 3 centimètres cubes par exemple, sous peine de voir, dans certaines conditions particulières de courant, le dépôt se former sombre, non cohérent et souillé d'oxydule de cuivre. Ce fait est très anciennement connu, et Majorana a montré depuis, que, même avec des courants très faibles de 0,2 à 0,9 milliampère par centimètre carré, il se dépose dans les solutions bien neutres de sulfate de cuivre de l'oxydule cristallisé à la cathode; mais dès que, par suite de l'électrolyse, la liqueur est devenue acide, on n'obtient plus que du cuivre métallique.

On ajoutera donc 2 à 3 centimètres cubes d'acide sulfurique concentré p. 150 centimètres cubes environ d'électrolyte (la proportion de cet acide libre ne doit en aucun cas excéder 8 à 10 p. 100) et l'on électrolysera, à la température ordinaire, avec une densité de courant de 1 ampère, qu'il ne faut guère dépasser; la différence de potentiel est de 2,5 à 3 volts. On précipite ainsi, en deux heures environ, tout le cuivre de 1 gramme de sulfate; le dépôt est rouge, il présente moins d'éclat que celui que l'on obtient dans l'électrolyse des liqueurs nitriques, mais il n'en donne pas moins de bons résultats; le lavage s'effectue sans interrompre le courant et la dessiccation, comme il est dit ci-dessous. En élevant la température de l'électrolyte à 50° et la proportion d'acide libre à 8 p. 100, on arrive à déposer $0^{gr},4$ environ de cuivre, en une heure, dans des solutions à 0,5 p. 100 de métal.

L'un des meilleurs procédés du dosage du cuivre consiste dans l'électrolyse de ses dissolutions diverses additionnées d'un excès d'acide azotique libre, condition en outre très favorable, on le verra par la suite, pour le séparer de certains métaux. Ceux du groupe du fer, par exemple, resteront en dissolution dans la liqueur nitrique, tandis que le plomb et le manganèse se porteront à l'anode sous forme d'oxydes et le cuivre à la cathode. Ces faits, établis depuis longtemps par Luckow, ont été utilisés ultérieurement dans un grand nombre de séparations.

La quantité d'acide azotique libre à ajouter a varié beaucoup suivant les expérimentateurs; ordinairement, à l'exemple de Luckow, on ajoute 10 p. 100 d'acide azotique (densité 1,2), mais il suffit, le plus souvent, de 2 à 3 volumes p. 100, s'il n'existe pas dans la liqueur de métaux étrangers. On ne saurait employer de moindres quantités, car on sait que, sous l'influence du courant, une partie de l'acide azotique changé en ammoniaque tend à rendre la liqueur alcaline. Si cet accident se produisait, il suffirait d'ajouter un peu d'acide au cours de l'opération.

Dans les électrolyses qui doivent marcher la nuit, il est prudent, pour les raisons indiquées ci-dessus, de les additionner de la quantité maximum d'acide azotique libre.

La plupart des déterminations, si nombreuses et exactes du cuivre, ont été faites avec de simples éléments de pile Meidinger, Pincus, Bunsen, etc.,... et, le plus souvent, sans appareils de mesure ; car, pour ce dosage facile, il suffit de savoir que des courants trop intenses donnent un dépôt brun, souillé d'oxydule et souvent spongieux. L'opération, bien conduite, fournit un dépôt d'un beau rouge rosé, très adhérent, qui doit être lavé sans interrompre le courant, sous peine de voir une portion du métal se redissoudre dans l'acide azotique.

Après lavage à l'eau et à l'alcool, on sèche le dépôt à l'étuve, durant dix minutes environ, à la température de 80°-90°, et on le pèse.

On peut effectuer l'électrolyse à la température ordinaire, mais en élevant la température à 25 ou 30° on accélère l'opération; au delà, suivant Classen, il serait difficile de faire déposer les dernières traces de cuivre. Cependant Riche, en opérant à 60-90°, a obtenu des résultats très exacts.

Classen, dans ses expériences effectuées à 25°-30°, a employé des courants de 2,2 volts à 2,5 volts aux électrodes avec des intensités de 0,5 à 1 ampère p. 100 centimètres carrés. Cette dernière intensité convient seulement au cas où il n'existe dans la liqueur aucun métal autre que le cuivre. Dans les conditions ci-dessus, et en opérant sur $0^{gr},25$ environ de cuivre, on réalise la précipitation totale du métal en cinq heures environ.

Les dépôts de cuivre obtenus en liqueur azotique ont toujours un très bel aspect rouge rosé, cristallin.

Le terme de l'opération peut être reconnu de plusieurs manières : On ajoute de l'eau pour que le liquide électrolytique vienne mouiller, sur une hauteur de quelques millimètres, la surface de l'électrode primitivement émergente encore exempte de dépôt, et l'on continue l'action du courant; s'il ne s'y dépose pas de cuivre, l'opération peut être considérée comme terminée; dans le cas contraire, on voit apparaître un léger voile rosé. Ce procédé est très sensible ; d'après Riche, on décèle de la sorte 0^{gr},00002 de cuivre existant encore dans une dissolution. Enfin, on peut aussi prélever quelques gouttes du liquide et les traiter, soit par l'ammoniaque, soit par le ferrocyanure; ces dernières réactions, surtout celle de l'ammoniaque, sont moins sensibles.

Lorsqu'on précipite le cuivre en liqueur nitrique, en présence d'arsenic ou d'antimoine, qui l'accompagnent souvent dans les minerais, il advient qu'une portion de ces métalloïdes est entraînée par le cuivre, qui est alors plus ou moins coloré en brun. Il est possible, lorsque la quantité d'arsenic ou d'antimoine n'est pas trop considérable, d'obtenir leur élimination en procédant comme on le fait, depuis longtemps, dans les usines de Mansfeld. On chauffe la cathode chargée du cuivre impur dans la flamme oxydante d'un bec Bunsen ou dans un moufle; les métalloïdes, ou leurs oxydes, se volatilisent et le cuivre s'oxyde; on dissout le dépôt dans l'acide azotique étendu et procède alors à une nouvelle électrolyse, qui donne le cuivre pur. On pourra également placer l'électrode calcinée dans de l'acide étendu, la relier au pôle positif de la source et prendre comme cathode une nouvelle surface de platine, sur laquelle le cuivre sera transporté par le courant. (Voy. aussi dans la troisième partie, pages 215 et 216, cuivre et arsenic; cuivre, antimoine, étain.)

Les divers sels ordinaires du cuivre peuvent être électrolysés en présence d'acide azotique; Riche a procédé, de la sorte, à la détermination de ce métal dans le phosphate et le tartrate de cuivre.

Enfin, le cuivre en solution nitrique se sépare bien de la plupart des métaux étrangers, si on limite la force électromotrice du courant à 1,2-1,9 volt (Freudenberg).

Le cuivre est susceptible d'être dosé en liqueur ammoniacale, ainsi que l'a montré Riche, qui a pu même obtenir, par ce moyen, sa séparation d'avec le fer. Le lavage du dépôt devra se faire encore sans interruption du courant, le cuivre étant, comme on le sait, extrêmement attaquable par l'oxygène de l'air en présence de l'ammoniaque.

Lorsqu'il existe des chlorures dans les liqueurs cuivriques

soumises à l'électrolyse, ou si l'on opère sur le chlorure cuivrique lui-même, le métal se sépare généralement spongieux. La précipitation en liqueur ammoniacale, selon Rudorff, remédie à cet inconvénient, en opérant de la façon suivante, qui donne un dépôt compact : On ajoute à la liqueur 2 à 3 grammes d'azotate d'ammoniaque et 20 centimètres cubes d'ammoniaque, on étend à 100 centimètres cubes et électrolyse. Quand l'opération est considérée comme terminée, on acidifie très légèrement par de l'acide acétique qui, à ce degré de dilution, n'attaque plus sensiblement le cuivre, et on ajoute de l'eau de lavage jusqu'à la faire couler par-dessus les bords de la capsule; on décante le liquide et, après un bon lavage final, on sèche à 100°.

Le laboratoire technique de l'Université de Munich a mieux spécifié, depuis, les conditions expérimentales dans lesquelles on doit se placer pour opérer en liqueurs ammoniacales : On ajoute aux solutions cuivriques de l'ammoniaque en léger excès, de manière à redissoudre le précipité qui se forme d'abord, puis l'on additionne encore de 20 à 25 centimètres cubes d'ammoniaque (densité 0,96) pour 0,5 de cuivre existant, ou de 30 à 35 centimètres cubes si la liqueur contient 1 gramme de ce métal. On y dissout ensuite 3 à 4 grammes d'azotate d'ammoniaque et l'on électrolyse avec un courant $ND_{100} = 2$ ampères. D'autres auteurs emploient 1 ampère seulement et 3,3 à 3,6 volts.

Le lavage sera fait sans interruption du courant. Les dépôts ont un bel aspect.

Ottel a effectué un certain nombre de déterminations pondérales du cuivre en liqueurs ammoniacales ainsi additionnées d'azotate d'ammoniaque, montrant que la décomposition complète de $0^{gr},2$ à $0^{gr},25$ de sulfate de cuivre exige six à huit heures environ; il résulte, en outre, de ses expériences :

1° Qu'en liqueur ammoniacale, additionnée de nitrate d'ammoniaque, le cuivre se sépare sous forme d'un dépôt compact, avec des courants de 0,07 à 0,27 ampère. L'absence de nitrate d'ammoniaque, aussi bien qu'un grand excès d'ammoniaque libre, ont une tendance à rendre le dépôt spongieux.

2° La plus grande concentration du liquide ne doit pas dépasser $0^{gr},8$ de cuivre p. 100 centimètres cubes, si l'on emploie un fil comme anode.

3° La présence du chlore, du zinc, de l'arsenic et de petites quantités d'antimoine, est sans influence nuisible sur les résultats; mais s'il y a du plomb, du bismuth, du cadmium, du mercure, du nickel, on obtient des résultats un peu trop forts.

E. Smith a proposé de doser le cuivre dans les dissolutions du phosphate, en présence d'acide phosphorique libre. Heidenreich a repris récemment ces expériences : 100 centimètres cubes d'une solution de Na^2HPO^4, contenant $1^{gr},0358$ de ce sel et additionnée de $3^{cc},5$ de solution d'acide phosphorique, soit $1^{gr},347$ d'acide, étaient étendus à 110 centimètres cubes, puis on ajoutait la solution de sulfate de cuivre. Avec des courants, dont le voltage a varié de 2,4 à 2,8 volts, dans les diverses expériences, on a obtenu, en dix-sept heures environ, la précipitation totale du cuivre, mais celui-ci, d'abord brillant, apparaissait ensuite spongieux et rouge brun. Il y a lieu d'observer cependant que le dosage a pu être conduit relativement à bien, à moins qu'il y ait eu compensation, car Heidenreich a obtenu, dans cinq expériences différentes, des chiffres oscillant entre 25,26 et 25,41 p. 100 de cuivre, alors que la quantité théorique était de 25,29 p. 100.

Les sels de cuivre dissous dans le cyanure de potassium se prêtent à l'électrolyse. Le procédé, appliqué par Ruolz en 1840 à la galvanoplastie, a été étudié et utilisé depuis, dans les dosages de ce métal, par Luckow et par Moore.

On dissout le sel de cuivre, 1 gramme de sulfate par exemple, dans un peu d'eau et on y ajoute une solution de cyanure de potassium pur, jusqu'à redissolution du précipité qui se forme d'abord; on étend à 120-150 centimètres cubes environ et on électrolyse ensuite, suivant Neumann, à la température ordinaire, avec une densité de courant de 1 ampère. La différence de potentiel minima, pour que le cyanure double se décompose, est 2,2 volts, mais on emploiera efficacement une différence de 5,2 à 5,8 volts. Si l'on chauffe à 60° avec une différence de potentiel de 4,2 volts environ, on arrivera à déposer tout le cuivre de 1 gramme de sulfate en une heure et demie. Le dépôt, ainsi obtenu, n'est pas cristallin comme celui des liqueurs nitriques, il forme toutefois une couche unie, rose pâle et convenable.

Moore a également proposé de doser le cuivre en dissolvant directement dans une solution de cyanure de potassium le sulfure de cuivre que l'on obtient souvent au cours des analyses; on électrolyse ensuite la solution comme ci-dessus.

D'après les recherches de Classen, on peut doser exactement le cuivre dans les solutions où on l'a préalablement converti en oxalate double ammoniacal. En liqueur neutre, on ne réussit pas toujours à l'obtenir compact; pour l'avoir dense, adhérent, d'un beau rose, et ne le cédant en rien comme aspect à celui que l'on obtient dans l'électrolyse des liqueurs nitriques acides, il suffit d'opérer, à la température de 80° environ, avec le liquide acidifié par l'acide oxalique. Pour cela, on verse la solution cuivrique dans une solution, froide et saturée, d'oxalate d'ammoniaque (par exemple 4 grammes d'oxalate pour 1 gramme de sulfate de cuivre); on chauffe, étend à 120 (1) centimètres cubes environ et électrolyse d'abord, durant quelques minutes, sans addition d'acide oxalique, puis on ajoute, peu à peu, avec ménagement, quelques gouttes d'une solution saturée à froid d'acide oxalique s'écoulant d'un tube effilé ou d'une burette. On peut faire tomber ces gouttes directement sur le verre de montre fendu, qui recouvre d'ordinaire les électrolytes : elles s'écoulent ainsi dans le liquide. — Densité du courant employé par Classen : 0,5 à 1 ampère pour 100 centimètres carrés; la dernière intensité est préférable; voltage 2,5 à 3,2 volts; température 80°; durée de l'électrolyse : deux heures, pour la quantité de sulfate indiquée plus haut. On reconnaît que l'opération est terminée lorsqu'une prise d'essai de la liqueur, acidifiée par l'acide chlorhydrique, ne donne plus de précipité avec le ferrocyanure. Le dépôt doit être lavé sans interrompre le courant; on achève ensuite le lavage avec de l'eau, puis avec de l'alcool, et l'on sèche à l'étuve à 80°-90°. Résultats exacts.

Dans l'analyse des substances pauvres en cuivre, on pourra, dès l'origine de l'électrolyse, acidifier avec l'acide oxalique; par contre, les solutions riches doivent être électrolysées d'abord en liqueur neutre, parce que l'acide oxalique libre ajouté dès

(1) Il est bon de faire cette première opération dans un verre de Bohême, permettant de constater que l'on a une liqueur bien limpide ; on la transvase ensuite dans l'appareil où s'effectuera l'électrolyse.

le commencement déterminerait un précipité d'oxalate de cuivre, difficilement soluble.

L'acétate de cuivre, acidifié par quelques gouttes d'acide acétique, se prête bien, ainsi que l'a démontré Riche, à la détermination électrolytique du cuivre. Cette circonstance permet de le doser dans les conserves alimentaires de légumes, où il a été introduit intentionnellement pour les verdir, et dans les vinaigres, qui en renferment souvent une quantité notable. Riche, à l'origine, électrolysait directement le vinaigre, et si le dépôt se montrait noirâtre, il le dissolvait dans quelques gouttes d'acide nitrique, évaporait, reprenait par l'eau et soumettait de nouveau à l'électrolyse, qui donnait le cuivre pur. Mais il a reconnu que cette pratique est inutile, si l'on a soin d'acidifier le vinaigre par quelques gouttes d'acide azotique : le cuivre se dépose alors d'emblée adhérent, avec sa couleur caractéristique ; l'opération exige une demi-heure au plus, en agissant sur une centaine de centimètres cubes de vinaigre. Elle réussit tout aussi bien avec le vin, la bière, le cidre, l'eau-de-vie, l'eau sucrée.

Carl Engels a déduit de ses recherches, effectuées au laboratoire de Classen, un procédé de détermination du cuivre dans les dissolutions sulfuriques, qui offre une plus grande rapidité qu'en liqueur nitrique et dispense de la transformation préliminaire et fastidieuse du nitrate, dans le cas où il y aurait intérêt, comme dans certaines séparations, à changer celui-ci en sulfate. Le procédé consiste à exécuter l'électrolyse en liqueur additionnée d'acide sulfurique et d'hydroxylamine, ou d'urée. La quantité des réactifs auxiliaires ajoutés a une influence notable sur la durée de l'opération. Si l'on opère avec l'hydroxylamine et sur 1 à 2 grammes environ de sulfate de cuivre cristallisé, il faut, pour une précipitation complète à effectuer durant une nuit, ajouter au liquide 2 centimètres cubes d'acide sulfurique concentré et un demi-gramme de sulfate d'hydroxylamine ; le liquide, étendu à 150 centimètres cubes, sera électrolysé avec un courant ND_{100} = 0,1 à 0,2 ampère, voltage 1,1 à 1,3 volt. L'expérience, ainsi conduite, donne 25,40 à 25,41 de cuivre pour le sulfate, qui en contient théoriquement 25,39 p. 100.

Si l'on veut opérer plus rapidement, avec des courants plus

intenses, 1 ampère par exemple, alors on augmente la quantité de réactifs auxiliaires : 10 à 15 centimètres cubes d'acide sulfurique concentré, 1 gramme de sulfate d'hydroxylamine, et on étend à 150 centimètres cubes. De la sorte, on précipite $0^{gr},3$ à $0^{gr},5$ de cuivre en une heure et demie à deux heures.

On obtient, d'après l'auteur, encore de meilleurs résultats, en substituant à l'hydroxylamine l'urée ; car avec cette dernière, même pour des densités de courants de 1 ampère, on n'observe aucune tendance à la production de cuivre spongieux. Il suffira de se placer dans les conditions suivantes : 1 à $1^{gr},5$ de sulfate de cuivre, 10 à 15 centimètres cubes d'acide sulfurique, 1 gramme d'urée, volume du liquide 150 centimètres cubes environ, courant $ND_{100} = 0,8$ à 1 ampère ; voltage 2,7 à 3,1 volts. A des températures variées, entre 25 et 65°, Engels a obtenu, de la sorte, un poids constant de cuivre, 25,09 p. 100 au lieu de 25,08 contenu dans le sel ; la durée n'a été que de une heure et demie à une heure trois quarts, suivant les cas. Le lavage peut être effectué sans interrompre le courant. Malheureusement le cuivre, obtenu par ce procédé et pesé, renferme une petite quantité de carbone et de platine arrachés à l'anode. Il est possible d'en tenir compte en dissolvant le cuivre dans de l'acide azotique au 1/10, qui laisse un léger enduit noir sur la capsule assez adhérent pour être lavé sans perte. Après dessiccation, on pèse à nouveau la capsule, ce qui permet d'obtenir le poids du cuivre. En raison de ces incidents, la méthode perd beaucoup de son intérêt.

Il est loisible, d'ailleurs, d'opérer avec des courants beaucoup plus faibles, 0,2 ampère p. 100 centimètres carrés ; dans ce cas, l'électrolyse, naturellement un peu plus longue, exige, à froid, trois à quatre heures pour le dépôt de 0,3 à 0,4 de cuivre ; en employant seulement 5 centimètres cubes d'acide sulfurique et 1 gramme d'urée, on a trouvé ainsi, dans quatre expériences, des chiffres oscillant entre 25,05 et 25,07 p. 100, qui concordent avec les précédents.

On a encore proposé, pour le dosage du cuivre, l'électrolyse de solutions additionnées de pyrophosphates alcalins, ou de formiate de soude et d'acide formique, ou de tartrates ammoniacaux ou alcalins, mais ce sont là des moyens qui ne conduisent qu'à des résultats défectueux, ou qui ne présentent aucun avantage particulier.

Les autres procédés sus-indiqués conduisent à des résultats certains, et approchés, souvent, à quelques dixièmes de milligramme près.

En pratique, on électrolyse de préférence les liqueurs sulfuriques ou nitriques, avec lesquelles on obtient le plus d'exactitude.

PLOMB.

Les travaux de Becquerel père ont montré, depuis bien longtemps, que l'acétate de plomb neutre, soumis à l'électrolyse, se décompose, à la température ordinaire, en donnant du plomb à la cathode, du bioxyde à l'anode, et, en outre, qu'une solution de protoxyde dans les alcalis fournit spécialement du bioxyde à l'anode.

Luckow a établi ultérieurement le premier, en 1865, que, dans les liqueurs fortement acidifiées par l'acide azotique, le plomb se transporte intégralement à l'anode sous forme de bioxyde PbO^2, permettant ainsi le dosage du métal, en même temps que sa séparation d'avec un certain nombre d'autres métaux.

C'est cette méthode que l'on utilise généralement aujourd'hui. Riche, dans un travail d'ensemble sur les dosages électrolytiques, en a prouvé toute la rigueur. Il résulte, en outre, de ses expériences, que l'acétate acidifié par l'acide acétique et que le formiate se comportent comme l'acétate seul, et, de plus, que l'azotate additionné d'acide oxalique abandonne tout son métal à la cathode, sous forme d'un bel enduit métallique adhérent. Classen, substituant l'oxalate d'ammoniaque à l'acide oxalique, obtient le même résultat. Mais le métal, obtenu dans ces diverses circonstances, s'oxyde avec une extrême rapidité pendant les lavages ou la dessiccation, ce qui rend tout dosage impossible, à moins que l'on ne précipite le métal à l'état d'amalgame, d'après les indications de Vortmann, comme on le verra plus loin.

Pour obtenir le plomb à l'anode, sous forme de bioxyde, Luckow additionnait la liqueur de 10 p. 100 d'acide azotique, et même d'une quantité moindre s'il s'y trouvait en présence d'autres métaux, tels que le mercure, l'argent ou le cuivre; il électrolysait avec un faible courant. Riche opérait d'une façon analogue, à une température supérieure à 60°, avec un seul élément Bunsen, ou une simple pile Leclanché pour de petites quantités, et avec son système d'électrodes déjà décrit (p. 107) et fort commode.

Messinger a porté, depuis, la quantité d'acide azotique jusqu'à 17 p. 100 (poids spécifique 1,38) environ et opéré avec un courant de 0,1 ampère pour une surface d'électrode qui a dû être voisine de 100 centimètres carrés.

Le laboratoire de Munich a institué, ultérieurement, un certain nombre d'expériences en vue de déterminer, avec une même surface d'électrode polie, l'influence de la quantité d'acide azotique (poids spécifique 1,36), de la température et de l'intensité du courant. Il résulte de ces expériences que pour l'obtention d'un bon dépôt adhérent, facile à laver sans perte, on pourra employer, avec des surfaces d'anodes de 100 centimètres carrés, des intensités variant, suivant le cas, de 0,05 à 0,5 ampère. Un courant de 0,05 ampère et une surface de 100 centimètres carrés n'exigent que 2 p. 100 en volume d'acide azotique si l'on opère à chaud; mais, à la température ordinaire, on ajoutera 10 volumes d'acide. En opérant à chaud, on a pu élever l'intensité jusqu'à 0,5 ampère, grâce à l'emploi de liqueurs contenant 7 et 20 p. 100 en volume d'acide azotique. Dans ces dernières déterminations, la température de l'électrolyte était d'environ 50°. Les dépôts de bioxyde étaient lavés après interruption du courant.

Il y a lieu d'observer que la présence des chlorures est préjudiciable au dosage du plomb, en liqueur nitrique.

F. Rudorff, se basant sur une observation ancienne de Luckow, à savoir que le bioxyde de plomb se dépose facilement, grâce à la présence du cuivre, dans des liqueurs faiblement acidifiées par l'acide azotique, a proposé d'effectuer la précipitation en présence de ce métal. A la liqueur, contenant 0^{gr},1 environ de plomb, il ajoute 10 centimètres cubes d'une solution de nitrate de cuivre (à 1 p. 100), étend à 100 ou 120 centimètres cubes et électrolyse à l'aide de 3 ou 4 éléments Meidinger. L'opération dure douze heures environ.

Cette manière d'opérer n'offre aucun avantage et ne peut

convenir que dans quelques cas particuliers ; d'autre part, il résulte des expériences effectuées dans le laboratoire de Munich, que le défaut d'acide azotique doit avoir pour conséquence la précipitation de plomb métallique en même temps que celle du bioxyde et la dissolution de ce dernier dans une aussi longue durée de l'électrolyse.

Les dépôts de bioxyde de plomb, obtenus dans l'électrolyse, se présentent avec la couleur brune ordinaire de ce corps ; ils ne sont adhérents, et faciles à laver sans perte, qu'à la condition de ne former à la surface de l'électrode qu'une couche mince ; aussi est-il de règle de choisir comme anode celle des deux électrodes présentant la plus grande surface, à moins qu'il n'y ait que de faibles quantités de métal à doser ; après lavage à l'eau et à l'alcool, on sèche le dépôt à 180°-190°, pour le déshydrater et on pèse le bioxyde PbO^2 ; son poids, multiplié par 0,8661, donne celui du plomb.

Pour connaître le terme de la décomposition électrolytique, il suffit d'ajouter un peu d'eau à l'électrolyte, afin qu'une petite portion de l'anode non encore mouillée par le liquide et exempte de dépôt y baigne maintenant ; si, sous l'action du courant, continuée durant un quart d'heure, on ne voit aucun voile de bioxyde se former, on peut considérer l'expérience comme terminée ; sa durée est, en moyenne, suivant les quantités, etc., de une heure à six heures.

L'hydrogène sulfuré ne saurait être utilisé, dans la plupart des cas, pour constater la fin de l'opération, à cause de l'extrême acidité des liqueurs. Quelques opérateurs ont recours à la réaction du chromate de plomb. Un peu de liqueur est sursaturée par l'ammoniaque, puis acidifiée par l'acide acétique et traitée par quelques gouttes de solution de bichromate de potasse.

La plupart des opérateurs, pour avoir des dépôts bien adhérents, n'ont prudemment électrolysé que de faibles quantités de matière correspondant à 0gr,2 de bioxyde au plus ; cependant, Riche avait montré que l'on arrive à doser jusqu'à 0gr,8 de plomb avec son appareil, dont la surface d'électrode est relativement minime.

Des expériences récentes de Classen ont établi, depuis lors, que si l'on substitue aux capsules polies les capsules dépolies par un jet de sable, dont il a fait récemment usage, on peut déposer jusqu'à 4 grammes de bioxyde sur une surface de 100 centimètres carrés, avec une intensité de courant de 1,5 à 1,7 ampère et une différence de potentiel de 2,5 volts; le liquide avait été additionné, au préalable, de 20 centimètres cubes d'acide azotique (poids spécifique 1,37) et amené au volume total de 100 centimètres cubes. Dans ces conditions, en trois heures et à la température de 60°-65°, on avait déjà déposé 1^{gr},5 de bioxyde; pour de plus grandes quantités, il faut environ quatre à cinq heures.

Neumann dit avoir obtenu dans des conditions analogues, mais à la température ordinaire et en une heure, un dépôt de bioxyde cohérent pesant 4 grammes. Ces différences tiennent sans doute à ce que, pour une même quantité de plomb, l'électrolyse est plus longue dans les liqueurs diluées.

Le dosage du plomb en liqueur nitrique est le plus simple et le meilleur; il permet, en outre, comme on le verra par la suite, de séparer ce métal d'avec le cuivre, le cadmium, l'or, le mercure, l'antimoine, le fer, le nickel, le cobalt, le zinc, l'aluminium; mais, en présence de l'argent ou du bismuth, le bioxyde de plomb est souillé des peroxydes de ces deux métaux. Le dosage en solution nitrique se prête très bien à l'analyse des céruses, des minerais de plomb cuprifères, etc...

L'électrolyse permet de déceler de faibles traces de plomb; en effet, d'après Riche, une liqueur contenant 0^{gr},000025 de plomb dans 20 centimètres cubes d'eau, soit $\frac{1}{800\,000}$, laisse apercevoir un enduit nuageux de bioxyde, tandis que ce même liquide ne fournit plus rien de sensible avec l'iodure de potassium et se teinte très faiblement avec l'hydrogène sulfuré.

Pour débarrasser les électrodes du dépôt de bioxyde qui les recouvre, il suffit de les plonger dans de l'acide azotique étendu et de les toucher avec une lame de cuivre ou de zinc, ou, mieux encore, de les immerger dans ce même acide étendu et chaud, auquel on ajoute, soit de l'acide oxalique, soit de l'azotite de potasse. Le bioxyde disparaît ainsi rapidement.

Vortmann a proposé de doser le plomb sous forme métallique à l'état d'amalgame, et indiqué pour cela plusieurs moyens qui ne laissent pas d'offrir quelques difficultés, à cause de l'oxydabilité relative de ce métal, persistant encore dans l'amalgame.

1° Pour doser le plomb à l'état d'amalgame, en liqueur acide, Vortmann dissout dans l'eau le sel additionné d'une quantité rigoureusement pesée de chlorure mercurique, dont le mercure représente environ quatre fois le poids du plomb à doser. On ajoute ensuite 3 à 5 grammes d'acétate de sodium, puis quelques centimètres cubes d'une solution concentrée d'azotite de potassium; il se fait un précipité blanc que l'on redissout par une addition d'acide acétique. La liqueur limpide, colorée en jaune, est soumise à l'électrolyse avec la même intensité de courant que l'on trouvera plus loin dans la méthode de Vortmann relative au mercure ou au bismuth; tant que l'électrolyte renferme de l'acide azoteux, il ne se dépose point d'acide plombique sur l'anode; si ce dépôt apparaissait, on le ferait disparaître en introduisant dans la liqueur quelques gouttes d'azotite. Lorsqu'une goutte de liqueur prélevée ne précipite plus en noir par le sulfure d'ammonium, l'électrolyse est terminée. L'amalgame de plomb ainsi obtenu, contrairement aux amalgames d'autres métaux que nous trouverons par la suite, est assez oxydable à l'air lorsqu'il est humide; aussi, doit-il être rapidement lavé à l'alcool, puis à l'éther, et placé aussitôt à froid dans un dessiccateur à acide sulfurique; une fois sec, il ne s'altère plus. De son poids total, on déduit celui du mercure déjà connu. On nettoie la capsule en dissolvant le dépôt dans l'acide azotique.

2° Pour doser le plomb encore à l'état d'amalgame, mais en liqueur alcaline, on dissout dans l'eau le sel additionné d'un poids connu de chlorure mercurique; on ajoute de l'acide tartrique, puis un excès de soude; il se forme un précipité brun, que l'on dissout par un excès d'iodure de potassium. On électrolyse en agissant pour la suite comme précédemment, il ne se fait pas d'acide plombique. Le plomb se dépose quantitativement sur la cathode à l'état d'amalgame, etc...

3° On peut encore déposer le plomb d'une solution ammoniacale en présence d'acide tartrique; seulement, dans ce cas, il se divise en deux parties : l'une, à la cathode, sous la forme d'amalgame spongieux; l'autre, à l'anode, à l'état d'acide plombique. Lorsqu'il ne reste plus de plomb dissous, on rejette le liquide, qui est remplacé aussitôt par de l'eau dans laquelle on verse de l'azotite de potassium, de l'acide acétique et de l'acétate de sodium. On fait de nouveau passer le courant, l'acide plombique disparaît et on trouve tout le plomb sur la cathode à l'état d'amalgame à surface brillante.

La méthode de Vortmann, évidemment moins commode que celle qui consiste à déposer le métal en liqueur nitrique à l'état de bioxyde, est, en outre, moins exacte.

ARGENT.

Le dosage de l'argent peut être effectué en liqueur nitrique, en solution ammoniacale additionnée de sulfate d'ammonium, ou bien encore dans les solutions où il a été amené à l'état de cyanure double alcalin; la précipitation du métal n'exige que de très faibles densités du courant.

Luckow, qui s'est occupé le premier de l'électrolyse des solutions d'argent en vue de l'analyse, avait constaté qu'additionnées de 8 à 10 p. 100 d'acide azotique elles donnent, dans les conditions où il opérait, du métal spongieux au pôle négatif en même temps que du peroxyde au pôle positif. Les sels d'argent dissous dans un excès d'ammoniaque, ou de son carbonate, abandonnent sur l'anode un dépôt volumineux de peroxyde (1).

Frésénius et Bergmann, qui ont étudié particulièrement l'électrolyse en solution nitrique, ont établi que la tendance de l'argent à se précipiter, dans ce cas, sous forme spongieuse, tenait surtout à une trop grande concentration des liqueurs et à l'emploi de courants trop intenses. Des solutions étendues et contenant de l'acide libre donnent toujours avec de faibles courants un dépôt métallique dense, adhé-

(1) Nous appellerons ces dépôts peroxyde d'argent, conformément à l'usage, quoique leur constitution ne soit pas encore parfaitement établie. On sait seulement, depuis Fischer, que le composé contient à la fois de l'argent, de l'azote et de l'oxygène; plus de l'eau suivant Mahla, Fischer, Berthelot, Mulder et Heriga; il serait anhydre d'après Ot. Sule, décomposable par l'eau, lentement à froid, plus rapidement à chaud, et enfin brusquement décomposable vers 160°. Les formules données pour ce corps sont très variables.

rent et propre au dosage. D'autre part, les dissolutions neutres l'abandonnent sous forme floconneuse.

Pour effectuer le dosage en solution nitrique, Frésénius et Bergmann ajoutent, au liquide contenant environ 0,3 à 0,4 d'argent, 20 centimètres cubes d'acide azotique (poids spécifique 1,2), étendent à 200 centimètres cubes, puis électrolysent avec un courant de 0,2 à 0,25 ampère environ, l'électrode négative étant constituée par un cône de platine déjà décrit (p. 102 et 110), dans ce dispositif la résistance de l'électrolyte doit être assez grande.

Riche a montré depuis, en opérant également en liqueur nitrique, qu'il est possible de séparer ainsi, et très aisément, l'argent du plomb.

D'après les expériences mieux définies du laboratoire de Munich, on ajoute aux solutions, qui peuvent contenir jusqu'à 0^{gr},4 d'argent, 3 p. 100 en volume d'acide azotique (D = 1,36) et l'on électrolyse, à chaud, avec une densité de courant = 0,04 à 0,05 ampère. Une quantité insuffisante d'acide azotique déterminerait la formation de peroxyde.

Les dépôts métalliques obtenus en liqueur nitrique doivent être d'abord lavés à l'eau sans interrompre le courant, afin d'éviter la redissolution de l'argent, puis plus complètement après l'interruption et enfin séchés à 100° avant la pesée.

Une bonne méthode pour le dosage de l'argent, due à Luckow, consiste à électrolyser les dissolutions du sulfate, du nitrate ou même d'autres sels, contenant un léger excès de cyanure de potassium. Rudorff emploie, à cet effet, pour 0^{gr},3 d'argent, 1 gramme environ de cyanure de potassium pur, étend à 100 centimètres cubes et électrolyse avec 6 Meidinger, c'est-à-dire dans des conditions incomplètement définies.

En chauffant les électrolytes à 65° environ, on peut, dans ce même milieu, en trois ou quatre heures, et avec un courant très faible de 0,07 ampère, pour 100 centimètres carrés, précipiter 0,2 à 0,3 d'argent (Smith). Le métal a généralement un bel aspect blanc mat et il est très adhérent.

Classen a effectué depuis, en cyanure alcalin, quelques dosages d'argent, pris à l'état de sulfate. Pour un poids d'argent de 0^{gr},6 environ, il ajoute 3 grammes de cyanure de potassium pur, étend à 120 centimètres cubes et électrolyse à la température de 20 à 30° ($ND_{100} = 0,2$ à 0,5 ampère, le voltage a varié de 3,3 à 4,8 volts). La précipitation complète du métal exige ainsi de deux heures à cinq heures suivant les quantités employées. Le cyanure de potassium doit être très pur; celui du commerce réputé tel ne l'est pas toujours suffisamment; dans ce cas, il est nécessaire de le préparer soi-même en ajoutant de l'acide cyanhydrique à une solution alcoolique de potasse, etc...

La solubilité des chlorure, bromure et iodure d'argent, dans le cyanure de potassium permet d'y déterminer aisément, par électrolyse, l'argent métallique et par différence le chlore, le brome ou l'iode, ce qui constitue un procédé de dosage indirect des haloïdes. On analyserait de même l'oxalate d'argent, qui est, comme on le sait, explosif.

On peut aussi, à l'exemple de Luckow, placer les sels haloïdes de l'argent, finement broyés, dans un vase de Bohême, que l'on emplit d'acide sulfurique ou d'acide acétique dilués, et on électrolyse en prenant un cône ou un cylindre de platine comme cathode, sur lequel l'argent métallique viendra se déposer progressivement. Si l'on opère avec une capsule de platine, celle-ci devra être prise comme anode, à cause de la couche de sels haloïdes insolubles qui la recouvre. Cette manière de procéder ne vaut pas la précédente.

J. Krutwig effectue le dosage de l'argent en solution ammoniacale. Il ajoute d'abord un excès d'ammoniaque, puis une dissolution de sulfate d'ammoniaque et électrolyse avec un courant de 0,2 ampère environ, que l'on élève sur la fin à 0,5 ampère environ; le dépôt de 0^{gr},1 d'argent exige environ deux heures.

Le laboratoire de Munich a défini les conditions dans lesquelles on doit se placer pour réaliser convenablement ce dernier mode de dosage. A la solution, qui contiendra au plus 0^{gr},5 d'argent, on ajoute 20 p. 100 d'ammoniaque en volume (poids spécifique 0,96) et 5 p. 100 d'une dissolution de sulfate d'ammonium (1 : 10) et l'on électrolyse à chaud, densité du courant $ND_{100} = 0,02$ à 0,05 ampère. Le lavage du dépôt, qui peut être effectué après l'interruption du courant, sera fait avec soin afin d'éliminer complètement le sulfate d'ammoniaque.

Cè procédé, en liqueur ammoniacale, est moins sûr que les précédents.

Heidenreich a constaté récemment, et contrairement à l'opinion de Smith, que les dissolutions d'argent additionnées de phosphate de soude, puis d'ammoniaque, ne donnaient, à l'électrolyse, que de l'argent spongieux impropre au dosage.

D'une manière générale, dans le dosage électrolytique de l'argent, si l'on veut avoir de beaux dépôts, on ne devra faire usage que des plus faibles densités de courants.

MERCURE.

Le mercure peut être dosé par voie électrolytique dans les dissolutions renfermant de l'acide azotique libre, ou bien encore dans les liqueurs qui le contiennent à l'état de sels doubles : sulfures, iodures, cyanures, pyrophosphates, oxalates, tartrates doubles, alcalins ou ammoniacaux.

Pour effectuer le dosage en liqueur azotique, auquel on a souvent recours, on prendra indifféremment des solutions d'azotate ou de bichlorure ou un sel quelconque que l'on acidifie par l'acide azotique; un courant de 0,2 à 0,5 ampère suffit pour la précipitation. Le laboratoire de l'Université de Munich a précisé cette indication, assez vague, de divers auteurs : Si le mercure est seul, on ajoute à la solution 1 à 2 p. 100 en volume d'acide nitrique (poids spécifique 1,36) et l'on électrolyse à la température ordinaire $ND_{100} = 1$ ampère; s'il est en présence d'autres métaux, dont on ne veut point entraîner la précipitation, on ajoute 5 volumes p. 100 d'acide azotique et on opère avec un courant plus faible $ND_{100} = 0,5$ ampère seulement. La quantité de mercure peut s'élever à 2 grammes, la durée de l'opération est de deux heures environ.

Le mercure se dépose, suivant la quantité, sous forme de miroir ou de fines gouttelettes suffisamment adhérentes aux parois des capsules pour que l'on puisse effectuer le lavage sans perte. Ce lavage sera fait, à l'eau seule et froide, sans interrompre le courant pour éviter la redissolution du mercure, puis complété après l'interruption. La capsule est ensuite abandonnée, à la température ordinaire, dans un exsiccateur à acide sulfurique, jusqu'à une parfaite dessiccation, qui est d'ailleurs assez rapide. On pourrait l'accélérer en posant, à l'air libre, la capsule sur une plaque métallique ou dans une étuve modérément chauffées, comme l'ont proposé quelques auteurs ; mais cette manière d'opérer est peu sûre et exige une grande prudence, car à une température peu élevée le mercure possède déjà une tension de vapeur notable.

Il est évident que l'état liquide du mercure exclut l'emploi d'électrodes en forme de cône ou de cylindre, à moins qu'il s'agisse de faibles quantités. Il faut prendre comme cathode une capsule de platine, de préférence mate, dans laquelle on a alors une meilleure adhérence des globules pendant les lavages. Ceux-ci, avons-nous dit, se font exclusivement à l'eau, l'alcool ayant l'inconvénient de transformer la surface brillante du mercure en une pellicule matte et grisâtre.

Rudorff a effectué l'électrolyse des composés mercuriels en liqueurs indifféremment nitriques ou sulfuriques. Il ajoute à la solution, pour $0^{gr},3$ de mercure environ, 5 gouttes d'acide azotique (poids spécifique 1,2) ou d'acide sulfurique étendu (1 : 10), la liqueur portée à 100 centimètres cubes est électrolysée avec 2 à 6 éléments Meidinger. Dans ces conditions, la précipitation exigeait quatorze heures. Rudorff ajoute à la fin des opérations 5 à 6 gouttes d'une solution concentrée d'acétate de soude, ce qui lui permet de laver après interruption complète du courant. On a recommandé depuis, lorsqu'on opère en liqueur sulfurique, d'ajouter 1 à 2 centimètres cubes de cet acide à $0^{gr},5$ de chlorure mercurique par exemple et d'électrolyser avec une densité de courant de 0,6 à 1 ampère et 3,5 à 5 volts, durée deux à trois heures.

Brand additionne les liqueurs (ou le mercure doit être au maximum d'oxydation) de pyrophosphate de sodium et redissout par un excès d'ammoniaque, ou de carbonate d'ammoniaque, le précipité formé ; un courant de 0,2 ampère environ suffit pour la précipitation ; on obtient ainsi dans un intervalle de cinq à six heures $0^{gr},1$ de métal.

D'après Vortmann, le mercure se sépare aisément des dissolutions additionnées d'acide tartrique et consécutivement d'ammoniaque en excès ; l'intensité du courant, qui doit

être à l'origine de 0,6 à 0,8 ampère environ, est abaissée ensuite à 0,2-0,3 lorsque le dépôt commence à paraître, puis
ramenée à sa valeur primitive. Rudorff emploie pour $0^{gr},5$
d'acide tartrique 10 centimètres cubes d'ammoniaque (poids
spécifique 0,91), étend à 100 centimètres cubes, et se con-
tente d'électrolyser avec 2 à 6 éléments Meidinger, suivant
les cas.

Vortmann effectue également la décomposition des combinaisons mercurielles en les dissolvant dans du sulfure de
sodium contenant un excès de soude libre, de manière à
obtenir une liqueur limpide qu'il électrolyse. Cette méthode
se prête à la décomposition du sulfure de mercure, que l'on
obtient souvent en analyse; on électrolyse généralement avec
un courant de 0,2 à 0,3 ampère dont on double l'intensité
vers la fin; au cours de l'opération, il se dépose du sulfure
de mercure sur l'anode, mais celui-ci disparaît progressivement, ne laissant sur cette électrode qu'un dépôt de soufre.

Smith emploie, pour $0^{gr},19$ de mercure par exemple, 20 centimètres cubes d'une solution de monosulfure de sodium
(poids spécifique 1,19), étend à 150 centimètres cubes et électrolyse avec un très faible courant, 0,1 ampère environ; la
durée de l'opération a été ainsi de douze heures. On a fait
usage, depuis, de courants plus intenses, 1 ampère, à 50°-60°,
la précipitation du mercure contenu dans $0^{gr},5$ de bichlorure
serait alors effectuée en une heure.

D'après Vortmann, on peut également doser le mercure
dans les dissolutions où on l'a transformé en iodure double
par un excès d'iodure de potassium. La liqueur étendue est
électrolysée ensuite comme dans les expériences précédentes.
L'iode, mis en liberté, vient former à la surface du liquide,
et sur l'anode, une masse boursouflée; comme celle-ci peut
retenir un peu de mercure, il est nécessaire de décanter
une partie du liquide de la capsule, sans interrompre le courant, et de le remplacer par quelques centimètres cubes d'une
solution concentrée de soude; on agite avec l'anode pour
faciliter la dissolution de l'iode. On continue alors l'électrolyse durant une heure, les dernières traces de mercure sont
ainsi transportées à la cathode. Le mercure lavé à l'eau est
séché dans un exsiccateur à acide sulfurique; il peut être

conservé pendant plusieurs jours sans variation de poids.

Smith et Franckel ont établi que le dosage du mercure s'effectue également bien dans les liqueurs où il est à l'état de cyanure double dans le cyanure de potassium. A cet effet, on ajoute à la dissolution un poids de sel alcalin égal à deux fois et demie environ le poids du mercure, on étend à 175 centimètres cubes. Avec un courant très faible, de 0,02 ampère, on dépose de $0^{gr},1$ à $0^{gr},2$ de mercure en douze heures; mais il est loisible d'abréger la durée de l'opération en chauffant l'électrolyte vers 65°-70°: on arrive ainsi à déposer $0^{gr},25$ de métal en trois heures.

Heidenreich, qui a contrôlé ce procédé, emploie une plus forte proportion de cyanure, 2 à 3 grammes pour $0^{gr},2$ environ de mercure, et une densité de courant $ND_{100} = 0,03$ à 0,08 ampère, différence de potentiel 1,65 à 1,75 volt, température ordinaire.

Le métal obtenu a une teinte grise, il ne doit être lavé qu'à l'eau et non à l'alcool, parce que celui-ci peut détacher la pellicule de mercure peu adhérente. La même observation s'applique, d'après Vortmann, aux dépôts obtenus dans les liqueurs alcalines et dans l'iodure de potassium contenant de la soude.

Selon Classen, le mercure est aisément dosable dans ses dissolutions additionnées d'un excès d'oxalate d'ammoniaque. Dans le cas du bichlorure, on poursuit l'électrolyse jusqu'à disparition complète, et au delà, du calomel qui a pu apparaître d'abord à l'anode.

Dans ses expériences, pour $0^{gr},4$ de bichlorure, Classen employait 4 à 5 grammes d'oxalate d'ammonium et étendait le liquide à 120 centimètres cubes. Densités du courant ND_{100} variées de 0,2 à 1,5 ampère et voltage de 2,6 à 5 volts. Durée, à la température de 15 à 30°, une heure et demie à cinq heures suivant les cas.

Les combinaisons insolubles du mercure pouvant être analysées sans dissolution préalable, il suffit de les mettre en suspension dans de l'eau acidifiée par de l'acide chlorhydrique, ou dans une solution étendue de sel marin (à 10 p. 100 environ) et d'électrolyser comme à l'ordinaire. C'est en se conformant à cette manière de procéder, due à Classen, que l'on détermine, à Almaden, la teneur en mercure du cinabre.

La détermination si aisée du mercure par la voie électrolytique permet la recherche et le dosage de faibles traces de ce métal, dans les expertises médico-légales par exemple. Il suffira de prendre comme cathode un fil d'or, sur lequel les plus petites quantités de mercure apparaîtront avec une couleur claire, qui est tout à fait caractéristique si elle disparaît, après dessiccation à froid, par une élévation convenable de la température.

On débarrasse les capsules du dépôt de mercure en les traitant par de l'acide azotique chaud. Toutefois, il arrive souvent que, sur la ligne de séparation de la surface du liquide et de la capsule, il reste un liséré de couleur foncée, qui résiste à cette action. On le fait disparaître en le chauffant au rouge, ou bien en emplissant d'acide azotique la capsule prise comme anode, et soumettant ensuite à l'électrolyse, après avoir plongé dans le liquide comme cathode un gros fil de cuivre. On constate, en général, après chaque dosage de mercure, une petite diminution de poids des capsules, sans doute par suite de la formation, sous l'influence du courant, de quelque trace d'amalgame de platine laissant un peu de ce métal très divisé que les frottements éliminent.

En résumé, le dosage du mercure seul ne présente aucune difficulté en faisant usage des divers procédés sus-indiqués; il n'en est pas toujours de même dans sa séparation de quelques autres métaux. Si l'on se trouve en présence de ces cas particuliers, le mieux est de renoncer alors à la voie électrolytique et d'avoir recours aux procédés ordinaires de l'analyse par volatilisation, etc.

BISMUTH.

Le dosage de quantités un peu considérables de bismuth offre des difficultés à cause du manque d'adhérence du métal, qui est souvent spongieux et noirâtre, et de son oxydabilité dans l'état particulier où il se précipite sur la cathode. En outre, d'après Schucht, avec les solutions neutres de bismuth il se dépose de l'acide bismuthique à l'anode. Le procédé de Vortmann, précipitation du bismuth à l'état d'amalgame, est le seul qui conduise à des résultats assez satisfaisants. Nous allons toutefois donner un aperçu des efforts, peu fructueux, tentés dans diverses directions.

Pour doser le bismuth en liqueur oxalique, on a proposé d'ajouter un excès d'oxalate d'ammonium et d'effectuer la réduction, à froid, avec un faible courant de 0,002 ampère environ. Au cours de l'opération, il se fait sur l'anode un dépôt de peroxyde, qui disparaît lentement par la suite. Pour protéger le métal obtenu contre l'oxydation, il y a lieu de le laver rapidement avec de l'eau, dont il est nécessaire d'enlever les dernières traces par des lavages répétés avec de l'alcool absolu. Il est bon, si l'on veut obtenir un dépôt suffisamment adhérent, d'employer peu de matière et de larges surfaces de cathode ; avec des quantités assez notables de substance, il advient que des parcelles de métal se détachent pendant les lavages, on les recueille sur un filtre taré pour en déterminer le poids.

Éliasberg opérait d'une façon analogue en substituant l'oxalate de potassium en grand excès à celui d'ammonium ; il acidifiait ensuite le liquide par de l'acide oxalique vers le milieu de l'électrolyse, effectuée à la température de 70°-80°, avec un courant si faible qu'il se dégageait à peine du gaz dans un voltamètre interposé ; la durée de l'électrolyse était de vingt-quatre heures environ ; à cause du temps qu'elle exige, cette modification paraît peu avantageuse. Le métal déposé est assez beau, cristallin, compact et adhérent, mais souvent partiellement oxydable ; aussi, Éliasberg préfère-t-il dissoudre le dépôt, dans la capsule même, au moyen d'acide azotique et, après évaporation à sec au bain-marie, transformer par calcination le nitrate obtenu en oxyde Bi^2O^3 que l'on pèse. Cette manière de procéder élimine les inconvénients d'une oxydation éventuelle et spontanée du bismuth ; on pourra l'adopter dans un certain nombre de cas.

D'après Brand, on obtiendrait de bons résultats en ajoutant à la solution, acide et étendue, de bismuth, quatre à cinq fois la quantité de pyrophosphate de soude nécessaire pour former un sel double ; on rend légèrement alcalin par le carbonate d'ammoniaque, ajoute 3 à 5 grammes d'oxalate d'ammoniaque et étend à 200 centimètres cubes ; on électrolyse ensuite avec un courant de 0,01 à 0,05 ampère, que l'on renforce progressivement jusqu'à le porter, vers la fin à 0,2 ou 0,3 ampère environ. Il résulte des expériences de Brand qu'avec un courant de 0,05 ampère, employé dès l'origine, on pourrait déposer jusqu'à $0^{gr},25$ de bismuth métallique en douze heures. S'il se formait du peroxyde à l'anode, on l'éliminerait en ajoutant, vers la fin de l'électrolyse, quelques gouttes d'une solution concentrée d'acide oxalique. On reconnaît le terme de l'opération au moyen de l'hydrogène sulfuré; Brand, à l'exemple de Eliasberg, transforme le bismuth en oxyde.

Rudorff opère d'une façon analogue : la liqueur, faiblement acidifiée par l'acide azotique et ne contenant pas plus de $0^{gr},1$ de bismuth, est additionnée de pyrophosphate de soude en quantité suffisante pour redissoudre le précipité que ce sel produit d'abord ; on ajoute ensuite 20 centimètres cubes d'une solution saturée d'oxalate de potasse et le même volume d'une solution de sulfate également saturée. Après avoir amené au volume total de 120 centimètres cubes, Rudorff électrolyse avec 4 éléments Meidinger, sans autre indication. La réduction exige au moins une vingtaine d'heures. Le dépôt bien lavé est séché à l'étuve à 60°. On ne voit pas bien la nécessité d'un bain électrolytique aussi compliqué.

D'après les expériences de Smith et Knerr, le bismuth se précipite rapidement et complètement, lorsqu'on électrolyse les solutions de sulfate, ou ces mêmes solutions additionnées d'un citrate alcalin contenant de l'acide citrique libre. On obtient les meilleurs résultats, d'après les auteurs, avec le sulfate simplement acidifié par de l'acide sulfurique. A une solution contenant un poids de ce sel correspondant, par exemple, à $0^{gr},1542$ de bismuth, Smith ajoute 3 centimètres cubes d'acide sulfurique (poids spécifique 1,09) et étend à 150 centimètres cubes avec de l'eau. Le métal était ainsi complètement précipité en trois heures, sous l'influence d'un courant de 0,3 ampère environ ; on formait le dépôt sur la face externe ou interne d'un petit creuset de platine, sans aucune indication relative à la surface de cette électrode. Le lavage à l'eau et à l'alcool ne présente aucune difficulté. Au cours de l'électrolyse, il se dépose du peroxyde à l'anode, mais celui-ci disparaît avant la fin de l'opération.

Il est également possible, d'après Wieland, d'obtenir un dépôt compact dans les solutions de bismuth additionnées d'acide azotique libre (5 centimètres cubes), mais à la condition d'employer une densité de courant ne dépassant pas 0,05 ampère. D'autre part, selon Smith et Saltar, il suffirait de n'y ajouter que le volume d'acide nécessaire pour la dissolution des sels basiques.

Moore additionne les solutions de bismuth d'une quantité suffisante d'acide tartrique pour obtenir la précipitation d'un sel basique, il rend ensuite la liqueur faiblement alcaline par l'ammoniaque et y ajoute finalement de l'acide phosphorique jusqu'à réaction fortement acide. L'intensité du courant, qui ne dépasse pas d'abord 0,03 à 0,05 ampère, doit être élevée sur la fin à 0,7 ampère. A l'origine de l'opération, le dépôt est spongieux, mais il devient peu à peu compact par la suite.

Tous ces procédés laissent beaucoup à désirer.

Vortmann précipite, d'une manière plus satisfaisante, le bismuth à l'état d'amalgame, en opérant dans des milieux divers :

1° Le sel de bismuth, en solution chlorhydrique, additionné d'un poids connu de chlorure mercurique tel que le mercure représente environ quatre fois le poids du métal à doser, est traité par l'iodure de potassium jusqu'à redissolution du précipité d'iodure; on étend ensuite avec de l'eau. Il convient d'employer au début de l'électrolyse un courant de 0,6 à 0,8 ampère environ; quand le dépôt commence à paraître, on réduit l'intensité à 0,2 ou 0,3 ampère, puis on la ramène progressivement à sa valeur primitive. Il se forme à l'anode et à la surface du liquide une masse spongieuse d'iode; comme celle-ci pourrait retenir un peu de mercure, il est nécessaire, lorsque la décomposition paraît terminée, ce que l'on reconnaît au moyen du sulfhydrate d'ammoniaque, d'ajouter, sans interrompre le courant, un peu de solution concentrée de soude et d'agiter, avec l'anode, pour faciliter la dissolution de l'iode. Si on laisse passer ensuite le courant durant une heure environ, les dernières traces de mercure viennent s'ajouter au métal déjà déposé à la cathode. Le dépôt brillant, bien lavé, est desséché à froid dans un exsiccateur.

2° On peut également opérer en liqueur alcoolique.

La solution chlorhydrique contenant le sel de bismuth et le chlorure mercurique est diluée, non avec de l'eau, mais avec de l'alcool à 96° (50 centimètres cubes environ); ce mélange étant fait dans la capsule de platine, on étend d'eau jusqu'à ce que le niveau affleure à 1 centimètre du bord. On électrolyse comme précédemment, l'amalgame se dépose sous forme d'enduit métallique, tandis que l'alcool passe à l'état d'aldéhyde, de chloral, etc.

3° On peut, à la solution azotique des sels de bismuth additionnée du sel de mercure, ajouter de l'acide tartrique, puis un excès d'ammoniaque, et électrolyser. L'acide tartrique empêche la formation d'acide bismuthique à l'anode.

Vortmann recommande particulièrement ce dernier procédé dans la détermination de quantités un peu considérables de bismuth. Il a pu, de la sorte, dans une de ses expériences, doser le métal contenu dans 0gr,833 d'oxyde de bismuth.

Le procédé offre en outre l'avantage de s'appliquer à des liqueurs nitriques, forme sous laquelle les dissolutions de bismuth se présentent généralement à nous.

Rappelons que le bichlorure de mercure devra être ajouté, dans ces trois manières d'expérimenter, en quantité telle que le poids du mercure contenu représente quatre fois celui du bismuth. L'intensité du courant à employer sera la même.

CADMIUM.

On a proposé de doser le cadmium en liqueur sulfurique, acétique, phosphorique, ou dans les solutions le contenant à l'état de cyanure double alcalin ou d'oxalate double ammoniacal, enfin de le précipiter sous forme d'amalgame.

D'après Smith, les dissolutions de sulfate de cadmium contenant de l'acide sulfurique libre se prêtent au dosage électrolytique. Pour 0gr,1 environ de métal, on ajoute à la solution 2 centimètres cubes d'acide sulfurique (poids spécifique 1,09) et l'on électrolyse, à la température ordinaire (sans autre indication de l'auteur), avec un courant de 0,5 ampère environ.

On peut aussi, suivant Smith et suivant Luckow, électrolyser les dissolutions de chlorure ou de sulfate transformées en acétates, par double échange, au moyen de l'acétate de soude. Mais, d'après Eliasberg, on ne réussit bien qu'à la condition de rendre la liqueur (contenant 3 grammes d'acétate pour 100 centimètres cubes) faiblement acide par quelques gouttes d'acide acétique et d'opérer à 40° ou 50°, avec courant $ND_{100} = 0,06$ ampère environ.

Le laboratoire de Munich définit de la façon suivante les conditions nécessaires : aux solutions neutralisées, qui ne doivent pas contenir plus de $0^{gr},5$ de métal, on ajoute 3 grammes d'acétate de soude et on acidifie légèrement par l'acide acétique. On électrolyse ensuite à la température de 45° avec un courant $ND_{100} = 0,02$ à 0,07 ampère. Le dépôt bien lavé, sans interrompre le courant, est séché à 100°; on obtient ainsi, en cinq heures, $0^{gr},2$ de métal. On ne doit pas chauffer au delà de 50° pour éviter la formation d'un sel basique.

Un grand excès d'acide acétique libre empêche la précipitation totale du métal. La présence des nitrates est, aussi, défavorable.

Smith a annoncé que dans les solutions ne contenant que de l'acétate de cadmium et de l'acide acétique libre, le métal se précipite rapidement à 50°-60°, à l'état cristallin, avec un courant de 0,15 à 0,20 ampère; mais, d'après Heidenreich, qui a opéré dans des conditions variées d'acidité, de température, d'intensité de courant et de voltage, on n'obtient pas ainsi des résultats satisfaisants, le métal se déposant sous forme de petites lamelles cristallines, qu'il est difficile de laver sans perte.

Smith, à la suite de nouvelles expériences en collaboration avec E. Wallace, mais opérant cette fois en liqueur neutre avec ou sans acétate alcalin, 0,02 ampère pour 37 centimètres carrés de cathode et 3,5 volts, à 50°, maintient ses conclusions.

S. Avery et Benton Dales substituent les formiates alcalins aux acétates et prétendent qu'ils conduisent à des déterminations plus exactes que les autres sels; aux solutions contenant $0^{gr},1$ de cadmium, ils ajoutent 6 centimètres cubes d'acide formique $(D = 1,20)$ et en outre du carbonate de potasse jusqu'à trouble persistant que l'on fait disparaître avec de l'acide for-

mique. Alors on ajoute encore 1 centimètre cube de cet acide;
on étend à 150 centimètres cubes et on électrolyse avec 0,15 à
0,20 ampère et 3,4 volts.

Smith dit avoir obtenu de bons résultats en électrolysant,
avec un courant ND_{100} de 0,06 ampère, des solutions contenant $0^{gr},1827$ de cadmium (à l'état de sulfate) additionnées d'un excès de phosphate de soude et de $1^{cc},5$ d'acide
phosphorique (poids spécifique 1,35); le tout étendu à 100 centimètres cubes; le courant était renforcé vers la fin de l'opération (0,35 ampère et 7 volts) et le dépôt lavé sans interrompre le courant. Ce procédé n'a pas donné de bons
résultats à Heidenreich, en ce qui concerne la nature et le
poids du dépôt. Toutefois Smith maintient ses conclusions.

Beilstein et Jawein électrolysent, comme pour le zinc, le
cadmium à l'état de cyanure double alcalin; on ajoute à la
solution, neutralisée par la potasse, un large excès de cyanure
de potassium pur, de manière à redissoudre le précipité que
ce réactif détermine; après avoir étendu d'eau, Beilstein et
Jawein électrolysent à l'aide de trois éléments Bunsen, indication tout à fait insuffisante; en outre, le dépôt de $0^{gr},2$ de
métal exige un temps assez long, douze heures environ.

Smith et Wallace opèrent dans des conditions analogues
avec un courant de 0,3 ampère. On a recommandé, depuis,
un courant de 0,5 ampère et 4 à 5 volts; tout le cadmium
de $0^{gr},5$ de sulfate, contenu dans 150 centimètres cubes
d'électrolyte, est ainsi précipité en six à sept heures à la
température ordinaire; c'est un bon procédé.

Lorsque, comme cela arrive souvent au cours des analyses,
on a obtenu le cadmium sous forme de sulfure, on peut effectuer le dosage en dissolvant le sulfure dans l'acide azotique,
évaporant pour chasser l'excès d'acide, et transformant ensuite
en cyanure double que l'on électrolyse.

On reconnaît que le terme de l'opération est atteint en
décomposant le cyanure d'une prise d'essai par l'acide chlorhydrique et traitant par l'hydrogène sulfuré le liquide très
faiblement acide.

La meilleure méthode de dosage du cadmium est celle de
Classen, qui consiste à électrolyser les solutions oxalo-ammoniques maintenues légèrement acides.

Pour former le sel double, on dissout à chaud, dans la capsule même, le sel de cadmium avec 20 à 25 centimètres cubes d'eau; on ajoute ensuite une solution bouillante et limpide de 10 grammes d'oxalate d'ammoniaque dans 80 à 100 centimètres cubes d'eau et on électrolyse. Dès que le courant commence à agir, on verse sur le verre de montre percé, qui doit toujours recouvrir les capsules, quelques centimètres cubes d'une solution saturée d'acide oxalique et l'on maintient ainsi le liquide constamment et faiblement acide pendant toute la durée de l'opération; Classen, dans ses plus récentes expériences, a opéré sur des solutions contenant de 0,15 à 0,16 de métal, et avec des courants dont il a fait varier la densité ND_{100} de 0,5 à 1 ampère et le voltage de 2,75 à 3,4 volts. Les dosages sont très exacts. L'opération n'exige que trois heures à trois heures et demie avec les quantités ci-dessus; le dépôt est clair et brillant.

On peut indifféremment faire usage pour cette détermination des capsules de platine polies, ou bien dépolies par un jet de sable.

Vortmann, à l'exemple de Luckow, précipite le cadmium à l'état d'amalgame; il opère exactement comme il sera dit au sujet du zinc.

THALLIUM.

Il n'a pas été possible, jusqu'à ce jour, de le doser d'une manière satisfaisante. Dans les solutions acides, le métal se sépare à l'anode sous forme de sesquioxyde et en liqueur ammoniacale on obtient à la fois le métal et son oxyde. A la vérité, en dissolution dans un excès d'oxalate d'ammoniaque, on peut le déposer intégralement à la cathode sous forme métallique, mais il est alors très oxydable.

Pour tourner la difficulté, Neumann a proposé de traiter le dépôt obtenu par l'acide chlorhydrique à l'abri de l'air et de déduire du volume d'hydrogène dégagé le poids du métal; mais cette méthode, qui exige des appareils et une manœuvre compliqués, est peu pratique; nous renvoyons pour les détails d'exécution au mémoire original : *in Berichte*, XXI, p. 356.

FER.

On ne peut doser actuellement le fer qu'à l'aide d'une méthode signalée dès 1878 par Parodi et Mascazzini, étudiée depuis et préconisée par Classen et de Reiss. Elle consiste à électrolyser les oxalates doubles potassiques ou ammoniacaux, ferreux ou ferriques.

Si l'on ajoute à une solution d'un sel de protoxyde de fer de l'oxalate de potassium ou d'ammonium, il se produit un précipité jaune rougeâtre d'oxalate ferreux, soluble dans un excès de réactif par suite de la formation d'un sel double.

Les sels de peroxyde, traités de la même façon, ne donnent pas de précipité, mais la solution prend la teinte verdâtre de l'oxalate double ferrique qui s'est formé; soumis à l'électrolyse, le liquide passe à la teinte orangée précédente, indice de la transformation en oxalate double ferreux sous l'influence du courant; en même temps, le fer se dépose. Il résulte de ceci que l'on peut opérer indifféremment avec des sels ferreux ou ferriques.

L'oxalate de potasse employé seul ne convient pas pour ces électrolyses, parce que le carbonate de potasse, formé au cours de l'opération, précipite du carbonate de fer, qui entrave la réduction complète. L'électrolyse du sel double ammoniacal ne présente pas cet inconvénient.

Si les dissolutions primitives contiennent de l'acide chlorhydrique libre, on devra d'abord l'éliminer au bain-marie. L'acide sulfurique libre sera saturé par l'ammoniaque; le sulfate ammoniacal produit ne présente aucun inconvénient et augmente la conductibilité du liquide. La présence des nitrates est nuisible; on les transformera en sulfates ou en chlorures en évaporant la solution avec un excès d'acide sulfurique ou d'acide chlorhydrique.

Pour effectuer le dosage du fer dans les conditions indiquées par Classen, on prend, pour une quantité de fer pouvant s'élever jusqu'à 1 gramme, 6 à 8 grammes d'oxalate d'ammoniaque que l'on dissout à chaud, dans le vase même où doit s'effectuer l'électrolyse, avec la plus petite quantité d'eau possible, et l'on ajoute, peu à peu, la solution de fer au liquide agité. Il ne faudrait pas faire l'inverse, c'est-à-dire verser l'oxalate d'ammoniaque dans le sel de fer, parce qu'il se précipiterait avec les sels ferreux de l'oxalate double qui, une fois produit, ne serait plus que très difficilement soluble, même à chaud, dans un excès d'oxalate d'ammoniaque. Cette précaution est moins à observer avec les sels ferriques, dont l'oxalate double est très soluble. On étend avec de l'eau à 100 ou 150 centimètres cubes. Pour connaître le terme de la décomposition par le courant, on prélève une petite quantité du liquide décoloré qui, peroxydée, puis sursaturée par l'acide chlorhydrique, ne doit plus se colorer en rouge par le sulfocyanate de potassium.

L'opération étant terminée, on interrompt le courant, on lave trois ou quatre fois à l'eau froide et trois fois à l'alcool et l'on sèche à l'étuve entre 70 et 90°.

Le dépôt de fer brillant, d'une couleur gris d'acier, est compact et bien adhérent à l'électrode; il peut être conservé à l'air durant plusieurs jours sans oxydation.

La température de l'électrolyte n'a pas d'influence notable sur la qualité du dépôt et sur l'exactitude ; toutefois la durée de l'électrolyse est sensiblement abrégée lorsque l'on opère seulement entre 20 et 40°.

D'après les nouvelles expériences de Classen, pour des surfaces de 100 centimètres carrés, il convient d'employer, à la température ordinaire (20 à 40°), des courants de 1 à 1,5 ampère, et à chaud, entre 40 et 65°, 0,5 à 1 ampère, le voltage était 3,6 à 4,3 volts dans le premier cas et 2,0 à 3,5 volts dans le second. Il est indifférent d'employer des électrodes polies ou rendues mates par un jet de sable.

On jugera de la valeur de la méthode par les expériences suivantes de Classen : quatre déterminations effectuées sur des quantités de sel de Mohr ($Fe\,SO^4(NH^4)^2\,SO^4+6H^2O$) comprises entre $2^{gr},1$ et $2^{gr},5$, additionnées de 6 à 8 grammes d'oxalate d'ammoniaque, volume du liquide 120 centimètres cubes, ont donné, avec des densités de courant et des voltages variés de 0,5 à 1,5 ampère et de 2 à 4,3 volts, des résultats oscillant entre 14,21 et 14,28 p. 100 de fer; la théorie exigerait 14,29 p. 100. Ces essais ont été effectués à des températures diverses comprises entre 20° et 65° ; la durée de l'électrolyse était de deux heures et demie à trois heures et demie environ.

En opérant sur des poids de $2^{gr},6$ à $2^{gr},8$ d'oxalate double ferripotassique, sel bien défini $(Fe^2(C^2O^4)^3 3K^2C^2O^4 + 6H^2O)$, additionnés de 6 à 7 grammes d'oxalate d'ammoniaque, densité du courant 0,5 à 1,7 ampère, 2,4 à 4,25 volts, température diverses 35° à 40°, Classen a obtenu, dans trois déterminations, des chiffres variant de 11,25 à 11,39 p. 100 de fer, théorie 11,40 p. 100; durée de l'électrolyse trois heures à six heures.

Les plus fortes densités de courant sont afférentes aux opérations exécutées à la température ordinaire, qui est en somme la plus favorable.

E. Smith a fait connaître un procédé de dosage du fer en liqueur citro-alcaline contenant de l'acide citrique libre : 10 centimètres cubes d'une solution renfermant $0^{gr},0300$ de métal étaient additionnés de 20 centimètres cubes d'une solution de citrate de soude à 11 p. 100 et d'un peu d'acide citrique libre; on étendait à 150 centimètres cubes et électrolysait avec un courant de 1,1 ampère. On a obtenu ainsi, en quatre heures, $0^{gr},0303$ de fer, nombre qui se confond sensiblement avec la théorie. Des expériences semblables faites en présence de l'aluminium ou du titane ont permis la séparation du fer d'avec ces métaux.

On a proposé également d'opérer en liqueur tartro-ammoniacale (E. Smith et Muhr), mais avec un courant de 0,3 ampère.

En présence des acides organiques, le dépôt de fer contient parfois une petite quantité de charbon pouvant fausser les résultats; si l'on veut en tenir compte, on dissoudra le dépôt dans l'acide sulfurique et on titrera le métal avec le permanganate.

Heidenreich a repris récemment l'étude du dosage du fer en liqueur citrique, en se plaçant dans les conditions suivantes : sel de Mohr, quantités variant de $0^{gr},3$ à $0^{gr},54$; solution de citrate de soude à 10 p. 100, 50 centimètres cubes; acide citrique à 10 p. 100, 2 centimètres cubes. Densité du courant et voltage variés de 0,6 à 1 ampère et de 4,5 à 5,6 volts, électrolyse à la température ordinaire, durée quatre à six heures. Il résulte d'un assez grand nombre de ces déterminations que le fer contient un peu de charbon, ce que l'on savait déjà; mais Heidenreich a omis d'en donner la quantité, ce qui était le point capital ; elle doit être bien faible ou il y a eu compensation, car les cinq dosages effectués oscillent entre 14,17 et 14,30 p. 100 de fer, alors que la théorie exige 14,29. D'autre part, en prenant comme matière première l'oxalate ferrico-potassique, traité dans les mêmes conditions, l'auteur a obtenu 11,68 et 11,87 p. 100 de fer, théorie 11,40. Ici le dosage est manifestement trop fort; en outre, la durée a été de huit heures environ.

Moore a proposé une méthode qu'il a appliquée en particulier au dosage du fer dans les solutions de chlorure ou de sulfate ferrique. Elle consiste à ajouter d'abord aux solutions, suffisamment acides de ces sels, de l'acide phosphorique à 15 p. 100, jusqu'à ce que la couleur jaune disparaisse complètement, puis du carbonate d'ammoniaque en excès, en quantité suffisante pour que le liquide devienne limpide. En électrolysant ensuite, à la température de 70°, avec un courant de 1,9 ampère, on peut obtenir en une heure, suivant le même auteur, la précipitation complète de $0^{gr},75$ de fer. La fin de l'opération est décelée au moyen du sulfure d'ammonium.

Drow a mis à profit, pour la détermination du fer, les dispositions proposées par Gibbs en 1880 dans la précipitation électrolytique des métaux à l'état d'amalgame. Une dissolution de sel de Mohr, légèrement acidifiée par l'acide sulfurique et placée dans un vase à précipité, était additionnée d'un grand excès de mercure métallique (cinquante fois le poids du fer); on prenait comme anode une large surface de platine et dans le mercure, destiné à fonctionner comme cathode, plongeait un anneau formé d'un fil de platine, dont la partie, traversant l'électrolyte, était isolée dans un tube de verre. Ce fil était mis en rapport avec le pôle négatif de la source. L'auteur affirme qu'en se plaçant dans ces conditions et sous l'influence d'un courant de 2 ampères, il est possible de déposer jusqu'à 10 grammes de fer en dix à quinze heures.

Signalons enfin, pour mémoire, l'électrolyse du fluorure double de fer et d'ammonium effectuée par Luckow, et l'électrolyse des solutions de fer additionnées de pyrophosphate alcalin proposée par Brand, ou de tartrate double ammoniacal par Smith et Mohr, qui ne donnent toutes que de médiocres résultats.

En résumé, la meilleure méthode consiste dans l'électrolyse des solutions oxalo-ammoniques du fer; mais, en pratique, elle ne présente tout son intérêt que dans les cas où l'on ne peut pas employer le dosage ordinaire et si rapide du fer par les solutions titrées de permanganate. L'électrolyse des solutions de fer fournit, en outre, au chimiste le moyen d'obtenir une quantité connue de fer pur, propre à la détermination du titre des solutions de permanganate.

Ajoutons que les solutions de fer acidifiées par un acide minéral ne s'électrolysent pas, ce qui permettra de séparer le fer d'un certain nombre de métaux précipitables dans ces conditions.

NICKEL.

Le dosage électrolytique du nickel doit être considéré comme facile et exact, si l'on opère avec des liqueurs le contenant à l'état de sulfate double ammoniacal, ou d'oxalate double ammoniacal, qui remplissent les meilleures conditions.

Les Becquerel ont montré, en 1862, que l'on obtient un beau nickelage en électrolysant le sulfate double de nickel et d'ammoniaque, mais Gibbs a établi le premier, en 1864, que cette décomposition est utilisable pour le dosage du métal.

Dès 1872, les usines de Mansfeld dosaient électrolytiquement le nickel, en le précipitant de ses dissolutions chlorhydriques additionnées d'un excès d'ammoniaque. En 1875, Herpin montrait, d'autre part, que les dissolutions sulfuriques et acides traitées par un excès d'ammoniaque, ce qui revient à faire un sulfate double très ammoniacal, se prêtent à des dosages exacts. Du reste, l'industrie n'effectue pas autrement ses nickelages. Riche, en 1878, opérait de même et arrivait, en outre, à précipiter exactement le nickel du sulfate très légèrement acidifié par quelques gouttes d'acide sulfurique. Mais il faut savoir qu'un excès d'un acide minéral fort et libre empêche la précipitation; cette circonstance nous permettra, par la suite, de séparer le nickel d'avec d'autres métaux, par exemple d'avec le cuivre précipitable dans ces conditions.

Frésénius et Bergmann, qui ont repris l'étude de l'électrolyse du sulfate double ammoniacal, opèrent de la façon suivante : au liquide contenant $0^{gr},5$ par exemple de nickel, à l'état de sulfate, on ajoute 15 à 20 centimètres cubes d'une solution de sulfate d'ammoniaque à 30 p. 100, puis 40 centimètres cubes d'ammoniaque ($D = 0,96$); pour de plus grandes quantités de nickel, la dose pourra être portée à 50 ou 60 centimètres cubes environ. Après avoir étendu à 150-170 centimètres cubes, on électrolyse, à la température ordinaire, avec un courant $ND_{100} = 0,7$ ampère au maximum. La présence des chlorures, des azotates, et surtout de ces derniers, est nuisible. On les transforme en sulfates par une évaporation préalable avec de l'acide sulfurique.

Neumann recommande, dans ce dosage, pour 1 gramme de sulfate de nickel, d'ajouter de 5 à 10 grammes de sulfate d'ammoniaque, 30 à 40 centimètres cubes d'ammoniaque et d'électrolyser, à la température ordinaire, avec un courant de 0,5 à 1,5 ampère par décimètre carré et de 2,8 à 3,3 volts; l'opération est terminée en deux heures. Ce sont les conditions indiquées par C. Wintler pour la purification du nickel ou du cobalt destinés à la détermination de leurs poids atomiques. Si l'on opère à chaud, vers 50°-60°, avec une densité de courant de 1,5 ampère, on obtient la précipitation complète en une heure environ.

Il est bon d'observer que, dans ces opérations, l'ammoniaque libre doit toujours être en excès; en présence d'une quantité insuffisante, le dépôt a un mauvais aspect et il se forme, en outre, à l'anode, du peroxyde noir de nickel. Un trop grand excès d'ammoniaque retarde la précipitation. Comme pour le fer, les dernières traces de métal se déposent lentement; aussi doit-on, après avoir employé d'abord les plus faibles intensités sus-indiquées, renforcer le courant vers la fin de l'opération.

Pour connaître le terme de la décomposition, il ne faudrait pas se fier à la décoloration complète du liquide primitivement bleu ; il est nécessaire de prélever un peu du liquide, qui, traité par le sulfure ammonique, ne doit plus donner de coloration noire. On peut l'additionner également de sulfocarbonate de potassium, qui ne doit plus le colorer en rouge rosé.

On n'interrompt pas le courant pour le lavage du dépôt métallique dont la dessiccation s'effectue comme celle du fer.

L'électrolyse du sulfate double donne de beaux résultats, c'est la meilleure méthode; le dépôt est brillant, de couleur claire, très adhérent; son aspect est peu différent de celui du platine sur lequel il repose. Il est lentement attaquable par les acides chlorhydrique ou sulfurique étendus; l'acide azotique le dissout plus rapidement.

Ottel a combattu cette opinion souvent émise : que l'électrolyse du chlorure de nickel, en présence du chlorure d'ammonium, donne des résultats désavantageux. On obtient, selon lui, des dosages convenables en observant les conditions suivantes : la solution de chlorure de nickel sera rendue fortement ammoniacale par l'addition d'au moins 10 p. 100 d'ammoniaque (D = 0,92); si l'on veut qu'il n'apparaisse point de peroxyde de nickel à l'anode. En outre, il faut ajouter suffisamment de chlorure d'ammonium pour former le sel double, un excès n'est pas nuisible. L'insuffisance d'ammoniaque libre augmente la durée de l'opération et fait courir le risque d'un dépôt de peroxyde de nickel. On dissout donc 1 gramme de chlorure de nickel, par exemple, et 2 à 4 grammes de chlorure d'ammonium dans 100 centimètres cubes d'eau; on ajoute 20 à 40 centimètres cubes d'ammoniaque et l'on électrolyse, à la température ordinaire, à l'aide d'un courant dont la densité sera de 0,5 ampère. Avec ces quantités, la durée de l'opération est de quatre à cinq heures. On peut aussi, dans ces conditions, précipiter de plus grandes masses de matière, par exemple 1 gramme de nickel en six à sept heures, ou en quatorze heures, si l'on n'a recours qu'à des courants de 0,1 ampère.

Ottel fait usage, dans ces expériences, d'électrodes particulières. La cathode est constituée par une feuille de tôle placée au milieu d'une anode en forme de fourche; ceci, paraît-il, dans le but d'avoir sensiblement une même densité de courant sur les deux faces; il recommande cette disposition pour d'autres électrolyses. Comme nous l'avons dit précédemment, la présence des nitrates est nuisible.

Enfin, les autres solutions diverses des sels de nickel, additionnées d'ammoniaque seule, peuvent donner, avec des courants de 0,1 à 0,5 ampère, des dépôts satisfaisants.

On obtient de bons dosages du nickel, ainsi que l'ont montré Classen et De Reiss, en électrolysant son oxalate double ammoniacal. On opère comme pour le fer. Dans de récentes déterminations, Classen emploie, pour 1 à 2 grammes de $NiSO^4(NH^4)^2SO^4+6H^2O$ dissous dans peu d'eau, 6 à 8 grammes d'oxalate d'ammoniaque, puis étend à 125 centimètres cubes. Quatre opérations variées effectuées avec des densités de courants de 0,5 à 1 ampère et 2,7 à 4,4 volts, températures 17° à 70°, ont donné des chiffres oscillant entre 15,05 et 15,17 p. 100; la théorie exigerait 14,85 p. 100, mais la concordance des résultats obtenus montre que le sel n'était sans doute pas absolument pur. Durée trois à cinq heures, suivant la température, ou la quantité de matière.

Les conditions les meilleures sont une température de 60 à 70° et une densité de courant $ND_{100} = 1$ ampère. On pourra, sans inconvénient, interrompre le courant pour effectuer les lavages.

Le dépôt de nickel a un bel aspect et est très adhérent. Il est indifférent d'employer des électrodes polies, ou dépolies par un jet de sable.

Luckow, Wrighton, Ohl, Schweder, Smith et Mühr ont proposé l'électrolyse des sels de nickel additionnés d'acétates, de tartrates ou de citrates alcalins. Mais avec les sels organiques à acides fixes il est à craindre, comme pour le fer, que les dépôts, d'ailleurs bien formés, ne soient souillés d'un peu de charbon.

D'après les mêmes auteurs, on obtiendrait encore une précipitation convenable du nickel dans les solutions contenant un excès de cyanure de potassium. Cependant Neumann, en variant les conditions, n'aurait obtenu, par ce procédé, que des dépôts de couleur sombre et peu adhérents.

Selon Foregger, le nickel se sépare bien des solutions auxquelles on a ajouté un excès de carbonate d'ammonium. A cet effet, on dissout 1 gramme de sulfate de nickel et 15 grammes environ de carbonate d'ammoniaque dans 150 centimètres cubes d'eau et l'on électrolyse, à la température de 50° à 60°, avec un courant de 1 à 1,5 ampère et de 3,5 à 4 volts; la précipitation est complète en une heure et demie environ, le métal est brillant.

Campbell et Andress dissolvent l'oxyde de nickel dans 30 centimètres cubes d'une solution de phosphate disodique à 10 p. 100, auxquels on ajoute 30 centimètres cubes d'ammoniaque concentrée ; on électrolyse avec un courant $ND_{100} = 0,14$ ampère. Dans ces conditions, le dépôt complet exige une douzaine d'heures.

Enfin, on a proposé de traiter les dissolutions de sulfate de nickel par 25 centimètres cubes d'ammoniaque (poids spécifique 0,96) et 25 centimètres cubes d'une solution saturée de pyrophosphate de soude, et d'électrolyser avec des courants pouvant varier de 0,3 à 0,8 ampère ; le dépôt est beau, mais lent, neuf à seize heures, et, en outre, il se manifeste une tendance à la formation de peroxyde à l'anode (Brand-Rüdorff).

En résumé, parmi tous les procédés de dosage électrolytique du nickel, ce sont ceux où l'on a recours à l'électrolyse des solutions de sulfate double ou d'oxalate double ammoniacal qui sont les plus commodes et qui donnent les meilleurs résultats.

COBALT.

On dose le cobalt par électrolyse exactement comme le nickel ; ce que nous venons de dire au sujet de ce dernier s'y applique de tous points. Ici encore, les méthodes par le sulfate double ou l'oxalate double ammoniacal méritent la préférence. Le terme des opérations est, de même, indiqué par le sulfure d'ammonium ou par le sulfocarbonate de potassium. Le dépôt présente l'aspect du nickel, mais avec moins d'éclat. Il résulte de cette similitude à l'égard des courants que lorsque les deux métaux coexistent dans une liqueur, ils se précipitent ensemble.

En ce qui concerne le dosage du cobalt, au moyen de l'oxalate double ammoniacal, quatre déterminations récentes effectuées par Classen, en partant du sel $CoSO^4K^2SO^4 + 6H^2O$ et dans les mêmes conditions que pour le nickel, ont donné des chiffres sensiblement concordants : 13,25 à 13,49 p. 100 de métal, théorie 13,44 p. 100.

Relativement au procédé de Frésénius et Bergmann, Classen recommande d'opérer, comme pour le nickel, à la température ordinaire, avec une densité de courant de 0,5 à 0,7 ampère et un voltage de 2,8 à 3,3 volts.

La manière de procéder de Ottel relative aux sels de nickel
est également applicable au cobalt, en observant que la proportion du métal ne doit guère dépasser 0^{gr},25 par 100 centimètres cubes de liquide électrolytique.

ZINC.

On a proposé pour le dosage du zinc un assez grand
nombre de procédés; mais, quelle que soit la méthode employée, le zinc déposé, blanc bleuâtre et adhérent, forme avec
le platine de l'électrode un alliage superficiel; de telle sorte
que, lorsque l'on veut dissoudre ultérieurement le dépôt de
zinc dans les acides chlorhydrique, sulfurique ou azotique, il
reste sur la surface de l'électrode une poudre noire de platine
très divisé, inattaquable. Il est fort difficile d'enlever cette
couche, si ce n'est par frottement avec une matière dure, qui
endommage les électrodes. Aussi est-il de règle, dans tous les
dosages de zinc, de recouvrir, au préalable, les cathodes
d'un dépôt de cuivre ou d'argent.

Pour obtenir un dépôt de cuivre convenable, il suffit de
plonger l'électrode dans une solution acide de nitrate de cuivre
ou dans une solution presque saturée de sulfate de cuivre
additionnée d'acide azotique, et d'électrolyser durant quelques
minutes, comme il est dit au sujet de ce métal. Si c'est une
capsule que l'on veut cuivrer, il est bon qu'elle soit recouverte dans toute l'étendue de sa face interne. On peut aussi
employer une solution saturée de sulfate de cuivre, que l'on
additionne d'un excès suffisant d'oxalate d'ammoniaque pour
former un sel double; on acidifie par de l'acide oxalique et
électrolyse, durant quelques minutes, à 70°-80°, avec un courant de 1 ampère. Il est bon de faire le mélange du sel de
cuivre et d'oxalate d'ammoniaque dans un vase à précipité (Voy.
au cuivre); on le transvase ensuite dans le récipient électrolytique.

Si l'on veut argenter, au contraire, les capsules, on aura
recours aux solutions d'argent dans le cyanure de potassium
(Voy. à l'argent).

Les électrodes seront ensuite tarées recouvertes de leur
enduit protecteur.

Lorsque les dépôts ainsi obtenus ont une épaisseur suffisante, en dissolvant plus tard avec ménagement le zinc par des acides convenablement choisis et dilués, il peut advenir que le dépôt inférieur, peu attaqué, puisse resservir pour de nouvelles opérations. L'acide azotique est fréquemment utilisé pour se débarrasser du zinc; l'acide chlorhydrique étendu offre cependant l'avantage de ne pas attaquer sensiblement la couche d'argent ou de cuivre sous-jacente.

On peut aussi, comme l'a fait Vortmann, employer des cathodes en argent, ou plus simplement en cuivre argenté, et même, dans certains milieux, se servir économiquement de deux électrodes l'une et l'autre en cuivre argenté. On a encore proposé des cathodes en nickel, mais celles-ci sont fortement attaquées quand on dissout ultérieurement le zinc.

L'électrolyse des solutions neutres des sels de zinc donne, généralement, de mauvais dépôts, gris, ternes, peu adhérents ou spongieux. Avec ces mêmes solutions, fortement acidifiées par les acides minéraux, la précipitation est incomplète ou nulle, ce qui permettra de séparer le zinc de quelques autres métaux. On obtient aussi, d'après Riche, de mauvais résultats avec des liqueurs rendues alcalines par l'ammoniaque.

Le dosage électrolytique du zinc est au contraire très exact, ainsi que l'a montré Riche, lorsqu'on opère avec le sulfate double ammoniacal. A cet effet, dans les liqueurs contenant quelques décigrammes seulement de métal, on sature d'abord par l'ammoniaque l'acide libre, qui peut être sans inconvénient l'acide nitrique, et l'on ajoute 5 grammes de sulfate d'ammoniaque et 3 à 6 gouttes d'acide sulfurique.

Riche, opérait avec ses électrodes, déjà décrites, et le courant de deux éléments Bunsen. Il est bon, vers le milieu de l'opération, qui dure quatre à cinq heures suivant les cas, d'ajouter encore 4 à 5 grammes de sulfate d'ammoniaque. On constatera le terme de l'opération en prélevant une petite quantité de liquide, qui ne doit plus précipiter par le ferrocyanure de potassium, ou bien encore en sursaturant ce liquide par l'ammoniaque et l'additionnant de sulfure d'ammonium.

On a également effectué, depuis, l'électrolyse du sulfate double de zinc et d'ammonium, rendu à l'origine très légèrement alcalin par l'ammoniaque, car un notable excès d'alcali serait nuisible.

Parodi et Mascazzini, à l'exemple de Luckow, qui employait les acétates, tartrates ou citrates de sodium, ont proposé d'électrolyser le sulfate de zinc additionné d'acétate d'ammoniaque acidifié par l'acide acétique. Suivant Riche, ce procédé ne présenterait aucun avantage : le liquide devenant alcalin au cours de l'électrolyse, le dépôt cesse d'être adhérent. Cependant, d'après Neumann, on obtient de beaux dépôts en maintenant l'électrolyte acide durant toute l'opération. A cet effet, pour 1 gramme, par exemple, de sulfate de zinc, on ajoute 3 grammes d'acétate de soude, 20 gouttes d'acide acétique, et on électrolyse, à 50°-60°, avec une densité de courant de 0,5 ampère, la différence de potentiel étant alors de 4,8 à 5,2 volts ; la précipitation complète a lieu en une heure environ. Le dépôt est blanc bleuté et brillant ; en présence d'une quantité insuffisante d'acide, il a une tendance à être spongieux ; on peut au reste ajouter, s'il y a lieu, quelques gouttes d'acide au cours de l'opération, mais un grand excès ralentit la formation du dépôt. A froid, on n'opérera qu'avec 0,2 à 0,3 ampère. On substituera sans inconvénient l'acétate d'ammoniaque à celui de soude, mais en ayant soin d'ajouter premièrement de l'ammoniaque jusqu'à redissolution du précipité qui se forme ; le reste comme ci-dessus, y compris l'acidification par l'acide acétique.

D'après Vortmann, on obtient de bons résultats en liqueur tartro-alcaline. La solution de sulfate de zinc est additionnée de 5 à 6 grammes de sel de Seignette et de 2 grammes à 2^{gr},5 de soude caustique. On électrolyse, à la température ordinaire, avec un courant de 0,4 à 0,7 ampère.

La méthode qui consiste à électrolyser le zinc en solution oxalo-ammonique et potassique conduit, comme les sulfates doubles, à des déterminations avantageuses. Elle a été préconisée, dans la même année 1881, par Classen et par Reinhart et Ihle. Classen recommande d'opérer de la façon suivante : on dissout, à chaud, le sel de zinc dans la plus petite quantité d'eau possible, on y ajoute 4 grammes d'oxalate de potasse et une quantité égale d'oxalate d'ammonium, on amène le tout en dissolution en chauffant et en ajoutant, s'il est nécessaire, de petites quantités d'eau (1). Le liquide, porté à 120 centimètres cubes environ, est alors transvasé dans une capsule de platine recouverte de cuivre ou d'argent, puis électrolysé. Il est indispensable, pour que le dépôt soit compact et brillant, de maintenir le bain acide pendant toute la durée de l'électrolyse.

On emploie, à cet effet, une dissolution saturée à froid d'acide oxalique ou, mieux encore, une solution d'acide tartrique (3 : 50). On électrolyse d'abord durant trois à cinq minutes sans acidifier, puis on laisse écouler peu à peu l'acide d'une burette (environ 10 gouttes par minute) sur le verre de montre couvrant la capsule ; il se répand de là dans l'électrolyte.

On constate que la précipitation du zinc est terminée au moyen d'une prise d'essai qui, traitée par le ferrocyanure de potassium, ne doit plus donner de précipité blanc. Le dépôt métallique a sa couleur blanc bleuâtre caractéristique. On effectue le lavage sans interrompre le courant et le reste comme à l'ordinaire.

Les conditions les plus favorables sont une température de 50° à 60°, $ND_{100} = 0,5$ à 1 ampère, voltage 3,5 à 4,8 volts. Durée : environ deux heures. On emploiera indifféremment des électrodes polies ou dépolies par un jet de sable. Les résultats sont exacts, même pour des quantités de matière première, sulfate double de zinc et d'ammonium, mise en œuvre par Classen et s'élevant à 2 grammes, c'est-à-dire contenant un peu plus de $0^{gr},3$ de zinc métallique.

Reinhart et Ihle suppriment l'oxalate d'ammoniaque, forment le sel double jusqu'à redissolution du précipité avec de l'oxalate de potasse (4 grammes environ pour 1 gramme de sel) et ajoutent du sulfate d'ammoniaque (3 grammes) afin d'augmenter la conductibilité ; ils partent indifféremment du sulfate ou du chlorure de zinc. L'opération s'effectue en liqueur neutre, avec des courants allant de 0,2 à 0,7 ampère pour 160 centimètres carrés de surface d'électrode ; les résultats donnés par les auteurs sont satisfaisants.

____

(1) Lorsqu'on ajoute à une solution *étendue* d'un sel de zinc un oxalate alcalin seul, il se forme d'abord un précipité d'oxalate neutre de zinc, qui ne se redissout qu'imparfaitement dans les solutions *étendues* d'oxalate alcalin pour former le sel double.

Miller et Kiliani opèrent dans des conditions analogues, en prenant, comme matière première, le sulfate ou l'azotate de zinc (au maximum $0^{gr},3$ de métal) en solutions neutres et froides, courant $ND_{100} = 0,3$ à $0,5$ ampère.

Il paraît résulter des expériences de contrôle de Eisenberg que, en liqueur neutre, la durée de l'opération est doublée et, en outre, que le dépôt, tout en donnant un résultat exact, est au moins en partie spongieux, ce qui fait ressortir la nécessité d'opérer en liqueur acide et à chaud, comme le veut Classen.

Jordis effectue le dosage du zinc, quelle que soit la forme de sa combinaison, sulfate, chlorure ou azotate, en présence de sulfate d'ammoniaque et d'acide lactique libre. Voici les conditions qu'il recommande.

On ajoute à la solution neutre de zinc, pouvant contenir de $0^{gr},3$ à $0^{gr},5$ de métal, 2 grammes de sulfate d'ammoniaque et 5 à 7 grammes de lactate d'ammoniaque, puis on acidifie par quelques gouttes d'acide lactique ; on amène au volume de 120 ou 150 centimètres cubes et on électrolyse le liquide, agité par un moyen mécanique (1), avec un courant $ND_{100} = 1$ à $1,5$ ampère. Après une heure environ, on transvase le liquide dans une deuxième capsule et l'on y termine l'électrolyse dans les mêmes conditions de courant, ce qui exige encore vingt à vingt-cinq minutes.

Les acides, mis en liberté au cours de l'électrolyse, déplacent une quantité correspondante d'acide lactique du lactate, de telle sorte que, le liquide se maintenant toujours acide, on n'est assujetti à aucune surveillance. Le dépôt a son aspect blanc bleuté habituel.

Beilstein et Javein, et ultérieurement Millot, ont utilisé pour le dosage du zinc un procédé de Luckow, électrolyse des cyanures doubles alcalins. Ces auteurs ont eu recours au courant mal défini de quatre éléments Bunsen, sans indication de la surface des électrodes ; ils recommandent de refroidir l'électrolyte. Neumann spécifie de la façon suivante les conditions où l'on doit se placer : on dissout, par exemple, dans un peu d'eau, 1 gramme de sulfate de zinc et l'on neutralise, s'il y a lieu, par de la soude, puis on ajoute la petite quantité de solu-

(1) L'agitation mécanique n'est pas indispensable ; elle n'a pour effet que d'accélérer l'opération.

tion de cyanure de potassium nécessaire pour que le précipité de cyanure de zinc, qui se forme d'abord, se dissolve complètement en donnant une liqueur claire ; on étend à 120 centimètres cubes environ. La dissolution peut être électrolysée maintenant avec de forts ou de faibles courants, elle donne toujours un beau dépôt, blanc bleuâtre, adhérent. En agissant, à la température ordinaire, avec une densité de courant de 0,5 ampère et 5,8 volts environ, le liquide s'échauffe au cours de l'opération, qui est terminée en deux heures ou deux heures et demie ; on abrège encore un peu en chauffant à 50°. Il est même possible d'obtenir de bons dépôts entre 50 et 60° avec 1 ampère et 5 volts environ ; la durée n'est plus que de une heure et demie à une heure trois quarts. Ce procédé, en liqueurs cyanogénées, a l'avantage de n'exiger aucune surveillance et de permettre de marcher à froid, durant la nuit, avec de faibles courants. Toutefois, quelques auteurs prétendent que, dans certaines circonstances, le platine constituant l'anode, serait légèrement attaqué et qu'il y aurait transport d'une petite quantité de ce métal sur la cathode.

Quoi qu'il en soit, pour connaître ici le terme de l'opération, il y a lieu de traiter d'abord une prise d'essai par l'acide chlorhydrique et de chauffer pour chasser l'acide cyanhydrique avant d'ajouter le réactif, ferrocyanure de potassium.

On a proposé encore d'électrolyser les solutions de zinc additionnées de phosphate d'ammoniaque (Moore) ou de pyrophosphate de soude et de carbonate d'ammoniaque (Brand), etc.

Vortmann et Foregger, à l'exemple de Millot et de Kiliani, ont recours à l'électrolyse des solutions de zincate de soude, qui conduisent à de bons résultats, si la solution de soude est concentrée et employée en large excès. A 1 gramme de sulfate de zinc on ajoute de l'hydrate de soude, exempt de silicates et récemment dissous, en quantité telle qu'après redissolution du précipité d'abord formé il y ait 3 à 4 grammes d'alcali libre dans la liqueur.

On électrolyse avec un courant de 0,5 à 1,5 ampère et 4 à 4,5 volts. En deux heures la quantité de zinc ci-dessus est entièrement précipitée, le métal d'un gris métallique est complètement adhérent.

Luckow a imaginé, pour le dosage du zinc, un procédé ingénieux, qui consiste à le précipiter électrolytiquement à l'état d'amalgame. Il tare la capsule de platine renfermant un globule de mercure, 0ᵍʳ,5 à 0ᵍʳ,7 pour 0,15 de zinc, puis y verse la solution zincique, qui peut contenir quelques centièmes d'acide sulfurique ou d'acide azotique libres, et soumet à l'électrolyse. L'amalgame formé recouvre uniformément l'intérieur de la capsule. Luckow substitue aussi au mercure métallique les solutions de ses sels. Vortmann, qui a repris ce procédé et l'a généralisé, additionne le sel de zinc d'une quantité pesée de chlorure mercurique (au plus deux à trois parties de mercure pour une partie de zinc); la solution versée dans la capsule à électrolyse est traitée par un excès (3 à 5 grammes) d'oxalate d'ammonium. Sous l'influence d'une densité de courant de 0,6 à 0,8 ampère à l'origine, mais que l'on abaisse à 0,2-0,3 dès que le dépôt commence à paraître pour le relever ensuite à sa valeur primitive, on obtient l'amalgame de zinc, sous forme d'un enduit argentin, suffisamment adhérent pour être lavé sans perte d'abord à l'eau, puis à l'alcool et à l'éther; on sèche enfin à froid sous un exsiccateur.

On peut encore, d'après le même auteur, procéder autrement : à la solution de zinc, additionnée de sel mercurique (au moins quatre parties de mercure pour une partie de zinc), on ajoute de l'acide tartrique, puis un excès d'ammoniaque, et on électrolyse comme ci-dessus.

Ces variantes du procédé donnent de bons résultats. Pour enlever le dépôt d'amalgame de zinc après les opérations, on lave la capsule de platine à l'acide azotique. Malheureusement, ainsi que je l'ai constaté, il reste souvent, lorsqu'on opère sur du platine nu, un dépôt noir de platine, difficile à enlever, comme dans les autres procédés de dosage du zinc où l'on n'a pas eu la précaution de former un revêtement de cuivre ou d'argent.

D'une manière générale, dans les dosages du zinc, comme pour le fer et le nickel, les dernières traces de métal sont lentes à se précipiter; aussi est-il nécessaire vers la fin d'augmenter l'intensité des courants, ou de prolonger l'électrolyse.

MANGANÈSE.

C'est encore Luckow (1865) qui a montré le premier, comme il l'avait fait pour le plomb, que le manganèse est précipité à l'état de peroxyde à l'anode, dans ses dissolutions exemptes de chlore, d'ailleurs étendues et faiblement acides.

Mais c'est à Riche (1878) que l'on doit, sur ce sujet, le premier travail important accompagné de nombreuses déterminations. Riche électrolyse les solutions des sels de manganèse, acidifiées par quelques gouttes d'acide sulfurique, au moyen de un ou deux éléments Bunsen, en prenant comme anode le creuset extérieur de son appareil, qui présente le plus de surface. L'hydrate de bioxyde de manganèse se dépose en partie adhérent, en partie floconneux; on le lave par décantation et reçoit les quelques flocons entraînés sur un petit filtre, que l'on rejette ensuite dans le creuset contenant la partie adhérente afin d'incinérer et de procéder à un grillage ayant pour but de transformer tout le bioxyde en oxyde salin Mn^3O^4, que l'on pèse. On s'assure, par un nouveau grillage et une pesée consécutive, que la transformation est complète. Le poids obtenu multiplié par 0,7203 donne celui du manganèse métallique.

Les opérations peuvent être effectuées indifféremment à froid ou à chaud, mais il est préférable cependant d'opérer entre 60 et 90°, ce qui abrège ces électrolyses, dont la durée était en moyenne de trois à six heures, pour des quantités de manganèse métallique comprises entre $0^{gr},021$ et $0^{gr},323$. On reconnaît que l'opération est terminée au moyen du sulfhydrate d'ammoniaque.

Ce genre de détermination est très sensible; avec des solutions ne renfermant que $0^{gr},00023$ de métal, le dépôt est très net et il apparaît encore avec $0^{gr},0001$, ou même avec $0^{gr},00005$.

Il est possible de déceler, toujours d'après Riche, des quantités encore plus faibles en soumettant, à la température ordinaire, à l'action de deux Bunsen, le liquide placé dans un verre ou dans une capsule où arrivent deux fils de platine fonctionnant comme électrodes. On obtient ainsi une coloration rose manifeste, due à l'acide permanganique, avec $0^{gr},0000012$ de manganèse; elle est encore perceptible avec 0ᵍʳ,0000006, qui représentent moins de un millionième de gramme de métal. Ces quantités fondues avec le carbonate de soude ne donneraient pas de teinte verte appréciable.

Un dépôt complètement adhérent du bioxyde de manganèse est difficile à obtenir, dès que l'on veut opérer sur des quantités un peu notables de métal. Il est donc nécessaire de prendre des anodes présentant une grande surface, afin que le dépôt s'y fasse en couche mince et adhérente, mais alors le volume de l'électrolyte est considérable et l'opération souvent de plus longue durée. Un dépôt un peu floconneux ne présente pas beaucoup d'inconvénients, lorsque ce métal est seul à doser; il n'en est pas toujours de même lorsqu'il s'agit de la séparation d'avec d'autres métaux préexistants; cependant Riche a montré que l'on peut encore, dans ce cas, obtenir la séparation et le dosage du cuivre et du manganèse se trouvant dans une même liqueur. L'adhérence assez complète des dépôts est susceptible d'être réalisée avec des poids de métal ne dépassant guère 5 à 6 centigrammes. Avec de très petites quantités, il se forme un enduit mince, homogène, adhérent et d'une si faible épaisseur qu'il présente les couleurs d'interférence des lames minces.

Quoi qu'il en soit, le dépôt brun est toujours constitué par un hydrate de manganèse qui, séché à 60°, correspondrait, d'après Rudorff, à la formule $MnO^2 + H^2O$; mais les expériences de Groger, ainsi que celles de Classen, montrent que la composition du dépôt séché est variable. Si l'on cherche d'ailleurs, comme l'a constaté ce dernier, à le déshydrater à température élevée, on obtient alors une masse très hygrométrique, qui augmente sans cesse de poids durant la pesée. Il faut donc, en somme, revenir au grillage qui le transforme en Mn^3O^4, comme le faisait Riche. On peut aussi convertir le MnO^2 en sulfate de manganèse que l'on pèse après une calcination très modérée, mais ce procédé exige plus de temps.

Selon Neumann, il est possible de précipiter le manganèse en solution nitrique, en opérant sur 0ᵍʳ,3 seulement d'azotate additionné de 2 centimètres cubes d'acide azotique, le tout étendu à 150 centimètres cubes et électrolysé, à 50-60°, avec une densité de courant de 0,3 ampère et un voltage de 3 à 3,5 volts. Comme l'acide azotique se change progressivement en ammoniaque, il est nécessaire de maintenir acides les liqueurs au cours de l'opération. La durée est de deux heures. Ce procédé est bien aléatoire, car avec 3 p. 100 d'acide azotique il ne se forme pas de bioxyde, et l'on n'a plus que de l'acide permanganique. Le même auteur opère également, comme Riche, en solution sulfurique et précise ainsi les conditions à observer; pour $0^{gr},3$ de sulfate de manganèse, 10 gouttes d'acide sulfurique concentré, densité de courant 0,4 à 0,6 ampère, voltage 4 volts, température 60 à 70°, la durée est de quatre heures environ. Le dépôt n'est pas toujours complètement adhérent.

Classen prétend que les acides forts, azotique ou sulfurique, empêchent ou retardent la précipitation complète du manganèse. Ce reproche ne pourrait s'adresser à ce dernier acide employé par Riche, comme agent acidifiant, et qui lui a toujours donné des résultats exacts.

Classen considère, d'autre part, l'acidification par l'acide acétique comme plus avantageuse. Il opère sur $0^{gr},5$ de $MnSO^4(NH^4)^2SO^4+6H^2O$ (soit sur 0,075 seulement de métal) additionnés de 25 centimètres cubes d'acide acétique $(D=1,07)$, le tout étendu à 75 centimètres cubes et électrolysé entre 56 et 60°, $ND_{100}=0,3$ et 4,3 à 4,9 volts. Durée trois heures. — Résultats 14,94 et 15,04 au lieu de 14,05 théorie.

Carl Engels a recours, pour le dosage du manganèse, à un procédé qui lui a donné de bons résultats et qui permet d'opérer rapidement sur des quantités bien plus considérables de matière. On ajoute à 1 ou 2 grammes de sel de manganèse 10 grammes d'acétate d'ammoniaque, $1^{gr},5$ à 2 grammes d'alun de chrome, dont la quantité devra être, pour une bonne marche, comprise entre les limites de 1 gramme à 3 grammes, et on étend à 125 centimètres cubes environ. Les chlorures nuisent à la précipitation du peroxyde de manganèse. On électrolyse à la température de 80°, avec une densité de courant $ND_{100}=0,5$ à 1 ampère, voltage aux électrodes 2,8 à 4,1 volts. Durée une heure un quart. Quatre expériences variées conduites de la sorte avec 1 à 2 grammes de $MnSO^4(NH^4)^2SO^4+6H^2O$, ont donné des nombres très concordants compris entre 13,96 et 13,97 p. 100; la théorie exige 14,05 p. 100 de métal.

Quatre autres expériences, effectuées sur 1 gramme à 1^{gr},2 d'un même sel contenant 14,72 p. 100 de métal, mais avec une densité de courant réduite à 0,22 ampère et à un voltage 3,2, ont donné, toujours à la même température de 80°, 14,69 à 14,72 p. 100 de métal. La durée est ici naturellement plus longue, deux heures et demie environ, l'intensité du courant étant plus faible. On peut opérer également à froid; toutefois une température de 80° est absolument nécessaire, si l'on veut avoir un dépôt complètement adhérent.

Dans les cas où l'alun de chrome serait susceptible de donner avec certains corps un précipité (par exemple en présence de l'argent), on le remplace par 10 centimètres cubes d'alcool, qui se prête également à la précipitation du peroxyde et l'on électrolyse, toujours à la même température, avec densité 0,15 ampère et 2 volts. Durée cinq heures environ. Le dépôt en présence d'alcool offre moins d'adhérence que dans les milieux additionnés d'alun.

Pour la détermination du manganèse dans les permanganates, Carl Engels ajoute seulement à leur solution 5 centimètres cubes d'acide acétique et la quantité d'eau oxygénée suffisante pour obtenir une liqueur incolore. Un excès, même très faible, d'eau oxygénée nuit à la précipitation et à l'adhérence du peroxyde métallique; aussi doit-on détruire cet excès. On y parvient en ajoutant, peu à peu, une solution d'acide chromique, jusqu'à ce qu'une dernière addition de ce réactif ne produise plus d'effervescence; en général, il suffit de quelques décigrammes. Il est utile également de neutraliser la majeure partie de l'acide acétique libre, parce qu'il retarde la précipitation du MnO^2. On opérera toujours à 80°, avec une densité de courant de 1,5 à 1,8 ampère, voltage 2,8 à 3,4 volts. La précipitation dans des liqueurs contenant 0^{gr},1 de métal exige, dans ces conditions, environ une heure.

Brand a proposé d'électrolyser le sulfate de manganèse en présence de pyrophosphate de soude. En opérant sur 0^{gr},3 de sulfate, additionné d'un excès de pyrophosphate et d'ammoniaque libre, on obtiendrait, suivant lui, en deux heures, avec un courant de 0,3 ampère et 4 volts, une précipitation complète, mais le dépôt n'est pas toujours adhérent. De plus, suivant d'autres auteurs, la précipitation serait fort lente.

Enfin, on a proposé encore l'électrolyse des sels de manganèse additionnés de formiates ou d'acides : phosphorique, tartrique, oxalique, lactique libres, etc. L'électrolyse du sulfocyanate double de potassium et de manganèse fournirait le métal pur (Moore, Smith et Frankel), mais celui-ci décomposant l'eau, son lavage devient impossible.

Pour débarrasser les électrodes du dépôt de bioxyde de manganèse, il suffit de les traiter par de l'acide sulfurique étendu additionné d'eau oxygénée.

En somme, les meilleurs procédés de dosage électrolytique du manganèse sont : celui de Riche, acidification légère par l'acide sulfurique, et celui de Carl Engels. Ils ne conservent leurs avantages qu'à la condition de n'être appliqués qu'aux déterminations de faibles quantités de manganèse.

Toutes les tentatives pour la précipitation, si importante, du manganèse en présence du fer, qu'il accompagne très souvent, ont jusqu'à ce jour complètement échoué.

ALUMINIUM. — GLUCINIUM. — CHROME. — URANIUM.

En liqueur maintenue acide, la plupart des sels de ces métaux ne subissent aucune décomposition apparente, ou utilisable, sous l'influence des courants, mais il résulte des travaux de Classen que : si l'on électrolyse l'oxalate double d'aluminium et d'ammonium, l'oxalate ammoniacal se transformant progressivement en carbonate, l'alumine se précipite sous forme d'hydrate gélatineux flottant dans la liqueur ; si on chauffe ensuite pour éliminer le carbonate d'ammoniaque, on pourra recueillir sur un filtre l'alumine et après lavage et calcination la peser.

L'uranium se comporte comme l'aluminium.

Dans les mêmes conditions, et en opérant à froid, la glucine reste en dissolution dans le carbonate d'ammoniaque en excès.

L'oxalate double de chrome et d'ammoniaque se change en chromate sous l'influence du courant. Pour déterminer ensuite l'acide chromique, il suffit de faire bouillir, afin de chasser le carbonate d'ammoniaque, et de précipiter consécutivement par l'acétate de plomb ou de baryum.

Ces propriétés de l'aluminium, du glucinium, du chrome et de l'urane, seront utilisées plus tard pour leur séparation d'autres métaux qui, électrolysés à l'état d'oxalates doubles, viennent se déposer à la cathode.

D'après Luckow et d'après Smith, on peut électrolyser les solutions d'acétate d'urane, ou de ses autres sels additionnés d'un excès d'acétate alcalin et de quelques gouttes d'acide acétique. Smith électrolyse avec un courant de 0,2 à 0,3 ampère, la capsule servant de cathode étant chauffée au bain-marie pendant toute la durée de l'opération. L'uranium se sépare d'abord à la cathode, sous forme d'hydrate jaune, et se convertit, sous l'action prolongée du courant, en hydrate noir de sesquioxyde. Dès que la solution est devenue incolore, on décante le liquide clair sur un filtre pour recueillir les traces d'oxyde détachées de l'électrode. On lave avec de l'acide acétique, puis à l'eau bouillante ; on sèche et pèse l'oxyde U^3O^4. Ce procédé permet, paraît-il, de séparer l'urane des métaux alcalins et alcalino-terreux.

Heidenreich ayant contesté l'exactitude de ce procédé, Smith et Wallace ont repris les expériences avec des solutions contenant 0,1185 de U^3O^8 par 10 centimètres cubes additionnés de un demi-centimètre cube d'acide acétique cristallisable ; après avoir étendu à 40 centimètres cubes, on électrolysait, pour 40 centimètres carrés de surface, avec 0,18 ampère et 3 volts à 70°. En six heures, la précipitation était complète et les résultats concordants.

BARYUM. — STRONTIUM. — CALCIUM. — MAGNÉSIUM. POTASSIUM. — SODIUM. — AMMONIUM.

Le dosage de ces métaux ne saurait être effectué par la voie électrolytique, car, transportés à la cathode, ils s'y transforment aussitôt, sous l'influence de l'eau, en hydrates correspondants. Il est possible toutefois de doser le potassium et l'ammonium par un procédé mixte et indirect, qui consiste à les précipiter à l'état de chloro-platinates que l'on recueille sur un filtre non taré. Le précipité lavé à l'alcool, comme à l'ordinaire, est ensuite dissous dans l'eau bouillante et l'on y dose le platine par électrolyse, ainsi qu'il est dit au sujet de ce métal. Du poids du platine obtenu on déduit celui du potassium ou de l'ammonium. Cette manière d'opérer dispense soit de l'emploi de filtres tarés et de la dessiccation à 110°, soit de la calcination et du lessivage de l'éponge de platine, etc., auxquels on est obligé d'avoir recours dans les procédés ordinaires où il n'est pas fait usage de l'électrolyse.

DOSAGE DES HALOGÈNES PAR ÉLECTROLYSE.

Vortmann a proposé récemment de doser les halogènes par l'électrolyse de leurs solutions; ils se portent sur l'anode, qui est en argent, et l'augmentation de poids de celle-ci détermine le poids de l'halogène. La couche formée est dense. Les expériences ont porté plus spécialement sur les iodures.

L'anode, en argent, a la forme d'un verre de montre; son diamètre est de 6 centimètres; elle est distante de 0,5 centimètre du fond d'une capsule de cuivre constituant la cathode.

La solution à analyser est additionnée de 6 à 10 centimètres cubes de lessive de soude à 10 p. 100, on étend à 100-150 centimètres cubes et on électrolyse, à froid, avec un courant dont l'intensité est de 0,03 à 0,07 ampère et la différence de potentiel aux électrodes 2 volts.

En trois ou quatre heures, la plus grande partie de l'iode est passée sur l'anode à l'état d'iodure d'argent. Le reste peut être recueilli sur une nouvelle anode en argent en ajoutant au liquide du sel de Seignette et électrolysant, à 60°-70°, avec un courant 1,2 à 1,3 volt et densité 0,01 à 0,02 ampère. Quand la séparation de l'halogène est terminée, on doit chauffer l'anode jusqu'au rouge sombre avant de la peser, parce que, sous l'action du courant, l'argent s'est transformé partiellement en peroxyde. L'auteur de ce procédé a opéré avec les iodures alcalins, l'iodure mercurique et celui de plomb.

La fin de l'électrolyse se reconnaît à ce qu'une prise d'essai de la solution ne donne plus les caractères de l'iode, ou bien en remplaçant l'électrode recouverte d'iodure par une nouvelle anode et constatant, qu'après une heure d'électrolyse, elle n'a pas augmenté de poids.

Le plus souvent, lorsque l'halogène est séparé, on doit substituer à l'anode d'argent une anode de platine et laisser passer le courant durant une heure; de la sorte, la minime portion d'argent arrachée à l'anode et entrée en dissolution se précipite à la cathode. On pèsera alors ensemble la cathode souillée de cette trace d'argent et l'anode chargée de l'halogène.

Ce procédé offre certes de l'intérêt, mais il est bien compliqué pour la pratique.

DÉTERMINATION ÉLECTROLYTIQUE DE L'ACIDE AZOTIQUE DANS LES AZOTATES.

On sait depuis longtemps que, dans certaines conditions, l'acide azotique est converti par le courant en ammoniaque. On conçoit dès lors que du poids de celle-ci on puisse déduire celui de l'acide azotique.

Lorsqu'on électrolyse cet acide seul, étendu d'eau, ou bien un nitrate additionné d'acide sulfurique, mais un nitrate dont le métal n'est point susceptible de former un dépôt à la cathode, il n'y aura pas, suivant les conditions, de transformation en ammoniaque ou celle-ci sera incomplète; si, au contraire, il existe dans la solution un métal tel que le cuivre, le mercure, le platine, pouvant se déposer, la transformation est complète; le cuivre est le métal qui convient le mieux. On a alors:

$$KNO^3 + 4H^2 + H^2SO^4 = KNH^4SO^4 + 3H^2O.$$

Ces faits, observés pour la plupart par Luckow, ont servi de base à la méthode préconisée par Vortmann pour le dosage de l'acide nitrique; Vortmann recommande d'opérer de la façon suivante :

La solution de l'azotate est placée dans une capsule de platine avec une quantité suffisante de sulfate de cuivre pur, la solution est acidifiée par de l'acide sulfurique puis électrolysée. On se sert, pour déposer le cuivre, d'un courant faible, de 0,1 à 0,2 ampère (probablement pour 100 centimètres carrés). Lorsque tout le cuivre est séparé, on évapore le liquide à un petit volume, on l'additionne d'une solution alcaline et on recueille, comme à l'ordinaire, par distillation, l'ammoniaque déplacée; celle-ci est alors dosée au moyen d'une solution titrée d'acide sulfurique 1/5 normale ou autre; une solution titrée d'ammoniaque sert à faire le retour, le terme de la saturation étant indiqué par la cochenille.

La proportion de sulfate de cuivre à ajouter se règle sur la quantité d'acide nitrique à doser. Pour la détermination de ce dernier dans l'azotate de potasse, le poids de sulfate de cuivre à ajouter sera la moitié de celui de l'azotate alcalin.

Les nombreux résultats d'expériences donnés par l'auteur de cette méthode sont très satisfaisants.

Il y a lieu d'observer que la quantité d'acide sulfurique libre, ajoutée à l'électrolyse, doit être plus que suffisante pour la saturation de l'ammoniaque qui doit se produire, sous peine de voir de l'ammoniaque se dégager de la liqueur devenue alcaline ; si l'alcalinité se manifestait, on n'aurait qu'à ajouter un peu d'acide sulfurique au cours de l'opération. Comme l'on connaît d'ailleurs le plus souvent, et approximativement, la quantité d'acide azotique que l'on veut doser, il sera facile de calculer le volume d'une liqueur titrée quelconque d'acide sulfurique qu'il est nécessaire d'ajouter pour une acidification convenable.

SOUFRE.

Attaque des sulfures métalliques par voie électrolytique. — E. Smith a proposé une méthode générale d'attaque des sulfures métalliques par voie sèche, consistant dans l'électrolyse, à haute température, de leur mélange avec de la potasse en fusion. Le soufre se convertit ainsi rapidement en sulfate alcalin, tandis que les métaux, ou leurs oxydes, sont mis en liberté. On n'a plus qu'à doser l'acide sulfurique, par les procédés ordinaires, afin d'en déduire le soufre.

Pour la réalisation de cette méthode : on place 20 grammes environ de potasse caustique dans un creuset de nickel N (fig. 93), de 3 centimètres de haut et de 3 centimètres 1/2 de diamètre, reposant sur un anneau formé d'un fil de cuivre fort *ab* mis en rapport avec le pôle négatif de la source électrique S ; un gros fil de platine, placé dans l'axe de creuset, est maintenu par une tige que l'on pourra relier ultérieurement

avec le pôle positif de la source. Un rhéostat Rh et un ampèremètre A sont placés dans le circuit pour le réglage du courant;
un commutateur à mercure (1), ou autre, C, est interposé, entre
l'ampèremètre et l'électrolyte, pour l'inversion souvent nécessaire du sens du courant, inversion que l'on produit à l'aide de
deux arcs métalliques K. On commence par chauffer la potasse
afin de la déshydrater, puis on atteint la température seulement
indispensable pour la fondre; on y projette alors le sulfure finement pulvérisé et l'on fait passer, dans la masse en fusion,
un courant suffisamment intense; il se produira souvent une
réaction assez vive, accompagnée de quelques projections;

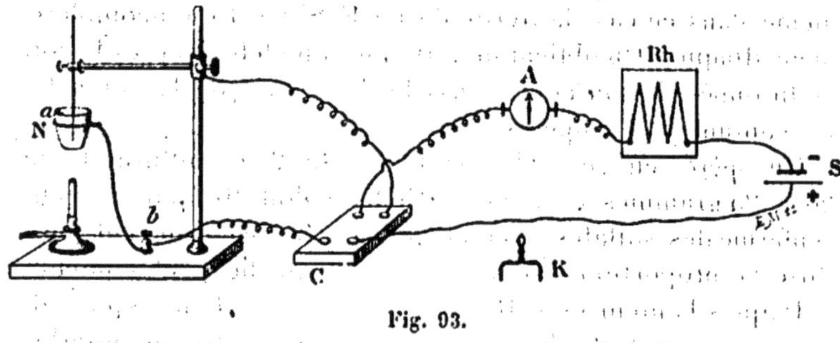

Fig. 93.

aussi est-il nécessaire de recouvrir le creuset d'un verre de
montre perforé pour laisser passer le fil de platine. En dix ou
vingt minutes, l'opération est terminée. La masse refroidie est
traitée par 200 centimètres cubes environ d'eau chaude pour
dissoudre l'excès d'alcali et le sulfate de potasse formé. On
filtre, sature et acidifie par l'acide chlorhydrique et l'on précipite enfin par le chlorure de baryum. Certains sulfures métalliques pouvant perdre une partie de leur soufre à une température trop élevée, il est bon, dans ce cas, de laisser refroidir la
potasse en fusion jusqu'à ce qu'il apparaisse une pellicule de
figement à sa surface et de n'ajouter qu'alors le sulfure métallique.

On doit d'autre part s'assurer, lors de l'acidification par
l'acide chlorhydrique, qu'il ne se produit aucun dégagement
d'hydrogène sulfuré ou d'acide sulfureux, ni aucun trouble de

____

(1) Voy., pour ces commutateurs, page 98.

soufre, qui seraient l'indice d'une oxydation incomplète.

Certains sulfures métalliques, ou leurs produits de décomposition, et particulièrement le cinabre, ont une tendance à se pelotonner, emprisonnant ainsi du sulfure, qui échapperait à l'action de la potasse et du courant. On obvie à cet inconvénient en intervertissant, de deux en deux minutes par exemple, le sens du courant ; aussi, pour ces expériences, le circuit doit-il être pourvu, comme nous l'avons indiqué, d'un commutateur quelconque (C, fig. 93).

Dans la plupart des expériences de ce genre, un courant de 1 à 1,5 ampère suffit; cependant, avec certains sulfures, il est nécessaire de porter son intensité jusqu'à 4 ampères, et, même dans ce cas, la pyrite de fer FeS^2 n'est qu'incomplètement attaquée. On obtient une attaque complète si, après l'avoir additionnée de son poids d'oxyde de cuivre, on la soumet à un courant de 4 ampères.

On opère, en général, sur $0^{gr},1$ à $0^{gr},2$ de sulfure et sur 20 à 25 grammes de potasse. Celle-ci doit être pure ; si elle renferme des sulfates, comme cela arrive assez souvent, on y dose la proportion d'acide sulfurique qu'elle peut contenir.

D'après l'auteur de cette méthode, lorsque l'on dispose de cinq à six creusets de nickel, on peut conduire un nombre correspondant d'expériences simultanées et, si l'on emploie un procédé de dosage volumétrique de l'acide sulfurique, parvenir à terminer ces essais en quarante minutes.

F. Smith a pu doser ainsi, exactement, le soufre dans une vingtaine de sulfures ou d'arsénio-sulfures naturels différents : blende, cinabre, galène, argyrose, chalcosine, molybdénite, stibine, orpiment, stannine, panabase, etc..., et dans les diverses variétés de sulfures de fer : marcassite, pyrite magnétique ; mais, chose curieuse, la pyrite cubique ne donne guère que la moitié de son soufre, à moins que l'on ne l'additionne d'oxyde de cuivre, comme nous l'avons dit plus haut.

ATTAQUE DES ARSÉNIURES.

Selon K. Frankel, la méthode de Smith appliquée aux minerais arsenicaux (pyrites arsenicales, Rammelsbergite) transforme complètement l'arsenic en acide arsénique.

ATTAQUE ET ANALYSE DU FER CHROMÉ.

Le chrome, dans le fer chromé, peut aussi, en présence de la potasse en fusion, être complètement transformé par le courant en chromate alcalin. Pour $0^{gr},1$ à $0^{gr},5$ de ce minerai, on emploie 30 à 40 grammes de potasse caustique et un creuset un peu plus grand que les précédents. L'intensité du courant nécessaire n'excède pas 1 ampère, l'oxydation est terminée en trente minutes. On dissout la masse refroidie dans l'eau, et on filtre pour séparer l'oxyde de fer. Après acidification par l'acide sulfurique, on ajoute, pour le dosage de l'acide chromique mis en liberté, une quantité connue de sel de Mohr et on détermine l'excès de fer avec une dissolution titrée normale de bichromate de potasse et le ferricyanure de potassium comme indicateur. Les résultats sont exacts. On peut ainsi, en une heure, déterminer le chrome dans le fer chromé (E. Smith).

TROISIÈME PARTIE

Séparation quantitative des métaux.

ARSENIC ET ANTIMOINE.

En solution alcaline, l'acide arsénieux est transformé par le courant en acide arsénique. Mais, si l'on électrolyse une solution arsénieuse contenant en même temps de l'antimoine, il se précipite un mélange d'antimoine et d'arsenic. Il en est tout autrement lorsque l'arsenic se trouve dans la liqueur au maximum d'oxydation, en présence d'alcali libre, et dans une solution concentrée de sulfure de sodium; l'antimoine se précipite seul à l'état métalloïdique. Pour la séparation de ces deux corps, il est donc nécessaire de transformer l'arsenic ou l'acide arsénieux en acide arsénique. Dès lors, on chauffe la solution avec de l'acide azotique concentré ou avec de l'eau régale, on élimine complètement ces acides au bain-marie, puis on ajoute au résidu 80 centimètres cubes d'une solution de sulfure de sodium, saturée à la température ordinaire, et une solution concentrée d'hydrate de soude, contenant 1 à 2 grammes de NaOH; enfin on électrolyse. La séparation s'effectue indifféremment à froid ou à chaud; on opère d'ailleurs comme dans la séparation de l'antimoine et de l'étain.

Si l'antimoine et l'arsenic se trouvent en dissolution dans un polysulfure alcalin, il y a lieu de détruire l'excès de soufre au moyen de l'eau oxygénée en agissant comme il est dit au sujet de l'antimoine (p. 133).

Pour déterminer l'arsenic, maintenant séparé de l'antimoine, on acidifie la liqueur par l'acide sulfurique et, après avoir chauffé au bain-marie afin de chasser l'hydrogène sulfuré, on recueille le précipité de sulfure d'arsenic sur un filtre, on le lave et le transforme en acide arsérique en l'oxydant par un mélange d'acide chlorhydrique et de chlorate de potasse. L'acide arsénique est ensuite précipité par la mixture magnésienne à l'état d'arséniate ammoniaco-magnésien, que l'on pèse après dessiccation à 110°, ou, mieux encore, que l'on calcine dans un creuset de porcelaine, pour le convertir en pyrophosphate de magnésie.

Ce mode de séparation de l'antimoine et de l'arsenic, dû à Classen et Ludwig, donne de bons résultats, ainsi qu'il ressort de déterminations variées exécutées par les auteurs à des températures comprises entre 21 et 57°, avec des densités de courants de 0,5 à 1,6 ampère et un voltage de 0,8 à 2,1 volts. — Pour $0^{gr},4$ environ d'antimoine, la durée de l'opération est d'une nuit, à la température ordinaire, avec les faibles courants sus-indiqués, et de trois heures et demie seulement, vers 55°, avec les plus forts courants.

ANTIMOINE ET ÉTAIN.

La séparation de l'antimoine et de l'étain, si difficile quand on a recours aux procédés ordinaires de l'analyse, s'effectue très bien par la méthode de Classen, qui consiste à électrolyser les combinaisons de ces deux métaux dissoutes dans les solutions *concentrées* de sulfure de sodium additionnées d'hydrate de soude. L'antimoine se dépose seul, l'étain restant en dissolution. Ce dernier ne se déposerait dans les solutions sulfo-alcalines que si les liqueurs étaient *très étendues*.

La pureté du sulfure de sodium a une importance capitale pour la réussite de l'opération.

Le sulfure tel que le livre le commerce ne saurait convenir, parce qu'il contient des quantités variables de polysulfures et d'hydrate de soude retenant en dissolution de l'alumine. On doit donc purifier ce sel, ou le préparer soi-même (1).

---

(1) Classen recommande, pour préparer un réactif convenable, de faire une solution de soude à l'alcool, densité 1,23, et, comme à l'ordinaire, de la diviser en deux parts égales : la première est saturée, à l'abri de l'air, par de l'hydrogène sulfuré, puis filtrée ; on y ajoute ensuite la deuxième portion et continue le courant gazeux jusqu'à complète saturation, et on filtre de nouveau. La solution est alors évaporée sur un feu vif dans une capsule en platine, ou en porcelaine, assez spacieuse pour permettre une concentration rapide. Dès qu'il apparaît à la surface

Voici comment on doit effectuer les opérations, d'après Classen : on ajoute aux sulfures purs (1) des deux métaux placés dans la capsule de platine, ou au résidu de l'évaporation d'une dissolution de ces deux métaux, 80 centimètres cubes environ d'une solution de sulfure de sodium saturée à la température ordinaire et, en outre, une quantité de solution concentrée et pure (2) d'hydrate de soude contenant 1 à 2 grammes de NaOH. Si la dissolution ne s'effectue pas immédiatement, on chauffe légèrement la capsule recouverte d'un verre de montre, que l'on lave ensuite avec 10 à 15 centimètres cubes d'eau. On laisse refroidir complètement.

Le liquide est prêt pour l'électrolyse ; si on l'effectue avec un faible courant, $ND_{100} = 0,2$ ampère, la durée, pour le dépôt complet de l'antimoine, est de quatorze heures environ, ce qui exige que l'on laisse marcher l'opération durant la nuit. Mais des expériences plus récentes ont montré à Classen qu'en opérant à 50°-60°, avec un courant $ND_{100} = 0,5$ ampère, la séparation est effectuée en deux heures, si l'on agit sur $0^{gr},4$ environ d'antimoine. On a pu même porter le courant à 1,5 ampère et 0,9 volt.

A l'origine de l'opération, l'antimoine se dépose avec une couleur sombre ; mais, par la suite, il prend bientôt son aspect métallique gris et brillant ; il est exempt d'étain.

Dans les premiers temps de la séparation, le liquide est troublé par de fines bulles de gaz venant crever à la surface et projetant des gouttelettes sur le verre de montre qui recouvre la capsule. Au bout de quelque temps, le dégagement gazeux cesse et le liquide devient limpide. Il est bon alors de laisser glisser quelques gouttes d'eau sur la face inférieure du verre de montre pour faire retomber dans la capsule les parties projetées.

L'électrolyse terminée, on lave l'antimoine sans interrompre

du liquide une pellicule cristalline, on arrête l'ébullition et verse le liquide, encore chaud, dans des flacons à bouchons de verre paraffinés ; par le refroidissement, il s'y dépose des cristaux ; on dispose ainsi, pour l'usage, d'une solution saturée à la température ordinaire.

(1) Les dissolutions des sulfures métalliques, souillés de soufre, dans les monosulfures alcalins sont assimilables à des solutions de polysulfure ; voy. plus bas ce cas particulier.

(2) L'hydrate de soude doit être absolument pur. Chauffé avec le sulfure de sodium, il ne doit donner ni précipité ni coloration.

le courant et pratique le reste comme il est dit au sujet de ce métal (p. 133).

Quant à l'étain, resté en dissolution dans le sulfure alcalin, on le précipitera par le courant, après l'avoir converti en oxalate double, ou, plus simplement, après avoir transformé le monosulfure de sodium en monosulfure ammonique, au moyen du sulfate d'ammoniaque (Voy. à l'*Étain*, p. 137).

Si l'antimoine et l'étain se trouvent en dissolution dans un polysulfure alcalin ou, ce qui revient au même, si on a dissous les deux sulfures, souvent mêlés de soufre, dans un monosulfure alcalin, il faut alors détruire cet excès de soufre au moyen de l'eau oxygénée, ainsi qu'il est dit à l'article *Antimoine* (p. 133).

Neumann indique, comme exemple, pour réaliser la séparation de l'étain et de l'antimoine : 1 gramme d'émétique et $0^{gr},5$ de chlorure stanneux, ou 1 gramme de chlorure double ammonio-stannique, dissous dans l'eau ; on ajoute 1 à 2 grammes d'hydrate de soude et 50 centimètres cubes d'une solution, saturée à froid, de monosulfure de sodium. On porte la dissolution au moins à 60 ou 70° et l'on électrolyse, à cette température, avec des courants de 1 à 1,5 ampère. La différence de potentiel s'élève de 0,9 à 1,7 volt. Tout l'antimoine contenu dans 1 gramme d'émétique est ainsi obtenu en une heure et demie à deux heures. Avec un courant de 1 ampère, on dépose de $0^{gr},16$ à $0^{gr},20$ à l'heure.

ANTIMOINE. — ÉTAIN. — ARSENIC.

D'après Classen et Ludwig, on opère d'abord comme pour la séparation de l'antimoine et de l'arsenic (p. 201), c'est-à-dire que l'on fait passer l'arsenic au maximum d'oxydation et la liqueur, additionnée de sulfure de sodium, est électrolysée pour précipiter l'antimoine. Quant au liquide, retenant l'étain et l'arsenic, on l'acidifie par l'acide sulfurique ou l'acide chlorhydrique étendus et on le soumet à l'action d'un courant d'hydrogène sulfuré. Le mélange des deux sulfures d'étain et d'arsenic est recueilli sur un filtre, lavé, puis dissous par un mélange oxydant d'acide chlorhydrique et de chlorate de potasse.

L'arsenic est ensuite précipité, en liqueur ammoniacale, au moyen de la mixture magnésienne. Le liquide débarrassé de l'arsenic est traité, après acidification, par un courant d'hydrogène sulfuré qui précipite l'étain, dont le sulfure est dissous dans le sulfure d'ammonium, ou bien transformé en oxalate double ammoniacal ; puis on électrolyse, comme nous l'avons dit antérieurement (p. 135-137).

On peut encore, pour doser l'antimoine, l'arsenic et l'étain, combiner les procédés analytiques ordinaires avec l'électrolyse, c'est-à-dire volatiliser d'abord l'arsenic par la méthode de Fischer et Hufschmidt modifiée par Classen et Ludwig, le doser dans le liquide distillé, puis, déterminer les autres métaux dans la partie non volatilisée.

Pour effectuer de la sorte la séparation des trois métaux, pouvant se trouver à l'état métallique ou sous forme de sulfures, on oxyde les sulfures, ou les métaux, par un mélange d'acide chlorhydrique et de chlorate de potasse et on chasse l'acide par évaporation au bain-marie. Le résidu est dissous dans l'acide chlorhydrique fumant et transvasé dans un ballon de 500 à 600 centimètres cubes qui est mis en rapport, à l'aide d'un tube, avec un autre ballon refroidi servant de récipient ; on ajoute à la masse 20 à 25 centimètres cubes de solution saturée de chlorure ferreux, ou, mieux, 25 grammes environ de sel de Mohr ($FeSO^4(NH^4)^2SO^4 + 6H^2O$), puis encore de l'acide chlorhydrique fumant, pour parfaire un volume d'environ 150 à 200 centimètres cubes. On fait passer dans cette solution un courant rapide de gaz chlorhydrique, que l'on continue encore durant une demi-heure après que la saturation paraît effectuée. Comme récipient, on prend un ballon de 1 litre environ contenant 400 à 500 centimètres cubes d'eau. On chauffe le premier ballon en continuant le courant gazeux, de manière à volatiliser le chlorure d'arsenic, qui se transforme en acide arsénieux en se condensant dans l'eau du récipient ; si celui-ci est refroidi, il ne se condense aucune trace d'arsenic dans un second récipient placé à la suite, alors même que la quantité d'acide arsénieux atteint $0^{gr},5$. On peut doser maintenant l'arsenic dans l'eau du récipient, après saturation avec du carbonate de soude, au moyen d'une solution titrée d'iode ; ou bien encore en précipitant l'arsenic, à l'état de sulfure As^2S^3, par l'hydrogène sulfuré, recueillant le sulfure sur un filtre taré et le pesant, ou déterminant la quantité de soufre qu'il contient.

Ces dernières opérations seront effectuées de la façon suivante : le liquide de la distillation est additionné de deux fois son volume d'eau ; on élimine complètement l'air à l'aide d'un courant d'acide carbonique et l'on précipite l'arsenic par un courant d'hydrogène sulfuré pur. On chasse l'excès de ce dernier par un courant d'acide carbonique, jusqu'à ce que ce gaz ne noircisse plus le papier d'acétate de plomb. On laisse le sulfure d'arsenic se bien déposer et l'on siphone, aussi complètement que possible, la liqueur claire. Le liquide restant, très acide, est additionné d'un excès suffisant d'ammoniaque pour dissoudre le sulfure d'arsenic, et l'on chauffe avec un excès d'eau oxygénée exempte d'acide sulfurique. Par là, le soufre du sulfure d'arsenic est converti en acide sulfurique, que l'on détermine enfin, après acidification par l'acide chlorhydrique, à l'état de sulfate de baryte (Classen).

Pour doser l'antimoine et l'étain, restés dans le vase distillatoire, on étend le liquide, qui est fortement chargé d'acide chlorhydrique, de trois fois son volume d'eau et l'on précipite les deux métaux par l'hydrogène sulfuré. On décante la liqueur éclaircie sur un filtre, on lave le dépôt à plusieurs reprises, par décantation, et le jette finalement sur le filtre où on continue le lavage, jusqu'à ce qu'il ne contienne plus d'acide chlorhydrique. Les portions de sulfures adhérentes aux parois du vase, où a eu lieu la précipitation, sont dissoutes dans du sulfure de sodium, que l'on verse sur le filtre; on continue les additions de sulfure sodique, pour dissoudre complètement les sulfures d'étain et d'antimoine, qui laissent toujours un peu de sulfure de fer provenant du chlorure ferreux mis en expérience, on lave le filtre. Les liquides filtrés recueillis dans une capsule de platine, puis additionnés de la quantité nécessaire de soude caustique, sont enfin électrolysés, comme nous l'avons dit à propos de la séparation de l'antimoine et de l'étain (Classen).

On pourrait encore, mais sans doute avec moins d'exactitude, procéder à l'élimination préliminaire de l'arsenic par une digestion des sulfures dans le carbonate d'ammoniaque, de manière à n'avoir plus à séparer électrolytiquement, comme ci-dessus, que l'antimoine et l'étain.

ÉTAIN ET ACIDE PHOSPHORIQUE.

On sait que lorsqu'on attaque un composé phosphoré par l'acide azotique, en présence d'étain métallique, tout l'acide phosphorique formé est entraîné, à l'état de combinaison insoluble, par l'acide métastannique produit simultanément.

Alvaro-Reynoso et Aimé Girard ont basé sur cette réaction un procédé de dosage, non électrolytique, de l'acide phosphorique par la voie humide.

Pour analyser les combinaisons, ou les mélanges, des oxydes de l'étain et de l'acide phosphorique à l'aide de l'électrolyse, on les fait digérer avec un excès suffisant de sulfure d'ammonium, de manière à obtenir une solution limpide, que l'on étend d'eau; on électrolyse pour séparer l'étain et, dans le liquide restant, on précipite l'acide phosphorique, comme à l'ordinaire, par la mixture magnésienne.

ÉTAIN, ACIDE PHOSPHORIQUE ET ACIDE SULFURIQUE.

Pour ce cas assez exceptionnel, et que Granger a rencontré dans l'analyse difficile des sulfophosphures d'étain, on ne saurait songer, comme ci-dessus, aux sulfures alcalins. Granger a procédé, dans notre laboratoire, à l'analyse de ces combinaisons nouvelles en éliminant ou dosant au préalable l'étain, par l'un des procédés connus, c'est-à-dire en liqueur oxalo-ammonique.

Le corps pulvérisé et passé au tamis est traité par une solution de potasse à laquelle on ajoute du brome goutte à goutte; on doit avoir mis assez d'alcali pour obtenir une liqueur limpide et une attaque complète. On évapore à sec après avoir acidifié par l'acide chlorhydrique et l'on reprend par une petite quantité d'eau, pour dissoudre dans le moins de liquide possible. On ajoute à la liqueur 6 grammes d'oxalate d'ammoniun, on chauffe pour effectuer la dissolution et l'on étend à 200 centimètres cubes.

La séparation de l'étain se fait par électrolyse : on fait

passer dans le liquide froid un courant de 0,011 ampère par centimètre carré de cathode, que l'on augmente jusqu'à 0,02 ampère à la fin. Il faut éviter un excès de sels potassiques, dont la présence dans la liqueur gêne l'électrolyse. La liqueur qui a déposé l'étain est évaporée à sec ; on ajoute alors assez d'eau pour dissoudre la masse, puis du brome. On chasse ensuite l'excès de brome et l'on précipite l'acide phosphorique à l'état de phosphate ammoniaco-magnésien. On dose l'acide sulfurique dans le liquide restant.

OR. — ARSENIC. — PLATINE (PALLADIUM?). — OSMIUM. TUNGSTÈNE. — MOLYBDÈNE.

D'après Smith et Muhr, Smith et Wallace, on peut séparer l'or, de l'arsenic, du molybdène, du tungstène, dans les dissolutions contenant ces métaux, à l'état de sulfosels ou de cyanures doubles dans les cyanures alcalins, au moyen d'un courant de 0,2 à 0,3 ampère environ.

L'or, d'après les mêmes auteurs, se sépare également du platine en liqueur cyanogénée, $2^{gr},5$ de cyanure de potassium pour $0^{gr},15$ de métal environ, courant 0,1 ampère.

Pour la séparation de l'or d'avec l'osmium, $0^{gr},15$ environ de chacun de ces métaux, $0^{gr},75$ de cyanure de potassium, liqueur étendue à 150 centimètres cubes, courant 0,23 ampère.

Comme dans un certain nombre de travaux de ces observateurs les conditions sont assez mal définies, on ne sait, en ce qui concerne le courant, si les chiffres ci-dessus se rapportent aux intensités ou aux densités de courants.

PLATINE ET IRIDIUM.

Lorsqu'on électrolyse, avec un faible courant, $ND_{100} = 0,05$ ampère et 1,2 volt, un mélange de solutions de platine et d'iridium, le platine se précipite seul, dans ces conditions, exempt d'iridium (Classen).

PALLADIUM ET IRIDIUM.

On précipite le palladium seul par le procédé indiqué au sujet du métal.

RUTHÉNIUM ET IRIDIUM.

Pour séparer ces deux métaux, E.-F. Smith et H.-B. Harris ont eu recours à l'une des méthodes déjà indiquées au ruthénium. A une solution contenant, dans 60 centimètres cubes, $0^{gr},1$ de chacun des deux métaux, les auteurs ajoutent 10 centimètres cubes de solution de phosphate disodique (poids spécifique 1,056) et 3 centimètres cubes d'acide phosphorique; courant $ND_{100} = 0,01$ ampère. Sous cette faible intensité, le ruthénium métallique se dépose seul parfaitement adhérent, son dosage est exact.

Ne pas omettre de recouvrir intérieurement la capsule de platine d'une couche de cuivre.

CUIVRE ET PLOMB.

On a recours généralement au procédé de séparation préconisé par Riche, année 1878, électrolyse en liqueur fortement azotique. Le cuivre métallique se dépose à la cathode et le plomb à l'anode sous forme de bioxyde; en opérant ainsi, avec son appareil spécial, à la température de 70° et avec un élément Bunsen, Riche a pu doser avec exactitude et simultanément le plomb et le cuivre pris en quantités variables; la dose de plomb à déterminer a pu être portée jusqu'à 2 grammes. La même méthode lui a permis de faire l'analyse d'un grand nombre de bronzes et de laitons plombifères.

Il est important de prendre, comme anode, l'électrode qui présente la plus grande surface, surtout si la quantité de plomb est notable.

Depuis cette époque, la séparation du cuivre et du plomb a été étudiée par divers expérimentateurs, qui ont fait varier la proportion d'acide azotique à ajouter de 5 à 25 p. 100 environ. Classen procède, par exemple, de la façon suivante :

On étend à 75 centimètres cubes la solution additionnée de 20 centimètres cubes d'acide azotique ($D = 1,35$) et l'on électrolyse, de préférence à chaud, avec une densité de courant : $ND_{100} = 1,5$ à 1,7 ampère; on interrompt l'électrolyse au bout d'une heure; la majeure partie du plomb (98 à 99 p. 100 si la liqueur en contenait jusqu'à $0^{gr},5$) est alors précipitée à l'anode (capsule) sous forme de peroxyde, tandis qu'il n'y a encore aucun dépôt de cuivre à la cathode. On transvase dans une nouvelle capsule et on lave à l'eau le bioxyde, dont on détermine le poids comme à l'ordinaire. Les eaux de lavage sont ajoutées au liquide de la capsule. Pour précipiter maintenant le cuivre, on ajoute de l'ammoniaque jusqu'à bleuissement foncé de la liqueur, que l'on acidifie ensuite par 5 centimètres cubes d'acide azotique; on étend à 120 ou 150 centimètres cubes et on prend, cette fois, la capsule comme cathode; le cuivre s'y dépose, tandis que le reste du plomb se porte sur le disque en platine dépoli, pris comme anode. Densité du courant pour cette dernière phase : $ND_{100} = 1$ à $1,2$ ampère.

En trois ou quatre heures, tout le cuivre est déposé (s'il y en a environ $0^{gr},2$), ainsi que le reste du plomb.

Cette manière d'opérer en deux temps présente non seulement l'avantage d'une prompte exécution (quatre à cinq heures au lieu de quatorze heures et plus), mais encore une grande exactitude, quelle que soit la proportion des deux métaux.

La précipitation du plomb exige cinq heures environ, si l'on opère à la température de 25° à 30°, et une heure environ à 60°-70°.

Dans l'analyse des substances plombifères sulfurées, que l'on attaque par l'acide azotique, il se forme du sulfate de plomb difficilement soluble; il en est de même si l'on fait un mélange de sulfate de cuivre et d'azotate de plomb. Lorsque ces cas se présentent, on ajoute au liquide un excès d'ammoniaque ayant pour but de transformer le sulfate en hydrate de plomb floconneux, qui se dissoudra ensuite à chaud si l'on ajoute 20 centimètres cubes d'acide azotique; on électrolyse comme précédemment. Le vase dans lequel on avait ajouté l'ammoniaque sera, bien entendu, rincé avec un peu d'acide azotique.

Nissenson, qui a utilisé cette manière de procéder pour l'analyse des minerais de cuivre, dissout 1 gramme de minerai dans 30 centimètres cubes d'acide azotique ($D = 1,4$), étend à 180 centimètres cubes et électrolyse en prenant comme anode pour le plomb la capsule, et, pour le cuivre, comme cathode, un disque percé de trous. On opère à la température ordinaire avec une densité de courant de 0,5 ampère, que l'on porte, au bout d'une heure, à 1,5-2 ampères. La séparation complète des deux métaux est ainsi effectuée en six à sept heures.

Dans les analyses techniques, où l'on dose le plomb en liqueur nitrique, il n'y a pas lieu de se préoccuper de la présence de petites quantités d'argent ou de bismuth, qui restent en solution, mais la présence de l'arsenic, du sélénium et du manganèse, même en petite proportion, rend inexacts les dosages du plomb en liqueur azotique.

CUIVRE ET ARGENT.

Riche a séparé l'argent du cuivre en liqueur nitrique à l'aide du très faible courant d'un petit élément Leclanché. Le cuivre était ensuite précipité par le fort courant d'un élément Bunsen. Mais, suivant cet auteur, l'argent ne peut être ainsi nettement séparé que si sa quantité ne dépasse pas $0^{gr},010$; quand la proportion est plus grande, il faut doser d'abord l'argent à l'état de chlorure, et, dans la liqueur rendue ammoniacale, précipiter ensuite le cuivre par l'électrolyse.

Cependant, d'après Freudenberg, on arrive à effectuer cette séparation en opérant dans des conditions aujourd'hui mieux définies, c'est-à-dire en électrolysant les liqueurs contenant quelques centimètres cubes d'acide azotique, d'abord avec une faible différence de potentiel aux électrodes de 1,3 à 1,4 volt, qui fait déposer intégralement l'argent sans toucher au cuivre, puis en précipitant ce dernier sur une nouvelle électrode, avec une différence de potentiel plus grande : 2 à 3 volts.

Selon Neumann, dans ces conditions de potentiel, avec $0^{gr},5$ de nitrate de chacun des métaux et 2 à 3 centimètres cubes d'acide azotique, la densité du courant pour l'argent doit être 0,1 ampère au plus et la séparation complète de ce métal se trouve effectuée en trois ou quatre heures à chaud et en six à sept heures à la température ordinaire. La solution cuivrique restante, additionnée encore d'un peu d'acide nitrique, dépose tout son cuivre en une ou deux heures avec une densité de courant de 0,4 à 1 ampère ; le dépôt s'effectue soit sur une nouvelle électrode, soit sur la précédente débarrassée de l'argent par l'acide azotique.

Si l'on emploie, pour la séparation de l'argent, des courants plus intenses, il se dépose un alliage d'argent et de cuivre.

W. Küster et H. De Steinwehr opèrent comme Freudenberg et Neumann à la température de 55°-60° avec 1 à 2 centimètres cubes d'acide azotique (poids spécifique 1,4) et voltage 1,4 ; mais ils ajoutent, en outre, 5 centimètres cubes d'alcool pour éviter la formation de peroxyde d'argent à l'anode. Il ne se produit pas de dépôt spongieux et la proportion d'argent peut s'élever, paraît-il, à 2 grammes sans que le dépôt en souffre.

La méthode ci-dessus conduit à de bons résultats, il en est de même de la suivante, préconisée par Smith et Franckel, et vérifiée depuis par Rüdorff et par Heidenreich. Elle consiste dans l'électrolyse des cyanures doubles alcalins d'argent et de cuivre ; elle donne un dépôt bien cohérent, d'un beau blanc. Smith et Franckel ajoutent à la solution, contenant $0^{gr},1$ de chacun de ces métaux par exemple, 2 grammes de cyanure de potassium, étendent à 200 centimètres cubes et électro-lysent, à 65° environ, avec $ND_{100}=0,07$ ampère ; l'argent se dépose seul exempt de cuivre ; d'après Freudenberg, la dif-férence de potentiel ne doit pas dépasser 2,3 à 2,4 volts.

Les expériences récentes de Heidenreich effectuées sur des mélanges d'azotate d'argent et de sulfate de cuivre conte-nant, pour $0^{gr},2$ environ de cuivre, des quantités variables d'ar-gent, $0^g,15$ à 0,40, et 2 grammes de cyanure de potassium (1), le tout étendu à 120 centimètres cubes environ, montrent que l'on obtient d'excellents résultats avec des densités de courants variées de 0,03 à 0,19 et des différences de potentiel comprises entre 1 et 1,3 volt. Dans ces conditions, la durée de l'électrolyse est de six à huit heures à froid et de quatre heures seulement à chaud, 65° à 75°.

Les méthodes que nous venons d'indiquer peuvent être utilisées pour l'analyse des monnaies d'argent.

Le procédé signalé jadis par Classen, traitement des solu-tions par l'oxalate d'ammoniaque qui dissout le cuivre et précipite de l'oxalate d'argent que l'on dissout ensuite dans un cyanure alcalin pour l'électrolyse, est aujourd'hui abandonné.

____

(1) Pour cette dernière quantité d'argent, $0^{gr},4$, la dose de cyanure alcalin avait été portée à 6 grammes ; la proportion de ce réactif peut donc varier dans des limites assez étendues.

CUIVRE ET CADMIUM.

Riche a montré que l'on peut séparer ces deux métaux en liqueur acidifiée par l'acide nitrique, le cuivre seul se dépose.

Smith, ainsi que Neumann, ont employé, depuis, cette méthode. Smith ajoute au liquide 5 p. 100 d'acide azotique et électrolyse avec un faible courant de 0,05 ampère; la liqueur débarrassée du cuivre est additionnée de soude caustique, ensuite de cyanure de potassium en quantité suffisante pour redissoudre le précipité; on précipite le cadmium par le courant, comme il est dit au sujet de ce métal. Neumann opère dans des conditions mieux spécifiées : pour 0ᵍʳ,3 à 0ᵍʳ,5 de sulfate de cadmium, par exemple, et 1 gramme de sulfate de cuivre, on ajoute 5 centimètres cubes d'acide azotique, étend à 150 centimètres cubes et électrolyse, à la température ordinaire, avec un courant de 0,8 à 1 ampère. La différence de potentiel ne devra pas dépasser 2,8 à 2,9 volts. En quatre heures et demie environ, tout le cuivre est déposé, exempt de cadmium. Si l'on veut opérer la nuit, on ajoute 10 centimètres cubes d'acide azotique et on abaisse la densité du courant à 0,2 à 0,3 ampère, et le voltage à 1,9 à 2 volts. Le matin, on porte le courant à 1 ampère, pour précipiter les dernières traces de cuivre; on lave sans interrompre le courant. La détermination du cadmium resté dans la liqueur s'effectue comme plus haut. Si l'on veut, au contraire, doser le cadmium restant en passant par l'oxalate double ammoniacal, il est nécessaire d'éliminer complètement l'acide azotique, par évaporation avec un excès d'acide sulfurique; le sulfate métallique, ainsi obtenu, est converti en oxalate double, que l'on électrolyse, en se conformant à ce qui est dit au sujet du cadmium (p. 172).

Malgré les assertions des trois auteurs qui précèdent, Heidenreich prétend que le dosage en liqueur nitrique ne donne pas des résultats satisfaisants.

La séparation du cuivre et du cadmium s'effectue bien en liqueur sulfurique, ainsi que l'a montré autrefois (année 1867) Lecoq de Boisbaudran. Freudenberg recommande d'ajouter 10 à 20 centimètres cubes d'acide sulfurique étendu, et d'employer une différence de potentiel aux électrodes ne dépassant pas 2 volts. Le cuivre métallique se dépose exempt de cadmium. Heidenreich opère d'une façon analogue; pour 150 centimètres cubes de liquide, il ajoute 15 centimètres cubes d'un acide sulfurique étendu (D=1,09) et électrolyse avec une différence de potentiel 1,7 à 1,8 volt; dans ces conditions, la densité du courant était de 0,05 à 0,07 ampère, la durée de l'opération vingt-quatre heures pour 0^{gr},7 de sulfate de cuivre et 0^{gr},4 de sulfate de cadmium mélangés.

On pourrait aussi électrolyser avec un faible courant, comme l'a fait Smith, des solutions additionnées de phosphate de soude et d'acide phosphorique libre, mais ce mode de précipitation, qui exige encore douze heures, ne présente aucun avantage particulier.

Enfin le procédé, recommandé autrefois, et qui consiste à électrolyser les oxalates doubles ammoniacaux des deux métaux, ne donne pas de bons résultats.

CUIVRE ET BISMUTH.

Le cuivre ne peut être séparé du bismuth en liqueur acidifiée par l'acide azotique ou sulfurique. M. Smith dit être parvenu à obtenir la séparation de ces deux métaux en ajoutant au sel de bismuth 3 à 4 grammes d'acide citrique, puis une solution de soude caustique, qui ne doit produire aucun précipité. En additionnant alors d'une solution de cyanure de potassium pour former des cyanures doubles alcalins, le bismuth se déposerait seul, en électrolysant avec un courant de 0,1 ampère.

CUIVRE ET MERCURE.

Pour séparer ces métaux, on met à profit la précipitation du mercure de ses dissolutions de cyanure double alcalin, préconisée par E. Smith.

A 0^{gr},2 environ de chacun des métaux, on ajoute 2 à 4 grammes de cyanure de potassium, étend à 200 centimètres cubes et électrolyse avec une densité de courant de 0,06 à 0,08 ampère. Il faut environ seize heures pour la précipitation du mercure à la température ordinaire, et trois à quatre heures seulement à 65°. Le mercure se dépose seul, blanc et brillant, exempt de cuivre. Freudenberg recommande de ne pas dépasser une différence de potentiel de 2,5 volts sous peine de voir du cuivre entraîné. Le cuivre est ensuite dosé dans la liqueur, soit à l'aide d'un courant plus intense, soit, mieux encore, en détruisant le cyanure par l'acide sulfurique en excès et électrolysant cette dissolution, acide maintenant.

Les tentatives ayant en vue la séparation des deux métaux en liqueur nitrique n'ont pas conduit à de bons résultats.

CUIVRE ET ARSENIC

Le procédé que nous avons indiqué au sujet du cuivre, pour obtenir ce métal exempt d'arsenic, ne s'applique qu'en présence de petites quantités de ce métalloïde, qui est d'ailleurs perdu pour l'analyse.

Lorsqu'il existe une proportion notable d'arsenic et si l'on veut le doser, ainsi que le cuivre, on aura recours à l'un des procédés suivants :

La solution des deux métaux est additionnée d'acide sulfurique (10 à 20 centimètres cubes d'acide étendu) et électrolysée avec une différence de potentiel qui ne doit pas dépasser 1,9 volt; le cuivre se dépose exempt d'arsenic (Freudenberg). Ce procédé, qui donne de bons résultats, est applicable, que l'arsenic soit au minimum ou au maximum d'oxydation.

On peut encore, après avoir amené l'arsenic au maximum d'oxydation, ajouter de l'ammoniaque, de manière à avoir en excès environ 30 centimètres cubes d'une ammoniaque à 10 p. 100, et l'on électrolyse, avec la même différence de potentiel que ci-dessus. La précipitation du cuivre exige six à huit heures (Mac Kay, Drossbach, Oettel, Freudenberg).

D'après Smith, une bonne méthode, applicable en présence des deux états de l'arsenic, consiste à ajouter à la solution, contenant en même temps que le cuivre un arsénite ou un arséniate alcalin, du cyanure de potassium jusqu'à redissolution du précipité qui se forme d'abord; dans ces conditions, le cuivre se précipite exempt d'arsenic, si l'on électrolyse avec un courant de 0,24 ampère.

Dans ces diverses manières d'opérer, en liqueurs alcalines, l'arsenic resté en dissolution ne peut être dosé par voie électrolytique; on le déterminera en ayant recours aux procédés ordinaires de la voie humide.

Le plus souvent, il est préférable de recourir à l'expulsion préalable de l'arsenic. On y parvient, d'après Low, en ajoutant à la solution cuivrique, faiblement chlorhydrique, une solution de 2 grammes de soufre dans 10 centimètres cubes de brome; on chauffe pendant quelque temps, puis on porte à l'ébullition avec 10 centimètres cubes d'acide sulfurique : tout l'arsenic disparaît ainsi.

CUIVRE. — ANTIMOINE. — ÉTAIN.

En ce qui concerne l'antimoine et le cuivre, on pourrait, soit en liqueur acide, ou mieux en liqueur ammoniacale, et avec une différence de potentiel convenable, arriver à séparer d'abord le cuivre; mais, sous l'action prolongée du courant, de l'antimoine peut venir souiller le dépôt, de telle sorte que le procédé n'est pas recommandable.

Smucker obtient une séparation exacte de ces deux métaux dans les liqueurs où l'on a au préalable fait passer l'antimoine au maximum d'oxydation, et auxquelles on a ajouté 8 grammes d'acide tartrique et 30 centimètres cubes d'ammoniaque. L'électrolyse est effectuée avec un courant de 0,1 ampère, le cuivre se dépose exempt d'antimoine. La durée de l'opération est de cinq heures environ, si l'on a opéré avec 0^{gr},1 environ de chacun de ces métaux.

Le même procédé serait également applicable à la séparation d'avec l'étain; mais, surtout pour ce dernier, la méthode n'offre, dans la pratique, aucun avantage sensible sur le procédé ordinaire de séparation du cuivre et de l'étain, attaque par l'acide azotique et pesée de l'acide métastannique.

Head propose, pour doser le cuivre en présence de l'antimoine, de procéder à l'expulsion préalable de ce dernier, en opérant comme Low pour la séparation du cuivre d'avec l'antimoine. On évapore la solution chlorhydrique des métaux presque à sec, puis, après addition de 2 grammes de soufre dans 10 centimètres cubes de brome, on concentre jusqu'à consistance pâteuse; on ajoute alors 20 centimètres cubes de brome et évapore, au bain de sable, jusqu'à ce qu'il ne mani-

feste plus aucune vapeur blanche de bromure d'antimoine et
jusqu'à ce que le sel de cuivre soit devenu sec et gris clair.

CUIVRE ET OR.

D'après Smith et Muhr, cette séparation peut être effectuée dans des liqueurs étendues à 150 centimètres cubes et
additionnées de 1^{gr},5 à 3 grammes de cyanure de potassium
suivant les quantités ; intensité (ou densité?) du courant
0,04 à 0,08 ampère; l'or seul se dépose. Ce procédé est également applicable à la séparation de l'or d'avec le cobalt, le
nickel et le zinc.

PLOMB ET ARGENT.

Riche a montré que cette séparation s'effectue bien, en
liqueur contenant de l'acide azotique libre, comme dans la
séparation du cuivre et du plomb. L'argent métallique se
dépose à la cathode, le plomb sous forme de bioxyde à
l'anode. Mais on a vu, à propos du dosage de l'argent, que,
lorsque la quantité d'acide azotique libre est insuffisante,
l'argent peut se déposer partiellement à l'anode sous forme
de peroxyde. Aussi Luckow recommande-t-il d'ajouter à
l'électrolyte au moins 18 p. 100 d'acide azotique et, en outre,
quelques gouttes d'acide oxalique. Dans ces conditions, le
bioxyde de plomb se forme à l'anode tout à fait exempt d'argent; en ce qui concerne les densités de courant, voy, l'*Argent*.

PLOMB ET BISMUTH.

La séparation de ces métaux en liqueur azotique est actuellement impossible, parce que le bismuth se dépose en partie
à l'état métallique à la cathode et en partie à l'anode, avec le
plomb, sous forme de peroxyde (Classen et Ludwig, Smith et
Meyer).

PLOMB ET MERCURE.

Leur séparation en liqueur azotique est difficile, parce que
le mercure peut être souillé de plomb métallique. Toutefois,
d'après Heidenreich, on réussirait avec des liqueurs fortement acides ; 20 à 30 centimètres cubes d'acide azotique

(D = 1,3 à 1,4) pour 120 centimètres cubes de liquide et densité de courant 0,2 à 0,5 ampère. Si la teneur en acide azotique est moindre, le peroxyde de plomb s'exfolie, de sorte qu'il ne peut être pesé.

PLOMB ET CADMIUM.

On opère, comme pour la séparation du cuivre et du plomb, en liqueur fortement nitrique; le plomb seul se dépose sous forme de peroxyde à l'anode; le cadmium reste dans la solution. On évapore celle-ci pour chasser l'excès d'acide azotique, on transforme en sulfate, et dose le cadmium par les procédés électrolytiques connus.

PLOMB ET ARSENIC.

La séparation électrolytique ne réussit pas en liqueur nitrique; et, même en présence d'arsenic au maximum d'oxydation, on n'obtient, suivant les quantités d'arsenic, qu'une séparation incomplète du plomb à l'anode, sous forme de peroxyde; le reste de ce métal se trouve à la cathode avec de l'arsenic, dont une portion disparaît à l'état d'hydrogène arsenié.

Toutefois, d'après les expériences récentes de Neumann, un grand excès d'acide azotique libre, 20 p. 100 environ, diminue l'action nuisible de l'arsenic qui permet, lorsqu'il n'atteint pas la proportion de 1 p. 100, le dosage électrolytique du plomb sous forme de bioxyde, si l'action du courant est suffisamment prolongée.

PLOMB ET ANTIMOINE.

Pour l'analyse de ces alliages, Neumann et Nissenson appliquent, de la façon suivante, les méthodes de Classen: 2^{gr},5 d'alliage sont dissous, à chaud, avec 10 grammes d'acide tartrique, 15 centimètres cubes d'eau et 4 centimètres cubes d'acide azotique (D = 1,4). La liqueur limpide est additionnée de 4 centimètres cubes d'acide sulfurique concentré, puis étendue d'eau; on laisse refroidir et amène à 1/4 de litre. On filtre maintenant pour recueillir le sulfate de plomb; la liqueur filtrée contient tout l'antimoine. On en prélève 50 centimètres cubes, que l'on rend fortement alcalins par de la soude caustique et additionne ensuite de 50 centimètres cubes d'une solution saturée de monosulfure de sodium; on filtre et électrolyse, comme il est dit au sujet de l'antimoine (p. 132). Quant au sulfate de plomb, on lui applique, pour le dosage électrolytique du métal, le procédé indiqué à la séparation du plomb et du cuivre.

PLOMB ET ÉTAIN.

(Voy. p. 263.)

ARGENT ET CADMIUM.

Ils peuvent être séparés en liqueur nitrique en opérant comme pour le cadmium et le mercure (Voy. plus bas); ou bien encore, ainsi que l'ont établi Smith et Spencer, en électrolysant les cyanures doubles alcalins de ces métaux. Pour $0^{gr},1$ d'argent et autant de cadmium, on ajoute 3 grammes environ de cyanure de potassium, étend à 200 centimètres cubes et électrolyse, vers 65°, avec $ND_{100} = 0,04$ ampère. Selon Neumann, il ne faut pas dépasser une différence de potentiel de 1,9 volt, parce que le point de décomposition du cyanure double de cadmium est peu éloigné de celui de l'argent. Sous l'influence de ce faible courant, l'argent est seul précipité et, pour les quantités ci-dessus, en trois à quatre heures. Le cadmium, resté dans la liqueur, est dosé par l'un quelconque des procédés électrolytiques que nous avons déjà mentionnés.

ARGENT ET BISMUTH.

Si dans une solution, contenant environ $0^{gr},3$ de chacun de ces métaux, on ajoute 2 à 3 centimètres cubes d'acide azotique et 2 à 4 grammes de nitrate d'ammoniaque, et si l'on électrolyse la liqueur, étendue à 150 centimètres cubes, avec une différence de potentiel aux électrodes ne dépassant pas 1,3 volt, l'argent se sépare et se dépose complètement (Freudenberg). Quant au bismuth resté en solution, on pourra le précipiter ultérieurement par le procédé de Vortmann, le livrant sous forme d'amalgame.

ARGENT ET MERCURE.

Il n'existe pas de procédé, exclusivement électrolytique, de séparation de ces deux métaux, parce qu'ils se déposent simultanément, sous l'influence d'une même intensité de courant, de leurs solutions dans l'acide nitrique ou dans le cyanure de potassium. On arrivera toutefois à les doser, en les précipitant ensemble, à la température ordinaire, à l'aide d'un courant de 0,5 ampère et de 1,7 à 2,2 volts; après lavage et dessiccation, on détermine le poids des deux métaux ; par une calcination modérée, on chasse le mercure, ce qui donne le poids de l'argent, d'où l'on déduit celui du mercure par différence. Le dépôt des deux métaux est généralement gris et spongieux, mais ceci n'empêche pas les résultats d'être exacts.

ARGENT, ANTIMOINE ET ARSENIC.

On parvient à doser l'argent en présence de l'antimoine et de l'arsenic, à la condition que ces métalloïdes soient dans les liqueurs au maximum d'oxydation.

Suivant Freudenberg, il suffit d'opérer en solution ammoniacale, additionnée de quelques grammes de sulfate d'ammoniaque, et avec une différence de potentiel de 1,7 à 1,8 volt. Le dépôt est adhérent, mais pas très compact.

On peut aussi additionner les solutions à analyser d'un excès de cyanure de potassium, 1 gramme pour $0^{gr},1$ métal environ; on ne dépassera pas 2,3 à 2,4 volts (Freudenberg).

L'antimoine et l'arsenic, restés en tout cas en dissolution, seront dosés par les procédés déjà connus.

ARGENT, ANTIMOINE ET ÉTAIN.

On n'a d'autre ressource que de traiter les sulfures de ces métaux par le sulfure de sodium ; le sulfure d'argent resté indissous est attaqué par l'acide azotique et la liqueur obtenue est soumise à l'électrolyse. L'antimoine et l'étain sont ensuite déterminés par les procédés électrolytiques connus.

ARGENT ET PLATINE.

On ajoute, à la liqueur neutralisée, 2 à 3 grammes de cyanure de potassium et on électrolyse avec un courant de
0,1 ampère environ (Smith). D'après Neumann, la différence
de potentiel ne doit pas dépasser 2,5 volts. L'argent seul se
dépose.

ARGENT ET PALLADIUM.

Il n'existe actuellement aucun procédé de séparation
électrolytique.

ARGENT. — TUNGSTÈNE. — MOLYBDÈNE.

A 200 centimètres cubes de liqueur, on ajoute 1^{gr},5 environ
de cyanure de potassium et on électrolyse avec un courant
qui ne doit pas dépasser 0,07 ampère pour que l'argent
seul se dépose (Smith).

MERCURE ET BISMUTH.

Malgré des assertions contraires, la séparation de ces deux
métaux peut être effectuée, selon Freudenberg, lorsque l'on
électrolyse les nitrates de ces métaux, en présence d'acide
azotique libre, avec une différence de potentiel ne dépassant
pas 1,3 volt ; un voltage moindre suffirait encore pour le
dépôt du mercure, mais il prolongerait inutilement la durée
des opérations. Si l'on employait un courant plus intense, il
se déposerait un amalgame de bismuth, qui a déjà été utilisé
pour le dosage de ce dernier métal.

MERCURE ET CADMIUM.

On peut séparer ces deux métaux en liqueur nitrique, contenant au moins 5 p. 100 en volume de cet acide libre, et électrolysant avec une densité de courant de 0,5 ampère. Le
mercure seul se dépose, le cadmium reste en solution ;
on élimine ensuite l'acide azotique en évaporant avec de l'acide

sulfurique et convertissant finalement le sulfate de cadmium
en cyanure double alcalin, qui sera électrolysé comme on
l'a dit antérieurement (p. 171).

Un autre mode de séparation consiste à former le cyanure
double alcalin des deux métaux, en ajoutant à la liqueur,
additionnée de soude, un excès de cyanure de potassium
suffisant pour redissoudre le précipité. Freudenberg recommande de pratiquer alors l'électrolyse avec une différence de
potentiel ne dépassant pas 1,8 à 1,9 volt ; dans ces conditions, le
mercure seul se dépose ; quant au cadmium resté en dissolution, on le précipite ensuite, en faisant usage d'une plus grande
différence de potentiel.

MERCURE ET ARSENIC.

La précipitation du mercure est susceptible d'être effectuée,
suivant Freudenberg, en présence de l'arsenic et en liqueur
nitrique (Voy. le *Mercure*), au moyen d'un courant dont la
différence de potentiel ne dépasse pas 1,7 à 1,8 volt.

On pourra aussi, en présence d'acide arsénique, avoir recours
au procédé de Smucker, indiqué pour la séparation du cuivre
et de l'arsenic (électrolyse en liqueur tartro-ammoniacale),
avec la même différence de potentiel que ci-dessus. Le liquide
sera d'abord additionné de 1 gramme d'acide tartrique, et neu-
tralisé par l'ammoniaque, dont on ajoute ensuite un excès,
20 centimètres cubes environ. Ces procédés s'appliquent également en présence de l'antimoine. Celui-ci, resté dans les
liqueurs, pourra être ultérieurement précipité par l'hydrogène
sulfuré et le sulfure obtenu, dissous dans le Na^2S, sera électrolysé comme l'on sait, etc.

MERCURE ET ÉTAIN.

On a déjà vu que le mercure est précipité par le courant de
ses dissolutions dans le sulfure de sodium et que l'étain ne l'est
point dans les mêmes conditions. De là un moyen de séparation des deux métaux. Leurs sels, ou leurs sulfures, seront
dissous dans le sulfure de sodium, et le mercure sera mis en
liberté, par voie électrolytique, comme il est dit au sujet de

ce métal. Quant à l'étain resté dans la dissolution, on le dose ensuite électrolytiquement, ainsi que l'indique Classen, en convertissant, au préalable, le sulfure alcalin en sulfure ammoniacal par une addition convenable de sulfate d'ammoniaque, etc. (Voy. le détail à la séparation de l'antimoine et de l'étain).

La séparation du mercure et de l'étain est encore possible, en utilisant le procédé de Smucker indiqué pour séparer le mercure d'avec l'arsenic et l'antimoine, c'est-à-dire addition de quelques grammes d'acide tartrique, puis de 30 centimètres cubes d'ammoniaque, et, enfin, électrolyse avec différence de potentiel, déjà mentionnée, 1,6 à 1,7 volt.

MERCURE. — ANTIMOINE. — ÉTAIN.

Smith transforme les métaux en sulfures; ceux-ci sont mis en digestion dans le sulfhydrate d'ammoniaque, qui ne dissout que les sulfures d'antimoine et d'étain. Celui de mercure, resté inattaqué, est ensuite dissous dans l'eau régale, dont on chasse l'excès; après neutralisation au moyen d'un alcali, on transforme, par une addition convenable de cyanure de potassium, en cyanure double, que l'on électrolyse comme on a déjà appris à le faire. L'antimoine et l'étain, en dissolution dans le sulfhydrate, seront précipités successivement par le courant, ainsi qu'on l'a indiqué à la séparation de ces deux métaux (p. 202).

MERCURE ET OR.

On opère comme pour la séparation du mercure et de l'argent.

MERCURE. — PALLADIUM. — PLATINE. — OSMIUM. TUNGSTÈNE. — MOLYBDÈNE.

D'après Smith, le mercure peut être séparé d'avec ces divers métaux en opérant comme pour la séparation du mercure d'avec l'arsenic, en liqueur contenant un excès de cyanure de potassium.

CADMIUM D'AVEC LE TUNGSTÈNE, LE MOLYBDÈNE, L'OSMIUM.

D'après Smith, cette séparation est possible dans une liqueur contenant un excès de cyanure de potassium. Intensité du courant : 0,03 ampère en présence de l'un des deux premiers métaux, et 0,25 ampère en présence de l'osmium.

FER ET COBALT.

Le procédé de dosage le plus commode et le plus rapide, mais particiellement électrolytique, est celui de Classen, qui repose sur l'électrolyse des oxalates doubles ammoniacaux de ces métaux, en opérant exactement comme il est dit à propos du fer. Pour connaître, approximativement, la quantité d'oxalate ammoniacal à ajouter aux liqueurs, on considérera le poids total des deux métaux comme étant du fer. Le fer et le cobalt se précipiteront simultanément sous l'influence du courant. Après avoir déterminé leur poids, on les dissout dans l'acide sulfurique étendu ; afin d'éviter une peroxydation, on recouvre tout le dépôt métallique de la capsule avec de l'acide sulfurique étendu, auquel on ajoute ensuite, progressivement, de l'acide concentré jusqu'à produire l'échauffement du liquide et l'on dose le fer, dans la capsule même de platine, à l'aide d'une solution titrée de permanganate. Du poids du fer on déduit par différence celui du cobalt. Comme la couleur rosée du sulfate de cobalt pourrait gêner pour connaître la fin du titrage, on ajoute au liquide un peu de solution de sulfate de nickel, dont la couleur verte complémentaire du rose rend la liqueur incolore.

Le dépôt, fer et cobalt, peut aussi être dissous dans l'acide chlorhydrique ; dans ce cas, le fer sera oxydé au moyen de l'eau oxygénée, dont on élimine l'excès par la chaleur avec beaucoup de soin, et on dose le fer à l'aide d'une solution de chlorure stanneux.

Les résultats sont exacts, ainsi que le montrent les expériences variées de Classen.

Le procédé de Vortmann est basé sur ce fait que l'hydrate

ferrique, en suspension dans une liqueur, n'est pas décomposé par le courant et que la présence de ce précipité ne trouble nullement le dépôt électrolytique des autres métaux, tels que le cobalt, le nickel, etc. On commence par peroxyder le fer avec de l'eau de brome ; on ajoute alors un peu de sulfate d'ammoniaque, 6 à 8 grammes, puis de l'ammoniaque en léger excès et l'on électrolyse dans une capsule de platine, avec une densité de courant de 0,4 à 0,8 ampère. Au bout de trois heures, tout le cobalt ou le nickel sont précipités ; ils entraînent des traces de fer, en sorte que dans les analyses très précises il faudrait redissoudre le dépôt et recommencer l'électrolyse. On pourra, comme agent d'oxydation, substituer l'eau oxygénée à l'eau de brome.

Smith précipite le fer (peroxyde) par le carbonate de baryte, dissout le précipité dans l'acide citrique et électrolyse, comme il est dit à propos de ce métal; mais on sait que le fer, ainsi obtenu, renferme souvent un peu de carbone. Quant à la liqueur contenant le cobalt, on la débarrasse du baryum par l'acide sulfurique et on l'électrolyse, comme à l'ordinaire, pour le cobalt.

FER ET NICKEL.

On opère exactement comme pour le fer et le cobalt (procédé de Classen). Si on effectue l'électrolyse avec une densité de courant inférieure à 1 ampère, il y a lieu, sur la fin de l'opération, d'atteindre cette dernière intensité, pour bien précipiter les dernières traces de nickel.

L'alliage fer-nickel, qui constitue le dépôt, n'est que lentement attaquable par les acides sulfurique ou chlorhydrique étendus ; aussi est-il préférable de le dissoudre dans l'acide chlorhydrique concentré et chaud. Comme dans cette attaque un peu de fer a pu se peroxyder, il est nécessaire de le réduire ultérieurement par le zinc si l'on veut employer le permanganate, qui d'ailleurs n'est pas un bon réactif dans les liqueurs chlorhydriques. Il vaut donc mieux peroxyder la liqueur chlorhydrique au moyen de l'eau oxygénée, dont on chasse l'excès par la chaleur, et titrer avec le chlorure stanneux. Les résultats, de même que pour le cobalt, sont exacts.

Les procédés de Vortmann, ou de Smith, indiqués à la

séparation du fer et du cobalt, sont de tous points applicables au nickel.

FER ET ZINC.

Lorsqu'on soumet à l'électrolyse les oxalates doubles ammoniacaux de fer et de zinc, il ne se sépare point à la cathode un alliage contenant la totalité des deux métaux, mais tout d'abord du zinc contenant un peu de fer. L'électrolyse s'effectue bien, au contraire, et permet de déterminer aisément la somme des deux métaux, si la quantité de zinc existant dans la liqueur est à peu près le tiers de celle du fer. Avec une plus grande proportion de zinc on observe, par le progrès de l'électrolyse, que ce métal se redissout avec un vif dégagement de gaz en même temps qu'apparaît un précipité d'oxyde de fer (Classen).

Vortmann a préconisé les deux méthodes suivantes de séparation :

1° On ajoute à la solution des métaux quelques grammes de sel de Seignette (tartrate double de potassium et de sodium), puis un excès de solution de soude, 10 à 20 p. 100; on électrolyse avec une différence de potentiel de 2 volts et une densité de courant, qui est alors de 0,07 à 0,1 ampère. Il est utile d'élever, vers la fin, la température à 50° ou 60°. Tout le fer est ainsi précipité en quelques heures, entraînant des traces de zinc, si toutefois la proportion de ce dernier est considérable. Dans ce cas, il y a lieu de redissoudre le fer et de le reprécipiter dans les mêmes conditions. Quant au zinc, resté en solution, il peut être déposé ultérieurement par un courant plus intense; densité 0,3 à 0,6 ampère.

2° Le second procédé consiste à ajouter à la solution des deux métaux du cyanure de potassium jusqu'à redissolution du précipité, puis de la soude en excès, et à électrolyser avec une densité de courant de 0,3 à 0,6 ampère. Le fer, qui est passé à l'état de ferrocyanure, ne se précipite pas, tandis que le zinc se dépose sur la cathode, pourvu que l'on n'ait pas mis un trop grand excès de cyanure.

Enfin, Smith précipite d'abord le fer par le carbonate de baryte, etc..., comme il est dit à propos de la séparation du fer et du cobalt ; on opère de même.

En somme, la séparation du fer et du zinc par l'électrolyse doit être considérée, dans l'état actuel, comme peu commode.

FER ET MANGANÈSE.

On ne connaît pas, jusqu'à ce jour, de procédé réellement pratique se prêtant à la séparation électrolytique de ces deux métaux, quoiqu'on l'ait tentée dans des milieux et des conditions bien variés. Une méthode rigoureuse présenterait une grande importance pour la détermination de ces deux métaux, qui s'accompagnent, pour ainsi dire toujours, dans les minerais, les fers, les fontes, les aciers. On en est réduit actuellement à précipiter, comme le faisait Riche, le fer au moyen du carbonate de baryte, puis à éliminer le baryum de la liqueur par un excès d'acide sulfurique, et à électrolyser cette liqueur, ainsi acidifiée, comme il est dit au sujet du manganèse. Quant à l'oxyde de fer précipité, on le débarrassera du carbonate de baryte par les procédés connus et on le dosera, soit par électrolyse, soit par tout autre moyen.

FER ET ALUMINIUM.

D'après Classen, si l'on soumet à froid à l'électrolyse une solution de ces métaux, à laquelle on a ajouté un grand excès d'oxalate d'ammoniaque, le fer se précipite sur la cathode, tandis que l'alumine reste en dissolution tant que la proportion d'oxalate d'ammoniaque, non encore convertie en carbonate par le courant, est prépondérante. On obtient finalement, dans la suite de l'électrolyse, la séparation totale du fer et la transformation complète en hydrate d'alumine. Pour connaître le terme de la décomposition, on prélèvera quelques gouttes de la liqueur, qui ne doit plus se colorer par le sulfocyanate de potassium.

Dans la pratique, on ajoute à la solution des sulfates, neutralisés par l'ammoniaque (les chlorures ne conviennent pas), un excès d'oxalate d'ammoniaque suffisant pour redissoudre le précipité; on étend à 150-175 centimètres cubes et on ajoute encore, en chauffant, 2 à 3 grammes d'oxalate d'ammoniaque solide pour $0^{gr},1$ des métaux. On électrolyse à la température ordinaire, c'est-à-dire à partir de 40°, le liquide se refroidissant ultérieurement peu à peu, au cours de l'électrolyse.

Il est utile de ne pas prolonger l'action du courant plus longtemps qu'il n'est nécessaire pour la séparation complète du fer, parce qu'alors une grande partie de l'alumine formée peut adhérer à la cathode, d'où il n'est pas possible de l'éliminer.

Lorsque cet accident se produit, on ajoute à la liqueur, sans interrompre le courant, de l'acide oxalique que l'on verse peu à peu sur le verre de montre percé qui recouvre la capsule de platine, jusqu'à redissolution complète de l'alumine, et l'on continue l'électrolyse pour précipiter les dernières portions de fer dissoutes.

Si la quantité d'alumine ne dépasse guère celle du fer, la méthode donne sans difficultés de bons résultats; dans le cas contraire, on dissoudra l'alumine comme nous venons de le dire, etc...

Pour doser l'alumine, qui flotte dans le liquide, débarrassé du fer, on chauffe la solution dans une capsule de porcelaine afin de chasser l'ammoniaque, on recueille le précipité sur un filtre et on pèse l'alumine Al^2O^3 après calcination (Classen).

Les déterminations effectuées par Classen, avec des solutions contenant : 0,1 de fer, $0^{gr},06$ d'alumine environ, 8 grammes d'oxalate d'ammoniaque pour 120 centimètres cubes de véhicule, ont donné des résultats très satisfaisants. On avait varié les conditions : densités de courant comprises entre 0,4 et 1,05 ampère, voltages 2,75 à 4,4 volts.

La durée des opérations était, à la température ordinaire, de deux heures et demie à six heures environ, suivant les intensités mises en œuvre ci-dessus.

Pour empêcher l'hydrate d'alumine d'adhérer au dépôt de fer, il faut éviter d'employer les courants les plus forts, qui élèvent la température de l'électrolyte.

Quand on veut éviter la formation de l'hydrate d'alumine, il suffit d'ajouter, à la solution contenant le mélange des sels d'alumine et de fer, 1 gramme de tartrate de potasse, et d'électrolyser, à la température de 50° à 60°, avec un courant d'environ 1 ampère, sous une différence de potentiel de 4 à 5 volts. On précipite ainsi $0^{gr},1$ de fer, complètement clair, en cinq à six heures et le liquide reste limpide jusqu'à la fin. Le fer contient toutefois une petite quantité de charbon, au maximum 1 milligramme avec la quantité de tartrate ci-dessus, ce qui affecte assez peu les résultats.

D'après C. Engels, en liqueur alcaline additionnée de sel de Seignette et même en présence d'une grande quantité d'acide phosphorique, le fer est rigoureusement séparé de l'aluminium, compact et exempt de phosphore. Il faut toutefois avoir soin de ne mettre que la quantité de sel de Seignette nécessaire pour empêcher la séparation du fer sous forme de sel basique, car, en présence de trop de tartrate, il resterait un peu de fer en solution. L'intensité du courant pourra être portée jusqu'à 1,6 ampère, le dépôt s'effectue rapidement.

FER ET URANIUM.

Leur séparation est basée sur le même principe que celle du fer d'avec l'aluminium. On ajoute un grand excès d'oxalate d'ammoniaque (8 grammes) suffisant pour maintenir l'urane en dissolution jusqu'à la précipitation complète du fer. Il peut advenir, lorsque la quantité d'oxalate d'ammoniaque est insuffisante, et si l'on emploie de forts courants échauffant le liquide, que, par suite de la décomposition du carbonate d'ammoniaque qui se forme, il se produise de l'hydrate d'uranium. Après avoir déterminé le fer, la solution uranique restante est soumise ultérieurement à l'électrolyse afin de détruire l'acide oxalique et l'on élimine, finalement, le carbonate d'ammoniaque en chauffant la liqueur.

Pour rendre propre à la filtration le précipité uranique très divisé, qui s'est ainsi formé, on ajoute de l'acide nitrique et l'on chauffe jusqu'à redissolution complète, puis on précipite par l'ammoniaque. L'hydrate d'uranium est ensuite calciné dans un courant d'hydrogène, pour le convertir en oxydule que l'on pèse (Classen).

FER ET CHROME.

Si l'on soumet à l'électrolyse une solution d'un sel de sesquioxyde de chrome converti en oxalate double ammoniacal par un excès d'oxalate d'ammoniaque, l'oxyde de chrome se transforme intégralement en chromate. La même réaction a lieu en présence du fer et ce dernier se dépose à la cathode, où il se fait remarquer alors par un vif éclat.

Une fois la précipitation du fer terminée, on décante le liquide et on le fait bouillir, pour éliminer le carbonate d'ammoniaque. On transforme l'acide chromique en sel de sesquioxyde en chauffant la liqueur avec de l'acide chlorhydrique et de l'alcool, puis l'hydrate de chrome est précipité par l'ammoniaque ; on pèse après calcination l'oxyde Cr^2O^3 (Classen).

Les déterminations de Classen, effectuées sur $0^{gr},1$ à $0,2$ de fer pris à l'état d'oxalate double potassique ou de sel de Mohr, mêlés à 3 grammes d'oxalate chromo-potassique ou à 2 grammes d'alun de chrome, montrent que cette méthode est susceptible de donner de bons résultats. Les liqueurs étaient additionnées de 8 grammes d'oxalate d'ammoniaque ; volume du liquide : 120 centimètres cubes. Les conditions ont été variées : densité de courant 0,95 à 2 ampères ; voltage 3,2 à 3,8 volts ; température de 62° à 68° ; durée de l'opération trois heures à cinq heures.

C. Engels prétend n'avoir pas réussi à séparer le fer du chrome par ce procédé.

FER ET GLUCINIUM.

Cette séparation n'offre pas de difficulté, lorsque les deux métaux ont été transformés en oxalates doubles ammoniacaux. Pour mettre un excès nécessaire d'oxalate d'ammoniaque, on aura soin d'opérer comme on l'a indiqué à propos de la séparation du fer et de l'aluminium. Il ne faut pas avoir recours à de forts courants, qui, échauffant le liquide, amèneraient la décomposition du carbonate d'ammoniaque formé dans l'électrolyse et qui est indispensable pour retenir en dissolution la glucine.

Il est donc possible que de l'hydrate de glucine se précipite avant que tout le fer soit déposé.

La détermination de la glucine dans le liquide séparé du fer est très simple ; on chauffe le liquide, afin de décomposer le bicarbonate d'ammoniaque, jusqu'à ce qu'il n'exhale plus qu'une faible odeur ammoniacale. On recueille l'hydrate de glucinium sur un filtre, on le lave à l'eau bouillante et on pèse l'oxyde GlO résultant de la calcination dans un creuset de platine (Classen).

FER. — ALUMINIUM. — CHROME.

La précipitation électrolytique du fer s'effectue exactement comme en présence de l'aluminium ou du chrome, pris isolément.

Pour la détermination subséquente de l'aluminium à côté du chrome, on chauffe le liquide jusqu'à ce qu'il n'exhale plus qu'une faible odeur d'ammoniaque; on recueille sur un filtre l'hydrate d'alumine et dans le liquide filtré on détermine le chrome, ainsi qu'on vient de le dire précédemment (Classen).

FER. — CHROME. — URANIUM.

Cette séparation repose encore sur la précipitation du fer à l'état métallique, en liqueur oxalo-ammonique, et sur la transformation simultanée de l'oxyde de chrome en acide chromique sous l'influence du courant. L'urane se change ainsi en hydrate, tandis que le chrome passe en dissolution à l'état de chromate d'ammoniaque. Pour obtenir une séparation quantitative du chrome et de l'urane, il est nécessaire de prolonger l'électrolyse jusqu'à l'oxydation complète de l'acide oxalique.

Le liquide électrolysé est ensuite soumis à l'action de la chaleur, afin de décomposer l'hydrocarbonate d'ammoniaque formé, ce qui exige six heures. Dans le liquide filtré, débarrassé de l'urane, le chrome est déterminé comme il est dit précédemment (Classen).

FER. — GLUCINIUM. — ALUMINIUM.

On opère comme ci-dessus. Dès que la réduction du fer est accomplie, on transvase le liquide dans une autre capsule de platine et on poursuit l'électrolyse jusqu'à ce que, tout l'acide oxalique étant décomposé, l'hydrate d'alumine soit précipité. Dans le liquide filtré, la glucine est précipitée ensuite à l'état d'hydrate par l'ébullition.

Il est bon de redissoudre l'hydrate d'alumine et d'effectuer une nouvelle électrolyse dans les conditions ci-dessus, après conversion en oxalate double ammoniacal (Classen).

FER ET CUIVRE.

Cette séparation s'effectue bien par la méthode de Luckow, électrolyse des liqueurs contenant un excès d'acide azotique libre, méthode employée depuis longtemps par Riche et ultérieurement par d'autres auteurs. On peut avoir recours encore à l'électrolyse des solutions renfermant un excès d'acide sulfurique, procédé de Lecoq de Boisbaudran (année 1869), que Riche considère comme préférable au précédent et qui donne d'ailleurs de bons résultats, ainsi que le prouvent ses analyses et celles de son prédécesseur.

En liqueur azotique, on opère comme il est dit au sujet du cuivre (p. 145-147). Riche recommande de ne pas dépasser la température de 70°, sous peine de voir se déposer sur l'électrode des hydrates, ou des sous-sels de fer. Pour doser le fer dans la liqueur, maintenant libre de cuivre, on l'évapore avec de l'acide sulfurique, afin d'éliminer l'acide azotique et de transformer le fer en sulfate, que l'on convertit ensuite en oxalate double ammoniacal pour déposer le fer (p. 173).

Dans les déterminations les plus récentes, dues à Classen, on employait pour 1 gramme de sulfate de cuivre (soit $0^{gr},25$ environ de métal) et autant de sel de Mohr dissous dans 120 centimètres cubes (soit $0^{gr},143$ de métal), 5 centimètres cubes d'acide azotique (D=1,35). En opérant ainsi à froid, 20 à 30°, on obtient la séparation convenable du cuivre, en trois heures et demie à quatre heures, avec des courants divers : densité 0,9 à 1,1 ampère, voltage 2,6 à 3,3 volts. — Quant à la liqueur, débarrassée du cuivre et convertie en sulfate, on en neutralisait l'acide sulfurique par l'ammoniaque et additionnait de 8 grammes d'oxalate d'ammoniaque. On y déterminait ensuite le fer à l'aide d'un courant : densité 0,8 à 1,5 ampère, voltage 2,7 à 4,5 volts. La durée de l'opération, pour 0,15 environ de fer contenu, exigeait trois heures à trois heures et demie environ.

La séparation, en liqueur contenant de l'acide sulfurique

libre au lieu d'acide azotique, est encore préférable, ainsi qu'on l'a dit plus haut. Les expériences de contrôle de cette méthode, par Classen, ont été faites avec les mêmes poids des sels précédents additionnés de 3 centimètres cubes d'acide sulfurique concentré. Pour le dépôt du cuivre : densité du courant employé 0,95 à 1,5 ampère; voltage 2,5 à 3 volts. Température 20 à 30° et 56 à 59°, durée deux heures environ. Pour le fer traité comme plus haut : densité 1,3 à 1,6 ampère, voltage 3 à 3,8 volts, température 33 à 40° et 61 à 64°, durée trois à quatre heures. Bons résultats.

Classen a proposé, pour la séparation du cuivre et du fer, l'électrolyse à chaud des oxalates doubles additionnés d'acide oxalique, d'acide tartrique, ou d'acide acétique libres. Avec l'acide oxalique, on en sature la solution ; avec l'acide tartrique, on emploie seulement 6 grammes de ce dernier pour 100 centimètres cubes de liqueur.

Aux poids des deux sels cuivrique et ferreux, déjà indiqués, on ajoute 6 grammes d'oxalate d'ammoniaque pour 120 centimètres cubes environ d'électrolyte. Dépôt du cuivre: densité du courant 0,7 à 1,1 ampère et 3 à 3,5 volts, température 50 à 62°, durée trois heures. Pour déposer ensuite le fer, il suffit de neutraliser l'acide libre par l'ammoniaque et d'électrolyser avec densité de courant : 1 à 1,4 ampère, et 3 à 3,3 volts. Températures 30°-40° et 68°-70°. Durée trois heures environ. Bons résultats, d'après les analyses de Classen. Cette méthode est toutefois moins à recommander que les précédentes.

Vortmann a recours, dans la séparation du fer et du cuivre, à un procédé, autrefois indiqué et utilisé par Riche, qui consiste à effectuer l'électrolyse en liqueur ammoniacale, en présence de l'hydrate ferrique flottant dans l'électrolyte; Vortmann recommande cette méthode comme applicable, même à de grandes proportions de fer. Après avoir peroxydé, s'il y a lieu, par l'acide azotique, on ajoute un peu de sulfate d'ammoniaque et on sursature par l'ammoniaque, qui précipite l'hydrate ferrique; celui-ci, en suspension dans le liquide, ne gêne pas le dépôt ultérieur du cuivre, que l'on effectue à l'aide d'une densité de courant de 0,1 à 0,6 ampère. D'après Vortmann, le cuivre bien lavé est exempt de fer.

Enfin Smith propose d'électrolyser la solution des deux sels (cuivre et fer), additionnée de phosphate de soude et d'acide phosphorique libre, par un courant (densité?) de 0,06 ampère, qui ne dépose que le cuivre. Procédé fort gênant pour la détermination ultérieure du fer.

La séparation en liqueur sulfurique est, en somme, la plus commode et la plus recommandable.

Il y a lieu de remarquer que quelques-uns des procédés indiqués présentent certaines difficultés dès que la proportion de fer est très grande, particulièrement en ce qui concerne l'électrolyse en solution nitrique; dans ce cas, suivant Schweder, le cuivre se redissolvant en partie, la précipitation est incomplète.

FER ET PLOMB.

Riche a opéré cette séparation en liqueur contenant de l'acide azotique libre. C'est l'unique procédé encore employé. Il est nécessaire que la liqueur contienne une forte proportion d'acide libre, si l'on veut éviter qu'un peu de fer ne soit entraîné par le bioxyde de plomb à l'anode. Au reste, on se conformera aux prescriptions indiquées au sujet du dosage du plomb. La séparation est exacte. Pour le dosage ultérieur du fer, on opère comme plus haut.

FER ET ARGENT.

On opère en liqueur acidifiée par l'acide azotique, avec différence de potentiel de 2 à 2,2 volts (Voy. *Argent*).

FER ET CADMIUM.

On peut arriver à séparer ces deux métaux dans une liqueur additionnée de sulfate d'ammoniaque et d'acide sulfurique libre avec une différence de potentiel de 2,8 volts au plus. Le dépôt de cadmium n'est pas toujours satisfaisant.

D'après un travail récent de Stortenbecker, on réalise une séparation de ces métaux en dissolvant le mélange des sels dans environ 100 centimètres cubes d'eau; on ajoute quelques gouttes d'acide sulfurique étendu et 2 à 3 grammes de cyanure de potassium, puis on chauffe jusqu'à éclaircissement de la liqueur. Le fer se transforme ainsi en ferrocyanure de potassium. La liqueur étendue à 200-250 centimètres cubes est ensuite électrisée à froid, $ND_{100} = 0,5$ à 1 ampère. S'il y a, en même temps que le sel ferreux, une proportion notable de sel ferrique, alors il se précipite au cours de l'électrolyse de l'hydrate ferrique, qui est sans inconvénient notable pour le dépôt de cadmium. S'il y avait beaucoup de sel ferrique présent, on réduirait la solution acidifiée, par l'hyposulfite de soude.

FER ET MERCURE.

On obtient une séparation complète en liqueur contenant un excès d'acide azotique. Différence de potentiel 2 à 2, 2 volts (Voy. *Mercure*). Le fer, resté en solution, est changé en sulfate, puis en oxalate double, etc.

NICKEL ET COBALT.

Il n'existe encore aucun procédé convenable pour leur séparation.

NICKEL OU COBALT, ALUMINIUM ET CHROME.

Même méthode que pour le fer et l'aluminium ou le chrome.

NICKEL OU COBALT ET URANIUM. — NICKEL OU COBALT ET CHROME.
NICKEL OU COBALT, URANIUM ET CHROME.

On opère comme pour la séparation d'avec le fer.

NICKEL OU COBALT ET ZINC.

En ce qui concerne le nickel, Vortmann additionne la dissolution de sel de Seignette (tartrate double de potasse et de soude), environ 5 à 6 grammes, puis ajoute un excès de solution de soude caustique et électrolyse avec $ND_{100} = 0,3$ à 0,6 ampère; le zinc se dépose sous forme d'un enduit gris, le nickel reste en solution, mais il a une tendance à venir former un léger dépôt de peroxyde à l'anode, ou des flocons, que l'on évite en mettant à l'origine, dans l'électrolyte, 1 à 2 grammes d'iodure de potassium. Pour reconnaître si la décomposition du sel de zinc est terminée, on accroche à la paroi de la capsule (cathode) un fil fin de laiton plongeant dans l'électrolyte ; il ne doit s'y former aucun dépôt de zinc si celui-ci est complètement précipité.

La solution retenant le nickel est ensuite acidifiée par l'acide sulfurique et électrolysée, comme l'on sait, après sursaturation par de l'ammoniaque ; ou bien encore on mêle directement la solution avec 25 centimètres cubes d'ammoniaque et 15 à 20 grammes de carbonate d'ammoniaque, et l'on électrolyse à 50°-60° avec un courant de 0,8 à 1 ampère ; on peut précipiter ainsi $0^{gr},2$ de nickel en une ou deux heures.

Foreger a proposé une autre méthode de séparation, qui, contrairement à la précédente, fait déposer le nickel, laissant le zinc en solution :

Au liquide, contenant une quantité de sulfates représentant 0,2 de chacun de ces métaux, on ajoute 10 grammes de sulfate d'ammonium, 10 grammes de carbonate d'ammonium et 10 centimètres cubes d'ammoniaque concentrée ; on étend à 150 centimètres cubes. L'électrolyse est effectuée, à 50°-60°, d'abord avec une densité de courant de 0,3 à 0,5 ampère, que l'on porte, au cours de l'expérience, à 1 ou 1,5 ampère. Le nickel se dépose bien adhérent, tandis que le zinc reste en dissolution, même avec ce fort courant. Il arrive parfois, dans ce procédé, que le dépôt a une couleur brune, due non point à un entraînement de zinc, mais à la présence d'une petite quantité d'oxyde de nickel emprisonné, qui rend les résultats un peu forts. La solution de zinc décantée est sursaturée par de la soude caustique et électrolysée avec un courant de 0,8 à 1 ampère, tout le zinc est précipité en trois à quatre heures environ. On peut également y déterminer le zinc par les autres moyens connus, électrolyse à l'état de cyanure double ou d'oxalate double, etc...

Valler, en appliquant strictement au cobalt le procédé de Vortmann ci-dessus, obtient la séparation de ce métal d'avec le zinc. Seulement, ici la présence de l'iodure de potassium n'empêche pas la précipitation d'une petite quantité de Co^2O^3 à l'anode; de telle sorte que, après lavage et séchage à 100°, l'anode devra être pesée et le poids du Co^2O^3 servira à calculer le poids de cobalt à ajouter à celui qui se trouve précipité à l'état métallique.

NICKEL ET MANGANÈSE.

Riche a effectué jadis cette séparation en liqueur sulfurique, au moyen de deux éléments Leclanché. Le nickel se dépose à la cathode, le peroxyde de manganèse à l'anode. $0^{gr},104$ de nickel, mêlés à une quantité de manganèse correspondant à $0^{gr},247$ de Mn^2O^4, ont exigé pour le dépôt complet du nickel quatre heures, puis l'électrolyse a été poursuivie afin d'obtenir la précipitation complète du manganèse, qui a nécessité en tout six heures.

NICKEL OU COBALT ET CUIVRE.

Un procédé, souvent employé et qui donne de bons résultats, est celui qui a été préconisé d'abord par Gibbs, utilisé plus tard par Lecoq de Boisbaudran, par Riche qui opérait à 60-80°, et par d'autres expérimentateurs. Il consiste dans l'électrolyse en liqueur acidifiée par l'acide sulfurique ; le cuivre seul se dépose. Pour 1 gramme, par exemple, de sulfate de cuivre et autant de sulfate de nickel, dissous dans 150 centimètres cubes de liquide, on ajoute 3 centimètres cubes d'acide sulfurique environ et on électrolyse, à la température ordinaire, avec une densité de courant de 1 ampère au plus ; tout le cuivre est ainsi déposé en deux ou trois heures, exempt de nickel. Ce dernier est précipité ensuite par les procédés connus, par exemple en liqueur sursaturée d'ammoniaque.

On peut dans l'électrolyte remplacer l'acide sulfurique par l'acide azotique (5 centimètres cubes environ), ainsi que l'a montré Riche ; mais si l'on veut doser ultérieurement le nickel, il est nécessaire de chasser alors l'acide azotique par évaporation avec de l'acide sulfurique.

Classen effectue la séparation des deux métaux, comme celle du fer et du cuivre, en liqueur oxalo-ammonique acidifiée par l'acide oxalique, tartrique, ou acétique.

Pour 1 gramme de sulfate de cuivre et autant de sulfate de nickel, on met 6 grammes d'oxalate d'ammoniaque, etc. On opère à 50-60° avec une différence de potentiel qui ne doit pas dépasser 1,1 à 1,3 volt, sous peine de voir se déposer un alliage des deux métaux; le courant devra donc être bien réglé et maintenu tel : c'est un inconvénient du procédé. La durée de la précipitation totale du cuivre est de trois à quatre heures. Résultats très satisfaisants.

Smith a proposé, pour la séparation du nickel et du cuivre, l'électrolyse de solutions contenant du phosphate de soude et de l'acide phosphorique libre, qu'il a déjà préconisée dans d'autres séparations.

NICKEL OU COBALT ET PLOMB

On effectue l'électrolyse en liqueur acidifiée par l'acide azotique, comme pour l'électrolyse du plomb (Voy. à ce métal). Le plomb seul se dépose.

NICKEL OU COBALT ET ARGENT

On peut opérer en liqueur contenant un excès d'acide azotique avec une différence de potentiel de 2 à 2,2 volts. L'argent seul se dépose.

L'électrolyse des cyanures doubles de ces métaux donne, suivant Smith, un bon moyen de séparation. On ajoute 2 à 3 grammes de cyanure de potassium aux liqueurs neutralisées et l'on précipite l'argent par un courant de 0,03 ampère. Selon Neumann, il ne faut pas dépasser une différence de potentiel de 2,5 volts et une densité de courant de 0,05 à 0,08 ampère. La meilleure température est 60° environ. Pour doser ensuite le nickel ou le cobalt, restés dans la solution, on traite celle-ci par de l'acide sulfurique, afin de détruire les cyanures, et l'on effectue la détermination par l'une des méthodes indiquées au sujet de ces métaux.

ER, NICKEL, COBALT, MANGANÈSE, ETC.,
D'AVEC LE BISMUTH.

On ne connaît pas de procédé commode pour séparer le bismuth de ces métaux. En ce qui concerne le cobalt, Smith et Vallace, ainsi que Smith et Moyer, ont proposé la séparation en liqueur nitrique, dans des conditions de courants mal définies ; peut-être ce procédé pourrait-il être étendu aux autres métaux du même groupe. La séparation du bismuth sera plus sûrement obtenue par les méthodes ordinaires non électrolytiques, action de l'hydrogène sulfuré, etc.

NICKEL OU COBALT ET CADMIUM.

Cette séparation peut être effectuée en présence d'acide sulfurique libre, qui empêche la précipitation du nickel et du cobalt. On ajoute quelques centimètres cubes d'une solution saturée de sulfate d'ammoniaque et 2 à 3 centimètres cubes d'acide sulfurique étendu, puis on électrolyse avec une différence de potentiel de 2,8 à 2,9 volts. Le cadmium se dépose exempt de nickel ou de cobalt.

On pourra effectuer aussi la séparation, mais d'avec le cobalt seulement, en électrolysant les cyanures doubles. On ajoute à la solution neutralisée 4 à 5 grammes de cyanure de potassium et on électrolyse avec un faible courant de 0,03 ampère et une différence de potentiel qui ne dépassera pas 2,6 volts. Le nickel, placé dans les mêmes conditions, ne se laisse pas séparer du cadmium (Smith et Frankel, Freudenberg). Il est possible cependant, d'après Smith et Wallace, d'obtenir cette séparation dans le même milieu rendu alcalin par une addition de 2 grammes de soude caustique aux 2^{gr},5 de KCy qui sont nécessaires pour 0,17 environ de chacun des métaux présents. On obtient ainsi dans le cours d'une nuit, avec un courant de 0,2 ampère, la totalité du cadmium exempt de nickel.

Enfin Smith a proposé, pour séparer le nickel, ou le cobalt, l'emploi de liqueurs additionnées de phosphate de soude et d'acide phosphorique libre, déjà signalées au dosage du cadmium.

NICKEL OU COBALT ET MERCURE.

La séparation du mercure s'effectue aisément, comme celle du cuivre d'avec ces métaux, dans une liqueur fortement nitrique, différence de potentiel aux électrodes 2,2 à 2,4 volts. Le nickel ou le cobalt, débarrassés du mercure, sont ensuite convertis en sulfate et dosés comme l'on sait.

Au lieu d'une solution nitrique, on peut électrolyser des liqueurs additionnées d'acide tartrique et d'ammoniaque.

Il résulte des expériences du laboratoire de Smith et Frankel que les cyanures doubles alcalins des métaux ci-dessus conviennent à la séparation et au dépôt du mercure. On ajoute au liquide 3 à 4 grammes de cyanure de potassium pour $0^{gr},3$ à $0^{gr},4$ de nickel ou de cobalt métalliques, et l'on élec-trolyse avec un courant de 0,08 ampère; on opère à 50-60°. D'après Heidenreich, le cyanure double de mercure exige pour sa décomposition une différence de potentiel de 1,2 à 1,6 volt, mais on peut la porter, selon Neumann, à 2,3 ou 2,5 volts, sans que les autres métaux se déposent; dans ces conditions, la précipitation de $0^{gr},5$ de mercure n'exige plus que cinq à six heures.

ZINC ET MANGANÈSE.

On emploie les mêmes procédés que dans la séparation du nickel et du cobalt d'avec le manganèse. Classen a recours, plus particulièrement, aux oxalates doubles ammoniacaux additionnés d'acide oxalique libre, qui empêche la séparation du manganèse sous forme de peroxyde; les conditions de cou-rant, etc., sont les mêmes qu'en ce qui concerne le nickel et le cobalt.

ZINC ET ALUMINIUM OU CHROME.

On opère comme pour la séparation du fer d'avec l'alu-minium ou le chrome.

ZINC ET CUIVRE.

Lecoq de Boisbaudran a montré depuis longtemps (année 1867) que l'on peut séparer le cuivre du zinc en solution sulfurique.

Riche a prouvé ultérieurement (année 1878), qu'il est également possible, en liqueur acidifiée par l'acide nitrique, d'obtenir une séparation rigoureuse de ces deux métaux. Il l'a mise à profit dans les analyses de laitons et de bronzes zincifères publiées dans son mémoire. Il est important que la quantité d'acide soit suffisante pour maintenir le bain acide pendant toute la durée de l'expérience, afin d'éviter l'apparition d'ammoniaque libre, qui entraînerait la précipitation ultérieure et partielle du zinc. Deux centimètres cubes d'acide libre suffisent pour la petite quantité de liquide, 90 à 100 centimètres cubes, que comporte l'appareil de Riche.

Heidenreich, qui a étudié récemment cette séparation, emploie 4 centimètres cubes d'acide azotique ($D=1,3$) pour 120 centimètres cubes de liquide et recommande une différence de potentiel de 1,4 volt, la densité du courant variait de 0,2 à 0,5 ampère. La précipitation des dernières traces de cuivre exigeait parfois une électrolyse assez longue, dix-huit à vingt heures, alors que dans d'autres expériences elle ne réclamait que six à huit heures.

Neumann opère en présence de 5 centimètres cubes d'acide azotique pour 150 centimètres cubes de liquide et électrolyse à 50° avec une différence de potentiel de 2,5 à 3 volts. Densité du courant 0,5 à 1 ampère. Le cuivre est ainsi précipité en trois heures.

On peut remplacer dans ces opérations l'acide nitrique par l'acide sulfurique; on ajoute 1 à 2 centimètres cubes d'acide sulfurique concentré, étend à 150 centimètres cubes et électrolyse avec une différence de potentiel de 2,5 à 2,8 volts. Densité du courant 0,5 à 1 ampère.

Le zinc, resté en dissolution, est ensuite déposé par les procédés connus; Riche donnait la préférence à l'électrolyse du sulfate double ammoniacal. Dans le cas où on a opéré le dépôt du cuivre en liqueur nitrique, il ne faut pas omettre, pour la détermination ultérieure du zinc, de convertir ce dernier en sulfate.

Enfin Smith a proposé l'électrolyse des sulfates des deux métaux, additionnés de phosphate de soude et d'acide phosphorique libre, par un courant de 0,06 ampère. Mais cette manière de procéder n'offre, pour déposer le cuivre, aucun avantage sur l'électrolyse des liqueurs nitriques ou sulfuriques, qui est réellement pratique.

ZINC ET PLOMB.

S'effectue comme la séparation du nickel et du cobalt d'avec le plomb en liqueur nitrique (Voy. ces deux métaux séparés du plomb).

ZINC ET ARGENT.

On opère comme dans la séparation du nickel et du cobalt d'avec l'argent et particulièrement sur les cyanures doubles alcalins, à la température de 60°. On fera usage d'une différence de potentiel de 2,5 volts et ne dépassera pas 0,05 à 0,08 ampère. L'argent seul se dépose.

ZINC ET CADMIUM.

On opère en liqueur acidifiée par l'acide sulfurique et additionnée de sulfate d'ammoniaque, exactement dans les mêmes conditions que pour la séparation du nickel ou du cobalt d'avec le zinc. Ou bien encore en électrolysant, comme pour les métaux ci-dessus, les cyanures doubles alcalins; ce procédé est plus avantageux que le précédent. On ajoute au mélange des deux sels, de préférence aux sulfates, 4 à 5 grammes de cyanure de potassium, étend à 150 centimètres cubes environ et dépose le cadmium avec une différence de potentiel de 2,6 volts (Smith et Frankel, Freudenberg). La précipitation, assez longue, exige une vingtaine d'heures pour $0^{gr},3$ de métal que l'on obtient avec son éclat métallique. — La dissolution contenant le zinc, traitée ensuite avec de nouvelles électrodes par des courants plus intenses, donnera directement ce métal.

Un procédé, également recommandable, est le suivant, préconisé par Yver. La solution renfermant le cadmium et le zinc, indifféremment à l'état d'acétate ou de sulfate, est additionnée dans les deux cas d'acétate de soude (2 à 3 grammes), puis de quelques gouttes d'acide acétique. Yver électrolysait avec deux éléments Daniell du modèle ordinaire. Le cadmium seul se dépose à la cathode en couche cristalline. L'opération s'effectue à chaud et exige trois à quatre heures seulement, pour des quantités de cadmium et de zinc atteignant $0^{gr},2$. Les résultats sont exacts.

Le laboratoire technique de l'Université de Munich modifie et précise les conditions du procédé Yver de la façon suivante : on ajoute, à la solution sulfurique des deux métaux, de la lessive de soude, jusqu'à apparition d'un précipité persistant, que l'on dissout dans la moindre quantité possible d'acide sulfurique ; on étend avec de l'eau à environ 70 centimètres cubes et l'on réduit le cadmium avec un faible courant ND_{100} = 0,07 ampère. Quand la majeure partie du métal est précipitée, on neutralise l'acide sulfurique mis en liberté, par de la soude, ajoute 3 grammes d'acétate de soude et électrolyse, à la température de 45°, par un courant ND_{100} = 0,03 ampère. La différence de potentiel est de 2,4 volts.

L'électrolyse des oxalates doubles permet aussi, d'après Eliasberg, la séparation des deux métaux. On ajoute à la liqueur neutralisée 8 à 10 grammes d'oxalate de potasse et 2 grammes d'oxalate d'ammoniaque et l'on électrolyse, à chaud, avec un très faible courant de 0,01 ampère. L'opération est fort longue, car on n'obtient que $0^{gr},02$ de cadmium en six à sept heures. De plus, le zinc, resté en solution devant être précipité ensuite par un courant plus fort, il se fait important de connaître la différence de potentiel limite à employer dans la séparation primitive du cadmium, et elle n'est pas donnée. A. Vallet, qui a répété récemment ces expériences, dans les mêmes conditions et à la température de 80°, estime que l'on ne doit pas dépasser une différence de potentiel de 0,3 volt, si l'on veut que le zinc ne soit pas précipité en même temps que le cadmium.

Enfin, Smith a proposé l'électrolyse des solutions additionnées de phosphate de soude et d'acide phosphorique libre. En outre, d'après Smith et Knerr, en ajoutant aux solutions neutres des deux métaux 3 à 4 grammes de tartrate de soude et de l'acide tartrique libre, on obtiendrait, à chaud et avec un courant de 0,03 ampère, le cadmium tout à fait exempt de zinc.

ZINC ET MERCURE.

Comme pour le nickel ou le cobalt d'avec le mercure.

MANGANÈSE ET CUIVRE.

Riche a effectué cette séparation en liqueur sulfurique, qui donne de bons résultats ; on peut opérer également en liqueur nitrique. Dans l'un comme dans l'autre cas, le cuivre se dépose à la cathode et le peroxyde de manganèse à l'anode.

Pour opérer en liqueur sulfurique, par exemple avec 0^{gr},5 de sulfate de chacun des métaux (ou de nitrate), on étend, suivant Neumann, à 130-150 centimètres cubes et ajoute 10 gouttes environ d'acide sulfurique concentré. L'électrolyse est terminée en deux à trois heures, à la température de 50 à 60°, avec une densité de courant de 0,5 à 1 ampère. Ici encore, comme dans la séparation du cuivre et du plomb, on aura soin de prendre pour anode l'électrode qui présente la plus grande surface. Les autres précautions, relatives aux lavages et au traitement des deux dépôts, sont indiquées au cuivre et au manganèse.

L'opération en liqueur nitrique s'effectue de même dans les solutions contenant un peu d'acide azotique libre, température 50 à 60°, densité du courant 0,5 ampère. Il y a lieu d'observer toutefois que, si la quantité d'acide nitrique libre dépasse 3 à 4 p. 100 dans le liquide électrolytique, il ne se dépose plus de peroxyde à l'anode et l'on voit apparaître la couleur rouge de l'acide permanganique.

Smith sépare ces deux métaux dans leurs solutions additionnées de phosphate de soude et d'acide phosphorique libre, ce dernier s'opposant, paraît-il, à la précipitation du manganèse par le courant. Pour 0^{gr},18 de cuivre, et à peu près autant de manganèse, Smith ajoute 30 centimètres cubes d'une solution de phosphate de soude (D = 1,04) et 10 centimètres cubes d'acide phosphorique (D = 1,35) ; on étend à 150 centi-

mètres cubes et électrolyse avec un courant de 0,1 ampère.
Le cuivre seul se dépose.

C. Engels a recours à la méthode des oxalates doubles,
préconisée par Classen, mais le procédé est alors compliqué
et, comme celui de Smith, il ne présente aucun avantage sur
les deux premiers.

MANGANÈSE ET PLOMB.

En présence d'acide azotique libre, l'électrolyse des sels de
ces deux métaux donne naissance à leurs peroxydes se portant, l'un et l'autre, à l'anode. Il est toutefois possible
d'obtenir une séparation, si la proportion d'acide azotique
dépasse 3 à 4 p. 100; il se sépare alors du peroxyde de
plomb à l'anode, tandis que le manganèse se transforme
en acide permanganique, reconnaissable à la couleur rouge
que prend la liqueur. Électrolyse-t-on, avec un faible courant et à la température ordinaire, une solution des deux sels
contenant environ 20 p. 100 d'acide azotique, le peroxyde
de plomb se dépose avec lenteur et le liquide reste incolore.
Mais si l'on chauffe dès l'origine, à 50-60°, en employant
un courant de 1,5 à 2 ampères (différence de potentiel 2,5 à
2,7 volts), le plomb est déposé en un temps très court et la
liqueur prend la teinte rouge de l'acide permanganique. L'électrolyse donne des résultats approchant de l'exactitude, si l'on
opère à chaud, avec les intensités de courants précitées et
en se tenant dans des limites telles qu'il n'y ait pas plus de
0^{gr},03 de manganèse dans 150 centimètres cubes de liqueur.
Avec de plus grandes quantités de métal, et si l'on prolonge
l'électrolyse, la teinte rouge du liquide s'assombrit et il
apparaît des flocons de peroxyde de manganèse; le précipité de peroxyde de plomb contient alors du manganèse
(Neumann).

En pratique, ce procédé, d'une exécution délicate, ne présente pas d'avantages sur la méthode classique de la voie
humide, qui consisterait à séparer d'abord le plomb à l'état
de sulfate, etc.

MANGANÈSE ET CADMIUM.

On sait que dans l'électrolyse des liqueurs faiblement acidifiées par l'acide sulfurique, le manganèse se porte à l'anode sous forme de peroxyde, tandis que le cadmium se précipite complètement à la cathode, si la proportion d'acide sulfurique n'est pas trop grande. C'est là un moyen de séparation des deux métaux, que l'on utilisera en opérant sur peu de matière et en prenant, pour le manganèse, la surface d'électrode la plus grande. On se placera, d'ailleurs, dans les conditions relatives à la séparation du nickel, ou du cobalt, d'avec le cadmium.

MANGANÈSE ET MERCURE.

On opérera en liqueur sulfurique ; le peroxyde de manganèse se dépose à l'anode, le mercure à la cathode.

ALUMINIUM OU CHROME ET CADMIUM.

Pourra être effectuée en liqueur faiblement acidifiée par l'acide sulfurique, ou additionnée de cyanure de potassium.

POTASSIUM ET SODIUM.

L'électrolyse peut être utilisée, combinée avec les procédés ordinaires de la voie humide, dans la séparation de ces deux métaux. Après avoir pesé les deux chlorures alcalins, le potassium est précipité à l'état de chloroplatinate, que l'on dissout dans l'eau bouillante afin d'y doser le platine par électrolyse, comme il est dit au sujet du potassium. Pour déterminer ensuite le sodium, dans le liquide provenant de la filtration du chloroplatinate de potassium, on chasse l'alcool au bain-marie, on reprend le résidu par l'eau et on en élimine le platine par électrolyse. Le liquide restant, additionné d'un peu d'acide chlorhydrique, est évaporé à sec et calciné modérément, ce qui donne le poids du chlorure de sodium.

SODIUM ET AMMONIUM.

On opère exactement comme ci-dessus, en précipitant l'ammonium à l'état de chloroplatinate, etc...

BARYUM, STRONTIUM, CALCIUM, MAGNÉSIUM ET ALCALIS D'AVEC LES MÉTAUX DES DIVERS GROUPES.

Tous les métaux alcalins, ou alcalino-terreux, peuvent être aisément séparés, par la voie électrolytique, de bon nombre d'autres qui sont précipitables en liqueurs acidifiées par les acides azotique ou sulfurique; ils restent en solution sans apporter aucune gêne dans l'électrolyse. Les liqueurs oxaliques conviennent aussi dans quelques cas; il est à peine besoin de faire observer qu'elles ne sauraient être utilisées, pas plus que l'acidification par l'acide sulfurique, en présence des alcalino-terreux.

Enfin, l'électrolyse en liqueur sulfo ou cyano-alcaline permet encore la séparation d'un grand nombre de métaux par voie électrolytique, mais ne rend plus possible le dosage des alcalins ou des alcalino-terreux dans le liquide résiduel.

QUATRIÈME PARTIE

Analyses spéciales industrielles et autres.

LAITONS.

Pour analyser les laitons, qui, indépendamment de leurs éléments normaux, cuivre et zinc, contiennent encore un peu de fer et de plomb, Riche opère de la façon suivante sur 0,3 à 1 gramme de matière :

L'alliage est dissous dans l'acide azotique, on chasse la majeure partie de l'acide par la chaleur et on électrolyse la liqueur étendue, à la température de 70°. Le cuivre se dépose sur le cône central de son appareil pris comme cathode, et le plomb, sous forme de bioxyde, à l'anode, creuset extérieur. Le cône débarrassé du cuivre, que l'on a pesé, est replacé dans le liquide additionné encore de 1 à 2 centimètres cubes d'acide azotique et l'on intervertit maintenant le courant, de manière à transporter le bioxyde de plomb sur le cône, pris cette fois comme anode, avec lequel il est pesé, etc...

Le fer reste en solution, parce que la liqueur est fortement acide. On le précipite par l'ammoniaque à l'état de peroxyde que l'on pèse.

La liqueur, débarrassée du fer, est évaporée à sec; le résidu est arrosé d'acide sulfurique et chauffé, tant pour chasser l'excès de cet acide que pour changer l'azotate en sulfate. On sursature par l'ammoniaque, ajoute 5 grammes environ de sulfate d'ammonium, 3 à 5 gouttes d'acide sulfurique en excès et électrolyse pour précipiter ainsi le zinc; au bout de deux heures, on ajoute encore 5 grammes de sel ammoniacal et l'on termine l'électrolyse. Riche effectue de préférence le dosage terminal du zinc dans un gobelet de verre avec deux cylindres concentriques comme électrodes.

Les analyses des laitons ont été faites ainsi très exactement, à l'aide de simples piles.

On a indiqué, depuis, de légères modifications à ce procédé, qui n'en augmentent pas sensiblement l'exactitude; on dissout, par exemple, à chaud, $0^{gr},5$ d'alliage, de préférence en copeaux ou limaille, dans l'acide azotique ou sulfurique, environ 10 centimètres cubes du premier acide ou 5 centimètres cubes du second. On étend la liqueur à 150-180 centimètres cubes et on la soumet à l'électrolyse, dans les conditions indiquées page 241 pour la séparation du cuivre et du zinc. S'il y a du plomb, il est évident que l'on ne peut opérer qu'en liqueur nitrique, à cause de l'insolubilité du sulfate; ce métal se déposera sous forme de bioxyde à l'anode, qui peut toujours être utilisée à cet effet, même lorsqu'elle ne présente qu'une faible surface, les quantités de plomb contenues dans l'alliage étant toujours minimes. Les électrodes sont lavées sans interruption de courant et les solutions nitriques restantes sont évaporées ensuite, au bain-marie, avec un excès d'acide sulfurique, pour l'expulsion complète de l'acide azotique. La masse reprise avec un peu d'eau est traitée par un léger excès d'ammoniaque, qui précipite les traces de fer à l'état d'hydroxyde que l'on recueille sur un petit filtre et pèse après calcination. Ce procédé est bien plus rapide et tout aussi exact que celui qui consisterait à transformer cet hydroxyde en oxalate double ammoniacal et à l'électrolyser.

Les liqueurs, débarrassées du fer, ne contiennent plus que le zinc, que l'on transforme en cyanure ou en oxalate double afin de le doser électrolytiquement comme il est dit pages 184-186.

On pourrait aussi précipiter simultanément le zinc et le fer par le courant et, après pesée et dissolution des deux métaux, déterminer le fer par liqueurs titrées; mais cette marche plus longue et moins directe n'offre aucun avantage.

Dans le cas où un laiton contiendrait accidentellement de petites quantités d'étain, on le considérerait, au point de vue de l'analyse, comme un bronze et le traiterait comme tel.

BRONZES ORDINAIRES, BRONZES PHOSPHORÉS.

Le bronze, en principe alliage de cuivre et d'étain, contient, en outre et souvent, de petites quantités de zinc s'y trouvant accidentellement, ou introduites intentionnellement pour modifier ses propriétés en vue d'applications diverses. On y rencontre aussi de petites quantités, ou des traces, de plomb et de fer, comme dans le laiton.

Pour les bronzes, Riche effectue l'attaque ainsi que nous l'avons dit au sujet des laitons, mais en opérant sur 4 à 8 grammes suivant la composition. L'acide métastannique formé est dosé par le procédé ordinaire de la voie humide; quant à la liqueur, ainsi débarrassée de l'étain, il y dose le cuivre, le plomb, le fer et le zinc, comme dans le laiton.

L'analyse des bronzes par ce procédé donne encore d'excellents résultats.

Toutefois, pour l'analyse de nos bronzes monétaires à la monnaie de Paris, Riche, après avoir dosé, comme d'habitude, le cuivre et le plomb électrolytiquement, préfère au dosage du zinc par cette voie, qu'il avait d'abord indiquée, un mode de détermination par voie sèche, dû à Peligot, qui se recommande par une plus grande rapidité d'exécution, surtout lors-qu'on a en vue de nombreux essais simultanés. On procède à cette détermination du zinc pendant le temps qu'exige le dosage du cuivre et de l'étain. On sait que notre bronze monétaire est formé de 95 parties de cuivre, de 4 parties d'étain et de 1 partie de zinc. Pour le dosage du zinc, on prend 1 gramme de bronze et $0^{gr},5$ d'étain fin que l'on introduit ensemble dans un petit creuset de charbon de cornue à gaz. On place un, deux ou trois, etc., de ces creusets, munis de leur couvercle, dans une caisse en terre réfractaire, qui est remplie de poussière de charbon et on la lute avec de la terre forte.

Cette caisse est portée dans le moufle du fourneau de coupelle et chauffée au rouge pendant toute une journée.

Le lendemain, on retire les creusets dans lesquels se trouve un petit culot homogène très lisse, formé de cuivre et d'étain; le zinc s'est évaporé peu à peu par la chaleur, la perte de poids en détermine la quantité. Si l'on ajoute de l'étain, c'est pour que l'alliage fonde facilement à la chaleur du moufle, qui ne dépasse guère le point de fusion de l'or.

Lorsque les moufles ne sont pas disponibles, on fait cette opération, par les mêmes moyens, sur un chalumeau à gaz de l'éclairage et à air. Dans ce cas, la température est assez haute pour que l'on ne soit pas obligé d'ajouter de l'étain. On y gagne en vitesse, car la volatilisation du zinc est alors complète en deux heures et demie à trois heures, tandis qu'il faut une chauffe de huit à neuf heures dans le moufle.

Ce procédé de dosage dispense de l'évaporation en présence d'acide sulfurique, des liqueurs nitriques débarrassées du cuivre et du dosage subséquent du zinc par électrolyse, opérations toujours fort longues.

La marche suivie, par divers auteurs, dans l'analyse des bronzes reste toujours sensiblement la même; la voici encore avec quelques modifications et une meilleure spécification des détails :

On attaque 0,3 à 0,5 gramme de l'alliage, finement divisé, par de l'acide azotique concentré (densité 1,5); la dissolution étant effectuée, on étend d'un peu d'eau, porte à l'ébullition et recueille finalement sur un filtre l'acide métastannique que l'on pèse après lavage et calcination. La liqueur filtrée, débarrassée de l'étain, ne contenant plus que du cuivre, du zinc, du plomb et du fer, la suite des opérations se trouve ramenée, à partir de ce point, au cas précédent, analyse du laiton en liqueur nitrique.

Au lieu de calciner et de peser l'acide métastannique, on peut le dissoudre dans le sulfure d'ammonium et soumettre la liqueur, ainsi obtenue, à l'électrolyse, pour en précipiter l'étain à l'état métallique (Voy. p. 136); ou bien encore, moins commodément, convertir l'oxyde stannique en oxalate double ammoniacal, que l'on électrolyse.

Enfin, un autre procédé d'analyse du bronze consiste à le dissoudre dans l'eau régale, à évaporer à sec au bain-marie et à faire digérer le résidu avec un excès de sulfure de sodium, qui dissout l'étain à l'état de sulfosel et laisse un résidu de sulfure de cuivre (et également de sulfures de zinc, de plomb, de fer, si le bronze est souillé de ces métaux). Ces sulfures métalliques insolubles sont recueillis sur un filtre, lavés avec de l'eau contenant quelques gouttes de sulfure de sodium et finalement dissous dans l'acide nitrique, etc., cas de l'analyse du laiton. Quant à la liqueur sulfosodique de l'étain, on la convertit, comme l'on sait (p. 137) en liqueur sulfo-ammonique, au moyen du sulfate d'ammoniaque, pour la rendre propre à l'électrolyse.

Si le bronze renferme du phosphore, on l'attaque comme précédemment par l'acide azotique; tout l'acide phosphorique formé est entraîné en combinaison insoluble avec l'acide métastannique; on fait digérer, ainsi qu'il est dit plus haut, avec du sulfure de sodium, dans lequel l'étain et l'acide phosphorique entrent seuls en dissolution; dans celle-ci, convertie en liqueur sulfo-ammonique, on précipite l'étain par l'électrolyse et dans la liqueur, maintenant débarrassée de l'étain, l'acide phosphorique par la mixture magnésienne (Voy. p. 207). Quant au résidu de sulfures de cuivre, de zinc, etc., insolubles dans Na²S, ils sont, après dissolution dans l'acide azotique, traités comme un laiton.

Comme pour les dosages électrolytiques des cuivres commerciaux (étudiés plus loin), Hollard a fait connaître les variantes des procédés de Riche, Classen et autres utilisés pour l'analyse des bronzes dans le laboratoire de la Société française des métaux; les voici avec les détails nécessaires pour leur exécution :

Dosage du cuivre. — 5 grammes d'alliage sont attaqués, dans un verre de Bohême, par un mélange de 25 centimètres cubes d'acide nitrique à 36° B., et 15 centimètres cubes d'acide sulfurique concentré (1). En présence d'une aussi grande proportion d'acide sulfurique, l'étain se dissout, au moins en partie. On étend à 350 centimètres cubes et l'on chauffe et maintient le liquide à une température voisine de l'ébullition jusqu'à ce que la partie insoluble, qui contient l'étain, se soit bien rassemblée au fond du vase. Dans ces con-

---

(1) Comme dans l'analyse des cuivres, les quantités d'acides à employer ne sont pas proportionnelles au poids de l'alliage soumis à l'analyse. Si l'on désire opérer sur un poids d'alliage différent de 5 grammes, on prendra les quantités suivantes :

Pour 1 gr. d'alliage, 20 c.c. d'ac. nitrique à 36° B. et 6 c.c. d'ac. sulfurique concentré.

| 2 | — | 11 | — | 3 | — |
| 10 | — | 30 | — | 20 | — |

ditions, on obtient une liqueur parfaitement claire dans laquelle on peut plonger, sans la troubler, le cône et la spirale de l'appareil de Luckow servant d'électrodes, et l'on opère, en ce qui concerne les dimensions de l'appareil et la conduite de l'électrolyse, comme il est dit page 268 à l'analyse des cuivres.

Dosage de l'étain. — Le liquide exempt de cuivre est évaporé au bain de sable jusqu'à ce qu'il ne reste plus que quelques gouttes d'acide sulfurique. On reprend par de l'acide chlorhydrique et de l'eau, et l'on précipite l'étain par l'hydrogène sulfuré dans les conditions ordinaires. Le sulfure d'étain lavé avec une solution de chlorure de sodium est dissous dans le sulfhydrate jaune d'ammoniaque, et cette solution est évaporée à sec au bain-marie. Le résidu obtenu est attaqué par 9 grammes de chlorate de potasse en dissolution dans l'eau, et un excès d'acide chlorhydrique. La solution d'étain ainsi obtenue est évaporée de nouveau à sec au bain-marie et le résidu repris par 30 centimètres cubes d'acide chlorhydrique pur ordinaire et de l'eau. On filtre cette solution et l'on y fait dissoudre 30 grammes d'oxalate d'ammonium pur; enfin, on l'électrolyse, après l'avoir étendue à 350 centimètres cubes et chauffée à 90°, avec le genre d'électrodes sus-indiqué et à l'aide d'un courant de 0,7 ampère. Au bout de douze heures, le dépôt est complètement adhérent, et le dosage exact (1). Cette manière de procéder n'est qu'une variante de celle de Classen qui opère en liqueur oxalique neutre, Hollard estimant qu'il vaut mieux, comme ci-dessus, opérer en liqueur acide, pour éviter que le bain ne se trouble pendant l'électrolyse par suite de la formation de combinaisons insolubles de l'étain.

Dosage du zinc. — La liqueur exempte de cuivre et d'étain est débarrassée par la chaleur de tout l'hydrogène sulfuré dissous, puis évaporée à sec, au bain de sable, jusqu'à ce qu'il ne reste plus que quelques gouttes d'acide sulfurique. On reprend par l'eau le sulfate de zinc ainsi formé; on neutralise par l'ammoniaque et l'on ajoute à la dissolution 15 centimètres cubes de citrate d'ammoniaque au 1/10, 0ᶜᶜ,4 d'acide acétique cristallisable, et de l'ammoniaque jusqu'à neutrali-

(1) Pour avoir des dépôts bien adhérents, il est préférable d'employer des électrodes dépolies.

sation (ce qui représente 13^{gr},8 d'acétate d'ammoniaque sec)); enfin, 3 centimètres cubes d'acide acétique cristallisable.

Le bain acide ainsi obtenu et étendu à 350 centimètres cubes, est soumis, toujours avec le même genre d'électrodes, à un courant de 0,6 ampère pendant douze heures environ, ampérage maximum qu'il ne faut pas dépasser sous peine de voir se déposer au fond des vases des sels basiques de fer, lorsque ce métal existe dans les bronzes. Au bout de ce temps, tout le zinc est déposé sur le cône, bien adhérent.

D'après Hollard, le zinc obtenu dans ces conditions peut être facilement retiré du cône par simple immersion et dissolution dans de l'acide nitrique à la température ordinaire.

Si le bronze contenait du *fer*, celui-ci se déposerait, au moins en partie, avec le zinc; on le retranche dans ce cas du poids du zinc trouvé, après l'avoir dosé, comme à l'ordinaire, par le permanganate de potasse.

Le *plomb*, que l'on rencontre souvent dans les bronzes, est dosé par électrolyse en solution nitrique sur une nouvelle prise d'alliage, comme on l'indique au sujet de l'analyse des laitons (p. 248) et des cuivres commerciaux (p. 265). Il n'est pas nécessaire de filtrer le bioxyde d'étain qui résulte de l'attaque de l'alliage par l'acide nitrique; en chauffant le liquide pendant un certain temps, presque à l'ébullition, puis laissant refroidir, le bioxyde d'étain se rassemble très bien au fond du vase et ne gêne pas le dépôt électrolytique du plomb.

MAILLECHORT. — ARGENTAN.

Pour la séparation électrolytique des trois métaux, cuivre, zinc et nickel, qui constituent essentiellement le maillechort, on peut avoir recours, selon Neumann, à l'une des trois méthodes suivantes: ou bien on précipite d'abord, de la solution nitrique, tout le cuivre et l'on sépare ensuite le zinc du nickel dans la liqueur débarrassée du cuivre; ou bien on précipite simultanément, par électrolyse d'une solution alcaline de sel de Seignette, le cuivre et le zinc sous forme d'alliage, et on détermine ensuite le nickel; ou bien enfin, on a recours à une solution ammoniacale contenant du carbonate d'ammonium, de laquelle on précipite simultanément le cuivre et le nickel à l'état d'alliage, tandis que le zinc reste en dissolution.

Dans l'exécution du premier procédé, on pèse $0^{gr},2$ à $0^{gr},4$ de l'alliage, de préférence en fine limaille, que l'on dissout dans un vase de Bohême, à l'aide d'acide azotique étendu. Une fois la dissolution effectuée, on ajoute encore 20 à 30 centimètres cubes d'acide azotique fort, on étend à 150 centimètres cubes et électrolyse la solution, maintenue à la température ordinaire, soit dans un vase à précipité avec l'électrode conique, soit dans la capsule d'électrolyse. Densité du courant 0,5 à 1 ampère et différence de potentiel 2,5 à 2,8 volts. Tout le cuivre est ainsi déposé en deux ou trois heures. La solution nitrique restante est maintenant évaporée, de préférence avec de l'acide sulfurique, et la solution du sulfate, neutralisée, est traitée de l'une des façons indiquées (p. 235 et 236), suivant que l'on veut précipiter le zinc d'abord et le nickel ensuite, ou inversement.

Pour effectuer l'analyse par la deuxième méthode, on dissout $0^{gr},2$ à $0^{gr},4$ de l'alliage, comme précédemment, dans l'acide azotique; on évapore avec un peu d'acide sulfurique, on ajoute à la solution du sulfate 6 grammes de sel de Seignette et 4 à 5 grammes de potasse caustique; on étend à 150 centimètres cubes, chauffe à 40 ou 50° et électrolyse avec une densité de courant de 0,6 à 0,7 ampère. En trois ou quatre heures, le cuivre et le zinc sont complètement précipités, sous forme d'alliage. En réalité, le cuivre se dépose tout d'abord et plus rapidement que le zinc, la couleur rouge du cuivre passant progressivement à la couleur grise du zinc. Après lavage, on dissout cet alliage dans quelques centimètres cubes d'acide sulfurique, ou d'acide nitrique étendus, et l'on effectue la séparation du cuivre et du zinc, comme il est indiqué (p. 241), avec une densité de courant de 1 ampère; la précipitation du cuivre est complète en deux ou trois heures. Dans la solution libre de cuivre et de zinc, et ne contenant plus que le nickel, on ajoute directement 15 grammes de carbonate d'ammoniaque, on chauffe à 30 ou 50° et on électrolyse avec un courant de 0,8 à 1 ampère; le nickel se précipite ainsi en deux ou quatre heures, brillant et clair.

Pour opérer d'après la troisième méthode, on dissout environ 0gr,2 à 0gr,4 du maillechort dans l'acide azotique, on évapore avec de l'acide sulfurique et l'on ajoute, à la solution du sulfate, 10 grammes de carbonate d'ammonium, 15 grammes de sulfate d'ammonium et 10 centimètres cubes d'ammoniaque. La solution étendue est chauffée à 50° et électrolysée avec une densité de courant de 0,5 ampère. La précipitation de l'alliage cuivre-nickel exige quatre à cinq heures. Si l'on prolonge la durée de l'électrolyse, il peut survenir un brunissement du dépôt, dû à une formation de peroxyde de nickel. La solution sulfurique ou azotique de l'alliage cuivre-nickel est ensuite traitée, pour la séparation de ces métaux, comme à la page 237.

Il ne reste plus qu'à déterminer le zinc; à cet effet, on ajoute, à la solution restante, débarrassée du cuivre et du nickel, de l'oxalate d'ammoniaque, ou du cyanure de potassium; ou bien encore on chasse la plus grande partie de l'ammoniaque, on ajoute 2 à 3 grammes de soude caustique et l'on dépose le zinc, comme il est indiqué au sujet de ce métal (p. 182 et suiv.).

Si l'alliage primitif contenait un peu de fer, celui-ci se précipiterait, dès l'origine, dans le traitement par l'ammoniaque; après filtration, on le déterminerait par pesée, ou bien on le transformerait en oxalate double pour le précipiter électrolytiquement, d'après la page 173.

ALLIAGES DE CUIVRE ET DE NICKEL
(MONNAIES DE NICKEL).

Ces alliages contiennent parfois des traces de fer. On dissout pour l'analyse 2 à 5 décigrammes d'alliage dans l'acide azotique ou dans l'acide sulfurique, et l'on électrolyse, afin d'en précipiter le cuivre, l'une ou l'autre de ces solutions fortement acides, comme il est dit au sujet de ce métal (p. 145 et p. 237).

Pour déterminer ensuite le nickel, si l'on a opéré en liqueur nitrique, il est nécessaire de le transformer en sulfate par évaporation avec de l'acide sulfurique et l'on précipite le métal, électrolytiquement, dans la liqueur rendue finalement ammoniacale.

L'attaque des alliages de cuivre et de nickel par l'acide sulfurique est plus lente qu'avec l'acide nitrique; mais, par contre, une fois le cuivre déposé de cette solution par électrolyse, on peut aussitôt y précipiter le nickel après sursaturation par l'ammoniaque, sans autre opération intermédiaire.

Lorsque l'alliage contient du fer comme impureté, celui-ci se dépose à l'état d'hydrate de peroxyde, lorsqu'on rend les liqueurs alcalines par l'ammoniaque; on n'a qu'à recueillir ce léger précipité sur filtre et à le peser, comme l'on sait, après calcination : c'est la manière de procéder la plus commode; la redissolution de l'hydrate de fer dans un acide et sa transformation en oxalate double ammoniacal, permettant de précipiter le fer électrolytiquement, est moins avantageuse.

ALLIAGES DE CUIVRE ET D'ARGENT
(MONNAIES D'ARGENT).

On dissout quelques décigrammes de l'alliage dans de l'acide azotique étendu et l'on sépare ces métaux par l'électrolyse, ainsi qu'il est dit au sujet de leur séparation (p. 211), soit en liqueur contenant de l'acide azotique libre, soit en liqueur cyanogénée; dans ce dernier cas, on saturera au préalable l'acide azotique par de la potasse ou de la soude, avant d'ajouter le cyanure de potassium.

ALLIAGES DE CUIVRE ET D'ALUMINIUM
(BRONZES D'ALUMINIUM).

On dissout quelques décigrammes de l'alliage dans l'acide azotique et l'on précipite le cuivre, comme l'on sait, dans cette liqueur acide; quant à l'aluminium, il ne peut être dosé dans le liquide restant que par les méthodes pondérales ordinaires.

ALLIAGES DE CUIVRE ET D'OR (MONNAIES D'OR).

La dissolution dans l'eau régale est évaporée à sec, avec précaution au bain-marie, puis reprise par l'eau; s'il y avait de l'argent, comme dans les anciennes monnaies d'or françaises ou dans certains alliages commerciaux, il resterait pour résidu à l'état de chlorure : on n'aurait qu'à le peser, ou à le dissoudre pour le doser électrolytiquement. On ajouterait ensuite à la liqueur, débarrassée du chlorure d'argent, de 2 à 3 grammes de cyanure de potassium suivant les quantités, et l'or serait précipité par un courant très faible (Voy. *Or*, p. 138).

Un courant plus intense, 1 ampère environ, précipitera le cuivre à son tour (p. 149).

On peut aussi détruire le cyanure par l'acide azotique, et effectuer la précipitation du cuivre en liqueur nitrique.

CORNETS D'OR, TRAITEMENT PAR L'ÉLECTROLYSE.

A. Bock a proposé de débarrasser complètement les cornets d'or, au moyen de l'électrolyse, de toute trace de métaux étrangers.

Les petits cornets, or-argent, sont soumis comme anode à l'action du courant électrique dans de l'eau acidifiée par l'acide nitrique. De la sorte, tous les métaux étrangers entrent en dissolution et se séparent à la cathode. En présence du plomb, l'électrolyse doit être reprise dans un deuxième bain avec interversion des pôles. L'or, qui se trouve dans un vase de platine pris comme anode, est lavé ensuite avec de l'eau, séché et porté au rouge.

Dans les essais d'or fin, Bock fond ensemble dans un creuset de graphite 500 milligrammes d'or avec 1 300 milligrammes d'argent, lamine ensuite à la manière ordinaire, roule en cornets, etc...

ALLIAGES DE FER ET DE NICKEL OU DE COBALT (ACIERS NICKELIFÈRES).

L'analyse électrolytique de ces alliages, étudiée récemment par Ducru (1), repose sur ce fait : que si l'on précipite par l'ammoniaque en excès une solution ferrique, contenant par exemple du nickel, une partie de ce dernier métal reste en dissolution, tandis qu'une proportion notable est entraînée par l'hydrate ferrique. Toutefois, si l'on soumet à l'électro-

<hr>

(1) Ducru, *Comptes rendus de l'Acad. des sciences*, t. CXXV, p. 436.

lyse la liqueur ammoniacale, tenant en suspension le précipité, on peut obtenir sur la cathode le dépôt intégral du
nickel, ainsi que d'ailleurs A. Leroy puis Vortmann l'avaient
indiqué. La séparation n'est pas absolument rigoureuse; presque toujours une très petite quantité de fer se dépose également
sur la cathode, mais, dans des conditions convenables, cette
quantité oscille aux environs de 1 à 2 milligrammes, alors
que le fer en présence peut atteindre 400 à 500 milligrammes.
Cette approximation est très suffisante dans la plupart des
essais industriels. Pour des expériences plus précises, il est
nécessaire de faire une correction au poids du métal déposé,
ce que l'on réalise facilement par dissolution du dépôt de
nickel dans l'acide chlorhydrique, peroxydation et précipitation par l'ammoniaque.

Soit à doser le nickel d'un acier, on attaque 250 à 300 milligrammes d'acier par l'eau régale, dans une capsule de porcelaine. L'attaque terminée, on ajoute 1 centimètre cube
d'acide sulfurique et l'on évapore à production de fumées
blanches. On reprend par le moins d'eau possible, on ajoute
5 à 10 grammes de sulfate d'ammoniaque, et l'on chauffe jusqu'à l'obtention d'une liqueur limpide. Cette liqueur est versée,
en agitant, dans le creuset de l'appareil de Riche (ou dans
tout autre appareil) dans lequel on a placé 60 à 70 centimètres
cubes d'ammoniaque concentrée. On procède alors à l'électrolyse avec un courant de début de 1,5 à 2,5 ampères, si l'on
emploie l'appareil de Riche, ce qui représente environ 25 à
45 milliampères par centimètre carré. Dans ces conditions, en
moins de quatre heures le nickel est entièrement déposé.

Le même procédé est applicable au cobalt. Si un acier
nickelifère contient du cobalt, celui-ci déposé simultanément
est compté pratiquement comme nickel.

Si l'on veut faire la correction relative à la très petite quantité de fer déposée avec le nickel, et qui est accompagnée à
peu près constamment de traces de manganèse, on dissout le
dépôt de nickel dans l'acide chlorhydrique, on ajoute un peu
d'eau oxygénée et précipite par l'ammoniaque, ce qui donne
un petit dépôt d'hydrate de fer tenant manganèse. On le cal-
cule en fer, après calcination, à l'aide du coefficient 0,700, si
voisin du coefficient de transformation de Mn^3O^4 en $Mn = 0,721$

qu'il n'apporte pas d'erreur appréciable sur un poids d'oxydes réunis atteignant à peine 2 milligrammes.

Il est inutile, dans ces analyses d'acier, de séparer le silicium et le carbone.

Les petites quantités de manganèse, de phosphore ou de chrome, pouvant exister dans les aciers, ne nuisent pas à la méthode d'analyse que nous venons d'exposer; mais il suffit d'une très faible proportion d'acide chromique dans une solution ammoniacale de nickel pour empêcher le dépôt électrolytique, qu'il y ait ou non du fer en présence (Ducru).

ALLIAGES D'ÉTAIN, D'ANTIMOINE ET D'ARSENIC.

L'analyse de ces alliages, très délicate si l'on a recours aux procédés ordinaires de l'analyse pondérale, devient relativement simple si l'on emploie les méthodes électrolytiques, à la condition, toutefois, que l'arsenic soit amené au préalable au maximum d'oxydation.

Pour effectuer ces analyses, on peut suivre l'une des marches suivantes en grande partie exposées pages 201 à 206 et que nous résumons :

1° On attaque l'alliage par des oxydants, tels que l'acide azotique, ou mieux par l'eau régale, ou encore par un mélange de chlorate de potasse et d'acide chlorhydrique ; on chasse l'excès de ces acides par évaporation au bain-marie.

Traiter ensuite par la soude et le sulfure de sodium, précipiter l'antimoine à l'aide du courant, puis l'arsenic et l'étain par l'H²S. Ce dernier précipité peut être traité de plusieurs façons : ou bien on le dissout dans un mélange d'acide chlorhydrique et de chlorate de potasse et on précipite l'arsenic par la mixture magnésienne, et ensuite, après addition de sulfure d'ammonium, l'étain par électrolyse (la conversion du sulfosel en oxalate permettrait également l'électrolyse) ; ou bien on fait digérer le précipité des deux sulfures avec du carbonate d'ammoniaque, qui dissout le sulfure d'arsenic que l'on régénère afin de doser l'arsenic par les méthodes pondérales ; le résidu indissous de sulfure d'étain est mis en dissolution dans le sulfhydrate d'ammoniaque et électrolysé, ou encore converti en oxalate, etc.

2° On dissout l'alliage comme ci-dessus et traite de même par le Na²S pour doser l'antimoine ; après quoi le sulfure sodique est transformé en sulfure ammonique afin de pouvoir doser l'étain par électrolyse ; l'arsenic, débarrassé de l'antimoine et de l'étain, reste finalement dans les dernières liqueurs.

Comme celles-ci sont très chargées en sels divers, le mieux est d'y précipiter l'arsenic par l'hydrogène sulfuré. L'arsenic, après dissolution du sulfure, comme plus haut, dans le mélange de chlorate et d'acide chlorhydrique, sera précipité par la mixture magnésienne, etc.

3° On peut aussi, pour l'analyse de ces alliages, éliminer au préalable l'arsenic, en le volatilisant et le condensant par la méthode de Fischer et Hulfschmidt (p. 205).

Dès lors, attaquer l'alliage par le mélange de chlorate de potasse et d'acide chlorhydrique ; distiller en présence du réducteur, sel ferreux, dans le courant chlorhydrique ; doser l'arsenic reçu dans le vase distillatoire par liqueurs titrées, ou par les méthodes pondérales ordinaires. Précipiter l'antimoine et l'étain, restés dans le vase distillatoire, par l'hydrogène sulfuré, et séparer électrolytiquement ces deux métaux comme il est dit page 206.

ALLIAGES DE PLOMB ET D'ANTIMOINE AVEC ÉTAIN ET CUIVRE ET MÊME FER (CARACTÈRES D'IMPRIMERIE).

Les caractères d'imprimerie, formés en principe de plomb et d'antimoine, renferment souvent, et en particulier pour les caractères musicaux, de l'étain et même du cuivre.

Leur analyse, fort délicate par les méthodes pondérales ordinaires, est considérablement simplifiée par l'électrolyse. On a proposé plusieurs procédés : on attaque l'alliage, dans une capsule de porcelaine, par de l'acide azotique, on évapore à sec au bain-marie, on ajoute au résidu un excès de lessive de soude et on le fait digérer avec une quantité suffisante de solution concentrée de sulfure de sodium ; le plomb et le cuivre restent à l'état de sulfures insolubles, l'étain et l'antimoine se dissolvent à l'état de sulfosel sodique, qui, électrolysé, donne l'antimoine seul (p. 202) ; l'étain sera précipité à son tour, après conversion du sulfure sodique en sulfure ammo-

nique, ou après transformation en oxalate double (*ibid*). Quant
au résidu de sulfures de plomb et de cuivre (et parfois de fer),
on le dissout dans l'acide azotique et l'on sépare électrolytiquement ces deux métaux, comme il est dit pages 209 et suivantes; quant aux traces de fer, elles restent en dissolution.
On peut les précipiter, s'il y a lieu, par l'ammoniaque.

Lorsque l'alliage ne contient pas d'étain, la marche est la
même; mais on peut aussi, dans les essais industriels, opérer
de la façon suivante, recommandée par Neumann : dissoudre à chaud, dans un ballon jaugé de 250 centimètres cubes,
2^{gr},5 d'alliage avec 4 centimètres cubes d'acide azotique fort et
15 grammes d'eau, le tout additionné de 10 grammes d'acide
tartrique; la solution claire est traitée par 4 centimètres cubes
d'acide sulfurique pour précipiter le plomb; on étend d'eau,
laisse refroidir, puis emplit jusqu'au trait de jauge; 50 centimètres cubes de ce liquide filtré, correspondant à 0^{gr},5 de
substance, sont traités par la soude et le sulfure de sodium
pour doser l'antimoine; le sulfure de cuivre, resté insoluble,
est dissous dans l'acide azotique, etc., pour le dosage de ce
métal. Quant au plomb, il se trouve ainsi déterminé par différence; mais on peut, comme contrôle, doser directement ce
métal, en dissolvant 0^{gr},5 seulement d'alliage, comme ci-dessus,
en présence d'acide tartrique, et précipitant le plomb par
l'acide sulfurique à l'état de sulfate que l'on pèse, ou que l'on
soumet à l'électrolyse si l'on veut, comme il est dit à la séparation de l'antimoine et du plomb. Toutefois, il est préférable
de traiter directement la solution nitrique par un excès de
soude, puis de sulfure de sodium, pour avoir, d'une part,
l'antimoine en solution électrolysable et, de l'autre, les
sulfures de plomb, de cuivre et de fer, que l'on traite, après
dissolution dans l'acide azotique, ainsi qu'il est dit précédemment.

ALLIAGES D'ÉTAIN, ANTIMOINE ET BISMUTH (ET MÊME CUIVRE) (MÉTAL ANGLAIS).

On attaque l'alliage, comme pour les caractères d'imprimerie, par l'acide azotique; on évapore à sec, on ajoute au résidu
de la lessive de soude et on le fait digérer avec un excès de

sulfure de sodium pour transformer l'antimoine et l'étain en
sulfosels, qui permettent le dosage des deux métaux par électrolyse (p. 202). Le bismuth et le cuivre sont restés indissous
à l'état de sulfure; on n'a plus qu'à les attaquer par l'acide
azotique et à les séparer par électrolyse, ainsi qu'il est dit
page 214, ou mieux par les méthodes pondérales ordinaires.

ALLIAGES DE PLOMB ET D'ÉTAIN (SOUDURE DES PLOMBIERS OU DES FERBLANTIERS).

$0^{gr},3$ à $0^{gr},5$ de soudure, coupés en petits fragments, sont
dissous dans de l'acide azotique étendu de la moitié environ
de son volume d'eau. L'attaque étant terminée, on ajoute
un peu d'eau, laisse déposer et filtre pour recueillir l'acide
métastannique que l'on lave et pèse après calcination, ou bien
que l'on dissout, encore humide, dans le sulfure d'ammonium,
afin de doser électrolytiquement l'étain. Quant au plomb contenu dans la solution primitive filtrée et acide, on le précipite, comme l'on sait, par électrolyse, sur une large anode
(p. 153), à l'état de PbO^2. Si du plomb avait été entraîné par
l'acide métastannique, il resterait, sous forme de flocons
noirs, indissous dans le sulfure d'ammonium; ces flocons,
attaqués par l'acide azotique, seraient ajoutés à la solution
primitive précédente d'azotate de plomb.

ALLIAGES : DE PLOMB, ÉTAIN, BISMUTH (MÉTAL DE ROSE) OU DE CES MÊMES MÉTAUX PLUS CADMIUM (MÉTAL DE WOOD).

On effectue la dissolution dans l'acide nitrique de ces
alliages, divisés en petits fragments, exactement comme pour
la soudure des plombiers. L'acide métastannique formé pouvant être souillé d'un peu de plomb et de sel basique de bismuth, on le lave, avec soin, à l'eau acidifiée par l'acide azotique et on le dissout ensuite dans le sulfure d'ammonium pour
l'électrolyse. S'il reste, malgré tout, quelques flocons noirs
de sulfure de plomb ou de bismuth, on les recueille et on en
fait une solution nitrique, que l'on joint à celle qui contient
déjà ces deux métaux. Le plomb et le bismuth ne pouvant être
séparés directement par électrolyse, il est nécessaire, ainsi

que le recommande Neumann, d'évaporer leur solution nitrique au bain-marie à consistance sirupeuse, de reprendre par
l'eau, d'évaporer de nouveau et ainsi de suite, jusqu'à disparition d'odeur d'acide azotique. On ajoute alors de l'eau contenant une petite quantité d'azotate d'ammoniaque; l'azotate
basique de bismuth ainsi formé est recueilli et changé, par
calcination, en oxyde que l'on pèse; ou bien dissous de nouveau et précipité par le courant à l'état d'amalgame (p. 168).
La liqueur, débarrassée du sous-nitrate de bismuth, ne renferme plus que le plomb, qui sera précipité électrolytiquement,
à l'état de bioxyde, après une franche acidification par l'acide
nitrique.

Lorsqu'il existe, en outre, du cadmium dans l'alliage précité,
ce métal se trouve à côté du plomb, dans la liqueur débarrassée du sous-nitrate de bismuth. En présence d'un excès
suffisant d'acide azotique, le plomb seul sera précipité par voie
électrolytique, et ensuite le cadmium par l'un des procédés
indiqués (p. 169).

ALLIAGES D'ÉTAIN ET DE MERCURE (AMALGAMES D'ÉTAIN).

Attaque par l'acide azotique, comme pour la soudure des
plombiers, et même procédé de traitement de l'acide métastannique pour le dosage de l'étain. Le mercure, resté en
solution azotique, est précipité par le courant (p. 161).

On peut également attaquer l'alliage par de l'eau régale,
chasser le chlore libre au bain-marie, neutraliser par l'ammoniaque, et, après addition de sel ammoniac, traiter la liqueur
par un excès de sulfure d'ammonium. On a ainsi, d'une part,
l'étain en solution propre à l'électrolyse; de l'autre, le sulfure
de mercure qui, par dissolution dans l'eau régale dont on
chasse et neutralise l'excès, donne du bichlorure, dans lequel
on précipite le mercure par le courant, après conversion en
cyanure double (p. 164).

ÉTAIN COMMERCIAL.

Il contient souvent comme impuretés de l'antimoine, de
l'arsenic, et, en outre, du plomb, du cuivre, du fer, du zinc.

On attaque l'alliage par l'eau régale, évapore à sec, reprend par l'acide chlorhydrique, étend de beaucoup d'eau et traite la liqueur par l'hydrogène sulfuré. Le zinc et le fer restent en solution; on sait les séparer (p. 226). Les sulfures de tous les autres métaux précipités sont mis en digestion avec du sulfure de sodium, qui dissout les sulfures d'antimoine, d'étain et d'arsenic, et permet de les doser électrolytiquement (p. 204).

Le résidu insoluble dans le sulfure alcalin, sulfures de plomb et de cuivre, est dissous dans l'acide azotique et les métaux sont précipités par le courant (p. 209).

S'il y avait accidentellement du bismuth, il se trouverait à côté des sulfures de cuivre et de plomb et serait déterminé, comme on l'a déjà indiqué pour d'autres alliages contenant du bismuth.

CASSITÉRITE (OXYDE D'ÉTAIN).

Ce minerai contient toujours un peu de fer. On l'attaque, au creuset de porcelaine, par 6 ou 8 fois son poids d'hyposulfite de sodium anhydre ou d'un mélange à parties égales de carbonate de soude et de soufre; on épuise par l'eau la masse fondue et refroidie. L'étain se trouve dans la solution à l'état de sulfostannate de sodium, qui permet de le doser par l'un des procédés électrolytiques déjà étudiés (p. 134). Quant au sulfure de fer resté indissous lors de la reprise par l'eau, sous forme d'un léger résidu noir, on le lave à l'eau chargée d'hydrogène sulfuré, puis on le dissout dans l'acide chlorhydrique additionné d'un peu d'acide azotique ou d'eau de brome, et on dose le fer par les procédés connus.

CUIVRE NOIR. — CUIVRES D'ŒUVRE. — CUIVRE ROSETTE.

Le cuivre noir contient diverses impuretés, qui peuvent être : du fer, du nickel, du cobalt, du zinc, de l'arsenic, de l'antimoine, de l'étain, du bismuth, du plomb, de l'argent, de l'or, existant séparément ou mélangés. La somme totale de ces éléments étrangers ne dépassant pas, le plus souvent, 1 p. 100, l'analyse est délicate et exige que l'on opère sur des masses notables de matière; on l'effectuera généralement par le procédé de Hampe, légèrement modifié par divers expérimentateurs.

On opère sur 50 grammes de métal bien décapé, que l'on divise en deux prises d'essai de 25 grammes. Chacune de ces prises est attaquée par un mélange de 200 centimètres cubes d'eau et de 175 à 180 centimètres cubes d'acide azotique (poids spécifique 1,2) ; on s'assure qu'il ne reste aucune portion métallique inattaquée. La solution, non filtrée, est évaporée à sec avec 25 centimètres cubes d'acide sulfurique concentré et l'on chauffe jusqu'à l'expulsion complète de l'acide sulfurique. Le résidu est repris par 20 centimètres cubes d'acide azotique et 350 centimètres cubes d'eau et, sans filtration, on ajoute, au moyen d'une burette graduée, le volume d'une solution titrée chlorhydrique strictement nécessaire pour précipiter les traces d'argent que contient la matière et qui ont dû être déterminées par une expérience préliminaire (1). On laisse déposer très longtemps et l'on reçoit sur un filtre ce dépôt complexe, qui peut être formé : d'oxyde d'étain, de sulfate de plomb, d'oxydes de l'antimoine et même de traces d'arsenic et d'antimoniate de bismuth, ainsi que du chlorure d'argent ci-dessus.

La solution filtrée est électrolysée pour cuivre, en faisant usage de larges électrodes à cause de la grande quantité de métal à déposer. L'électrolyse, effectuée avec un faible courant, devra être interrompue dès que le cuivre est entièrement précipité (ce que l'on reconnaîtra suffisamment ici à la décoloration de la liqueur), car il vaut mieux laisser des traces de cuivre en solution, pour éviter l'entraînement de l'antimoine ou de l'arsenic sous l'action prolongée du courant. Durant cette opération, il a pu se déposer sur l'anode quelque trace de bioxyde de plomb, que l'on détermine. La liqueur débarrassée du cuivre ne peut plus contenir que l'antimoine, l'arsenic, le fer, le nickel, le cobalt et le zinc, mais en quantités le plus souvent si faibles, que l'on est obligé d'y ajouter le

---

(1) La détermination, préalable et nécessaire, de l'argent s'effectue sur une troisième prise d'essai spéciale de 25 ou 50 grammes, soit par coupellation, soit en dissolvant cette prise dans l'acide azotique comme ci-dessus, filtrant pour séparer les parties insolubles que l'on lave. La solution filtrée très étendue (1 litre environ) est additionnée de quelques gouttes seulement d'acide chlorhydrique ; on recueille et pèse le chlorure d'argent ; à ce degré de dilution, les petites quantités de chlorure de plomb existantes restent dissoutes.

liquide résultant d'un traitement, tout semblable, effectué sur la deuxième prise d'essai de 25 grammes indiquée plus haut. Ces deux liqueurs ainsi réunies, afin de doubler la quantité des impuretés à doser, sont évaporées à sec, puis reprises par l'acide chlorhydrique, filtrées et traitées par l'hydrogène sulfuré pour la précipitation à chaud de l'antimoine, de l'arsenic et parfois d'un peu de cuivre. Le fer, le nickel, le cobalt, le zinc restent en solution ; on les détermine par les procédés combinés de l'analyse pondérale ordinaire et de l'électrolyse, comme il est déjà indiqué (p. 254 à 256).

Le précipité de sulfures d'antimoine et d'arsenic est mis à digérer avec du sulfure de sodium, ainsi que le dépôt complexe formé, à l'origine du traitement, d'oxyde d'étain, de sulfate de plomb, d'oxyde d'antimoine, etc. ; on aura de la sorte en dissolution : étain, antimoine, arsenic, séparables électrolytiquement, comme l'on sait (p. 204).

Le résidu : sulfures d'argent, de plomb, de cuivre, et parfois de bismuth, est dissous ultérieurement dans l'acide azotique pour y doser, après élimination de l'argent par l'acide chlorhydrique, les trois autres métaux (p. 209).

Lorsqu'il y a du bismuth dans les cuivres noirs et les cuivres d'œuvre, il se trouve entraîné, pour la majeure part, dans le cuivre au cours de l'électrolyse. On dissout alors le cuivre dans l'acide azotique, que l'on détruit ensuite par des évaporations réitérées avec de l'acide chlorhydrique; on évapore finalement le mélange des chlorures au bain-marie, jusqu'à ce que le résidu commence à prendre une couleur brune, puis on y ajoute une grande quantité d'eau bouillante, qui sépare le bismuth à l'état d'oxychlorure. Celui-ci entraîne généralement avec lui de petites quantités de sel basique de cuivre; aussi, lorsque le précipité d'oxychlorure de bismuth n'est pas parfaitement blanc, y a-t-il lieu de le dissoudre dans l'acide azotique et d'en précipiter la petite quantité de cuivre par l'électrolyse.

Les cuivres rosette, contenant quelques-unes des impuretés des cuivres précédents, sont analysés de la même façon; mais ils exigent, en outre, un dosage spécial de l'oxydule de cuivre, dont ils sont constamment souillés. Ce dernier est déterminé par les procédés ordinaires de l'analyse pondérale.

Hollard, chef du laboratoire central de la Compagnie des métaux, a fait connaître les procédés d'analyse des cuivres industriels de diverses provenances mis en œuvre dans ce laboratoire et qui ne diffèrent des méthodes connues dé Hampe, Riche, Classen et autres, que par la façon de procéder, par des détails de pratique qu'il est bon de relater, pour ceux qui sont peu familiarisés avec ce genre d'analyses.

Les électrodes sont sensiblement celles de Luckow, utilisées autrefois dans les usines de Mansfeld (p. 102 et 110), cône (cathode) et spirale de platine (anode), portées sur un pied ; elles pèsent chacune 20 grammes environ. Les soudures sont autogènes. Diamètre supérieur du cône 18 millimètres, diamètre inférieur 45 millimètres, génératrice 63 millimètres. Les verres de Bohême qui les contiennent ont $6^{cm},5$ environ de diamètre inférieur. Les dimensions des électrodes sont utiles à connaître, car Hollard ne donne pas les densités de courant, mais bien l'intensité dans les fils conducteurs.

Dosage du cuivre. — Pour doser le cuivre, on en pèse 10 grammes en copeaux brillants débarrassés du fer des outils par l'aimant. Cette prise d'essai est placée dans un vase de Bohême de 350 à 400 centimètres cubes et additionnée d'eau en quantité suffisante pour que, par l'addition successive de 15 centimètres cubes d'acide sulfurique, puis de 40 centimètres cubes d'acide azotique à 36° B., l'attaque se fasse très modérée ; le vase est aussitôt couvert et on ne chauffera que sur la fin de l'attaque (1). La dissolution est complète pour les cuivres affinés, les cuivres non affinés laissent du soufre.

Quelques cuivres bruts, riches en antimoine, peuvent laisser un résidu formé de composés oxygénés de l'antimoine. S'il est peu abondant, même sans filtration, il ne nuira pas au dépôt électrolytique du cuivre ; s'il est abondant, on le sépare par le filtre et on le dissout dans une eau régale riche en acide nitrique ; la solution est évaporée à sec et le résidu est repris par de

(1) Les quantités d'acides à employer ne sont pas proportionnelles au poids du cuivre. Si l'on désire peser au début de l'analyse des quantités de cuivre différentes de 10 grammes, on se basera sur le tableau suivant :

Pour	gr. de cuivre,		c.c. ac. sulfurique concentré et		c.c. ac. nitrique à 36° B.
1	—	1	—	30	—
3	—	6	—	23	—
5	—	10	—	35	—
20	—	20	—	60	—

l'acide chlorhydrique additionné d'acide tartrique et d'eau ; cette nouvelle solution sera ajoutée à la liqueur que l'on obtiendra ultérieurement et dans laquelle l'antimoine sera précipité par l'hydrogène sulfuré.

Quant à la solution de cuivre, elle est étendue à 350 centimètres cubes environ et électrolysée avec les précautions connues, après qu'on y a immergé complètement la partie conique du système d'électrode sus-indiqué. La distance qui sépare le bord libre inférieur du cône du pied de la spirale doit être de 6 millimètres environ.

L'intensité du courant dans le fil pour cet appareil est de 0,30 ampère.

Lorsque la solution est décolorée, pour s'assurer si l'électrolyse est terminée, on prélève quelques centimètres cubes que l'on sursature par l'ammoniaque. S'il ne se produit pas de coloration bleue, c'est que l'opération est terminée ou seulement près de l'être, car on sait déjà que la réaction de l'ammoniaque est peu sensible ; Hollard a constaté qu'elle ne se manifeste plus dans les liqueurs électrolysées qui, sous un volume de 350 centimètres cubes, contiennent une quantité de cuivre inférieure à $0^{gr},017$. Aussi, par prudence, laisse-t-on passer le courant encore durant quelques heures.

L'électrolyse ainsi conduite demande deux à trois jours ; le dépôt est très adhérent, lisse et rosé. Les lavages, etc., s'effectuent comme l'on sait.

L'augmentation de poids de la cathode représente le poids du cuivre, plus celui de l'argent qui se dépose *complètement* avec le cuivre en liqueur nitro-sulfurique. On n'aura, pour avoir le poids réel du cuivre, qu'à déduire celui de l'argent qui sera déterminé ultérieurement.

Si le cuivre à analyser contient du plomb, *une partie seulement*, dans ces conditions d'expériences, s'est déposée sur la spirale à l'état de bioxyde ; le reste du plomb se trouve dans la liqueur.

Dosage de l'arsenic et de l'antimoine. — La liqueur, dans laquelle on a précipité le cuivre par électrolyse, est évaporée au bain de sable, jusqu'à ce qu'il ne reste plus que quelques gouttes d'acide sulfurique. Après refroidissement, on reprend par 1 ou 2 centimètres cubes d'acide chlorhydrique additionné d'eau et l'on chauffe un peu, afin de tout dissoudre. La dissolution occupant un volume de 200 centimètres cubes environ, et portée d'abord à la température de 70-75°, est soumise à l'action d'un courant d'hydrogène sulfuré prolongé jusqu'à complet refroidissement ; on laisse reposer vingt-quatre heures.

L'arsenic et l'antimoine se trouvent en totalité dans le précipité des sulfures qui contient, en outre, la portion du plomb non déposée sur la spirale de platine pendant l'électrolyse du cuivre, et du cuivre si cette électrolyse n'avait pas été poussée assez loin. Ce précipité est séparé par filtration de la liqueur où restent le fer, le nickel et le cobalt.

On lave les sulfures insolubles avec une solution d'hydrogène sulfuré, puis on les traite, à chaud, par du sulfure d'ammonium fraîchement préparé. On filtre, et la solution filtrée est évaporée à sec au bain-marie. Le résidu de l'évaporation est chauffé doucement avec de l'acide chlorhydrique étendu et du chlorate de potasse. Lorsque l'odeur des composés chlorés a disparu à peu près, on ajoute au liquide de l'acide tartrique et de l'ammoniaque, on filtre et l'on précipite l'arsenic par la mixture magnésienne. Le précipité d'arséniate ammoniaco-magnésien est redissous dans l'acide chlorhydrique et reprécipité par l'ammoniaque après addition d'un peu de mixture et finalement pesé. Le liquide ammoniacal, débarrassé d'arsenic et contenant tout l'antimoine, est additionné d'acide chlorhydrique jusqu'à réaction acide, puis traité par un courant d'hydrogène sulfuré, ce qui donne un précipité de sulfure d'antimoine recueilli sur un filtre et lavé comme plus haut. Ce précipité est dissous dans une solution concentrée de sulfure de sodium de densité 1,2 préparée d'après les indications de Classen.

Cette solution additionnée de 5 centimètres cubes d'une solution de soude à 12,5 p. 100, pour un volume de 70 à 80 centimètres cubes que l'on ne doit guère dépasser à cause de la faible teneur en antimoine, est soumise à l'action d'un courant de 0,18 ampère. Au bout de douze heures, le dépôt d'antimoine est complet ; on le lave et le sèche comme l'on sait.

Dosage du nickel, du cobalt et du fer. — Le liquide, débar-

rassé du cuivre par électrolyse, de l'arsenic et de l'antimoine par l'hydrogène sulfuré, est chauffé jusqu'à élimination
du gaz sulfhydrique. On peroxyde ensuite le fer à l'ébullition
par l'acide nitrique, et le liquide est évaporé à sec, au bain de
sable, jusqu'à apparition de fumées blanches d'acide sulfurique.
Après refroidissement, on dissout le résidu dans l'eau, on
obtient ainsi une solution de sulfates de nickel, de cobalt et de
fer, contenant un petit excès d'acide sulfurique, que l'on convertit pour l'électrolyse en sulfates doubles ammoniacaux.
A cet effet, on neutralise par une quantité mesurée d'ammoniaque dont on ajoute ensuite un léger excès pour précipiter
le fer et l'on fait bouillir ; on jette sur un filtre le peroxyde
de fer et, pour le débarrasser des oxydes de nickel et de cobalt
entraînés, on le redissout dans le moins possible d'acide sulfurique et on le reprécipite par une quantité mesurée d'ammoniaque; le fer recueilli, etc., est dosé volumétriquement par le
permanganate de potasse.

Toutes les eaux contenant le nickel et le cobalt sont réunies.
Elles sont additionnées d'ammoniaque et d'acide sulfurique.
s'il y a lieu, de façon à contenir, pour 100 centimètres cubes
de liquide, 8 à 11 centimètres cubes d'ammoniaque combinée
à l'acide sulfurique et 12 à 20 centimètres cubes d'ammoniaque libre. On soumet alors à l'électrolyse la solution ainsi
préparée, avec un courant de 0,48 ampère. Au bout de douze
heures, le nickel et le cobalt se sont déposés simultanément
sur la cathode conique. On lave et sèche le dépôt comme l'on
sait. Si l'on voulait ultérieurement séparer le nickel et le
cobalt, on ne pourrait le faire qu'en ayant recours aux procédés ordinaires non électrolytiques.

Dosage de l'argent. — Si le cuivre primitif était riche en
argent, on dissout le cuivre déposé électrolytiquement sur le
cône; il contient la totalité de l'argent. Dans le cas contraire,
on dissout une nouvelle prise de 10 à 50 grammes de cuivre,
suivant sa teneur présumée en argent, dans l'acide nitrique.
Dans la solution nitrique, filtrée s'il y a lieu et contenant l'argent, celui-ci est précipité à l'état de chlorure; le précipité,
filtré et lavé, est redissous dans de l'ammoniaque, puis reprécipité par l'acide nitrique, refiltré et relavé. Enfin, le chlorure
d'argent est dissous dans du cyanure de potassium à 2 p. 100,

et cette solution soumise à un courant de 0,025 à 0,035 ampère. Au bout de douze heures, la précipitation est complète. Lavages, dessiccation, etc., comme à l'ordinaire.

Dosage du plomb. — Une nouvelle prise de 10 grammes de cuivre est attaquée par de l'acide azotique étendu, contenant 50 centimètres cubes d'acide à 36° B. Le liquide, filtré s'il y a lieu et étendu à 350 centimètres cubes, est soumis à l'électrolyse, le cône de platine étant, cette fois, relié au pôle positif de la source électrique et la spirale au pôle négatif. L'intensité du courant doit être de 0,3 ampère. Au bout de douze heures, le plomb s'est *intégralement* précipité sur le cône à l'état de PbO^2, très adhérent, brun ou noir suivant l'épaisseur, tandis que le cuivre s'est déposé en partie sur la spirale. Le cône est alors plongé successivement dans deux vases pleins d'eau distillée, puis introduit dans une étuve chauffée à 120°, point que l'on maintient durant une demi-heure. Il suffit de multiplier le poids du bioxyde par 0,866 pour avoir le poids correspondant de plomb métallique. Les dosages sont tout à fait exacts.

Dosage du soufre. — On attaque 5 à 20 grammes de cuivre, suivant sa richesse en soufre, par de l'eau régale chargée d'acide nitrique, et l'on dose le soufre dans la liqueur par les méthodes connues, à l'état de sulfate de baryum.

ANALYSE DES BOUES PRÉCIPITÉES AU COURS DE L'AFFINAGE ÉLECTROLYTIQUE DU CUIVRE.

Ces *boues électrolytiques* sont constituées par de l'or, de l'argent, des sels d'arsenic, d'antimoine, de plomb, de bismuth, de cuivre, par du sélénium et du tellure.

Elles peuvent contenir de 25 à 46 p. 100 d'argent, de 0,034 à 0,150 p. 100 d'or et de 18 à 25 p. 100 de cuivre environ, d'après les analyses de A. Hollard.

La grande richesse de ces boues en or et en argent leur donne beaucoup de valeur et elles ne sont appréciées que pour leur teneur en or, argent et cuivre, qui feront seuls l'objet de leur analyse. Hollard l'effectue en combinant les procédés de l'analyse par voie sèche et de l'analyse électrolytique de la façon suivante :

Dosage de l'or. — On fait un mélange intime de :

Boues desséchées et pulvérisées......	12^{gr},5
Litharge..	50,0
Nitre..	10,0
Carbonate de soude sec................................	25,0
Borax fondu pulvérisé..................................	15,0

On introduit le mélange dans un creuset qui doit être rempli tout au plus jusqu'à la moitié de sa hauteur; on recouvre les matières de carbonate de soude sec. On fait chauffer très lentement jusqu'à fusion tranquille; à ce moment on introduit, en une seule fois, un mélange de 20 grammes de litharge et de 0^{gr},4 de charbon, afin de réunir au fond du creuset les parcelles de plomb métallique qui peuvent encore rester dans la scorie. On termine par un coup de feu de quelques minutes.

L'opération dure environ trois quarts d'heure. On casse le creuset et on en retire un culot de plomb qui pèse 15 à 20 grammes.

Il ne faut jamais agiter les matières avec une lame de fer pendant l'opération si l'on ne veut pas s'exposer, suivant Rivot, à avoir un culot de plomb riche en antimoine et en fer qui nuirait à la coupellation.

Finalement, on coupelle le culot de plomb; et le bouton, alliage d'or et d'argent, est attaqué par l'acide nitrique qui dissout l'argent et laisse l'or, que l'on pèse. Cette première partie n'a en vue que le dosage exact de l'or, celui de l'argent pouvant être obtenu ensuite avec plus d'exactitude par les moyens ci-dessous. L'emploi du nitre dans la formule du fondant susmentionnée est nécessaire, ainsi que Rivot l'a indiqué jadis, pour faire passer les impuretés dans la scorie et pour éviter la formation de sulfures ou d'arséniures d'or, qui ne seraient pas entraînés dans le culot de plomb.

Dosage de l'argent et du cuivre. — 5 grammes de boues, séchées, pulvérisées et contenues dans une nacelle en porcelaine, sont introduits dans un tube de verre. On fait passer à travers ce tube un courant de chlore sec et on chauffe le tube progressivement jusqu'à ce qu'il soit porté au rouge sombre.

On peut chauffer plusieurs nacelles dans ce tube et conduire conséquemment plusieurs analyses en même temps. Quand il ne se dégage plus de chlorures volatils, on arrête l'opération;

on obtient ainsi un résidu constitué par les chlorures d'argent,
de cuivre, de plomb et par de l'or. Ce résidu est repris par de
l'eau aiguisée d'acide nitrique qui dissout le cuivre; on filtre
et la solution cuivrique est évaporée à sec avec 5 centimètres
cubes d'acide sulfurique jusqu'à ce qu'il ne reste plus que
quelques gouttes de cet acide; on reprend le résidu de l'évaporation par 20 centimètres cubes d'acide nitrique pur ordinaire et de l'eau; on étend à 300 ou 350 centimètres cubes et
on précipite le cuivre par électrolyse comme il est dit page 268.

Quant au chlorure d'argent, on le dissout dans une solution
de cyanure de potassium, en versant sur le filtre qui le contient de 120 à 140 centimètres cubes d'une solution de ce sel à
20 p. 100. Le liquide filtré est étendu à 200 centimètres cubes
avec de l'eau. On prélève 50 centimètres cubes de cette solution, on étend à 300 ou 350 centimètres cubes. Le bain ainsi
obtenu est à 2 p. 100 de cyanure; on l'électrolyse (pour les
dimensions du cône dont fait usage Hollard, voy. p. 268)
avec un courant de 0,05 ampère pendant vingt-quatre heures.
Dans ces conditions, on obtient un dépôt d'argent pur et
complet.

CINABRE.

Le procédé d'analyse recommandé par B. Rising et V. Lehner
consiste à dissoudre, en chauffant le moins possible, le sulfure
de mercure dans l'acide bromhydrique, qu'ils considèrent
comme préférable à l'eau régale dont l'action est plus lente;
après saturation par la potasse caustique, on ajoute un excès
de cyanure de potassium et on électrolyse avec un faible
courant. Les résultats sont, d'après ces auteurs, satisfaisants.
Voy. aussi, page 164, le procédé suivi aux mines d'Almaden.

STIBINE.

La stibine est un sulfure d'antimoine naturel contenant, en
outre, de petites quantités de fer, de cuivre, de plomb et d'arsenic. On attaque, dans un creuset de porcelaine, le minéral
finement pulvérisé, par un mélange de carbonate de soude et
de soufre, ou, ce qui revient au même, par de l'hyposulfite de
soude desséché susceptible de donner, au cours de la calcination, un sulfure alcalin. La masse fondue est reprise par l'eau

chaude, qui dissout les sulfures d'antimoine et d'arsenic combinés au sulfure alcalin et laisse un résidu de sulfures de fer, de cuivre, de plomb. La solution est traitée, comme l'on sait, pour y doser l'antimoine et l'arsenic (p. 201). Quant au mélange des sulfures insolubles, après l'avoir dissous dans l'acide azotique, on y précipite et sépare simultanément le cuivre et le plomb par électrolyse; le fer resté en solution est ensuite dosé, soit par les méthodes ordinaires, soit par les procédés électrolytiques.

GALÈNE. — PANABASE (CUIVRE GRIS).

Les galènes contiennent, indépendamment du sulfure de plomb: de l'antimoine, de l'arsenic, du cuivre, de l'argent, du fer, du zinc et de la gangue. Le procédé d'analyse peut varier, suivant qu'elles sont riches ou pauvres en antimoine.

Pour les galènes contenant peu d'antimoine, il suffit de les attaquer par l'acide azotique, de séparer la gangue et d'évaporer le liquide filtré; on reprend par de l'acide chlorhydrique et une masse d'eau chaude assez considérable, puis on fait passer, à chaud, un courant d'hydrogène sulfuré, qui précipite tous les métaux autres que le fer et le zinc. Dans la dissolution contenant ces deux derniers métaux, on peroxyde le fer par l'eau bromée et on le précipite par l'ammoniaque, etc.; le zinc est ensuite isolé par électrolyse.

D'autre part, le précipité des sulfures métalliques est mis à digérer avec du sulfure de sodium, qui dissout l'antimoine et l'arsenic, séparables comme l'on sait (p. 201). Le résidu, insoluble dans le sulfure sodique, est dissous dans l'acide azotique et amené à un volume déterminé. Comme la masse du plomb est là considérable et prédominante, on n'utilise, pour séparer électrolytiquement le cuivre et le plomb, qu'une faible portion du volume ci-dessus (correspondant par exemple à 1 gramme de galène), de telle sorte que la quantité de ce dernier métal ne soit pas plus grande qu'il ne faut, pour un bon dépôt de bioxyde sur l'anode dont on dispose (1). Le plus souvent, on

(1) Rappelons que la présence de l'arsenic dans les solutions retarde, diminue ou empêche complètement la précipitation du plomb à l'état de bioxyde, suivant les quantités d'arsenic; et en outre, d'après Neumann, qu'un grand excès d'acide

n'effectue pas le dosage des divers métaux sur une même prise d'essai. Généralement, on évapore à sec la solution nitrique avec de l'acide sulfurique, on élimine de la sorte de la dissolution à la fois la gangue et le plomb.

Pour les galènes riches en antimoine, on peut opérer de plusieurs façons applicables d'ailleurs au cas précédent. On attaque le minéral par de l'acide azotique additionné d'acide tartrique, afin de maintenir l'antimoine en dissolution. Après séparation des gangues, on précipite et dose le plomb à l'état de sulfate. Si l'on neutralise par de la soude la liqueur débarrassée du plomb, et si l'on ajoute du sulfure de sodium, l'antimoine et l'arsenic restent dissous, tandis que le cuivre, l'argent, le fer et le zinc sont précipités; on a vu (p. 265), au sujet du cuivre noir, comment on sépare ces métaux.

Un autre procédé d'analyse consiste à attaquer le minéral, légèrement chauffé dans une boule de verre suivie d'un récipient contenant de l'eau, par un courant de chlore gazeux. Le récipient contiendra l'antimoine, l'arsenic, le fer et le zinc, volatilisés à l'état de chlorures. Un traitement par l'hydrogène sulfuré donnera, d'une part, les sulfures d'arsenic et d'antimoine, solubles et électrolysables dans le sulfure de sodium comme ci-dessus, et, en solution, le fer et le zinc, déterminables ainsi qu'il est dit également plus haut. Quant au résidu non volatilisé, resté dans la boule, il recèle le plomb, le cuivre, l'argent et l'or. On le traite par de l'acide chlorhydrique étendu et chaud et dose le plomb, à l'état de sulfate, en évaporant le liquide au bain-marie avec un excès d'acide sulfurique, de manière à expulser complètement l'acide chlorhydrique. On reprend par l'eau, ajoute un tiers d'alcool et sépare le sulfate de plomb, etc. Le cuivre en solution et l'argent non dissous seront dosés comme l'on sait.

Un autre procédé d'analyse des galènes consiste à les calciner, réduites en poudre fine, avec de l'hyposulfite de soude anhydre. Le résidu de la calcination abandonne à l'eau chaude l'arsenic et l'antimoine entrés en combinaison dans le sulfure

azotique, 20 p. 100, diminue l'action nuisible de l'arsenic qui, lorsqu'il est en quantité moindre que 1 p. 100, permet alors le dosage du plomb. L'excès d'acide nitrique a d'ailleurs l'avantage d'empêcher la formation simultanée, sur l'anode, de peroxydes d'argent ou de bismuth, quand l'un ou l'autre de ces métaux coexistent dans les minéraux à analyser.

alcalin. Tous les autres métaux restent insolubles à l'état de sulfures ; après dissolution dans l'acide azotique, on les sépare par les moyens ci-dessus indiqués.

Le dosage très important de l'argent dans les galènes est toujours effectué par la voie sèche, sur une prise d'essai spéciale et considérable.

Les galènes grillées, les panabases, etc., ces dernières contenant parfois du plomb et, en tout cas, les autres principes qui accompagnent les galènes, seront traitées sensiblement de la même manière.

FER CHROMÉ ATTAQUE ET ANALYSE.

(Voy. p. 200.)

TABLEAUX

I

FORCES ÉLECTROMOTRICES DE QUELQUES PILES USUELLES,
ÉTALONS OU AUTRES.

Daniell (modèle Lord Kelwin).....................		1ᵛ,074
Latimer Clark....................................		1ᵛ,434
Volta (zinc, cuivre).............................		0ᵛ,85
Leclanché	zinc, bioxyde de manganèse, sel ammoniac.......................	1ᵛ,46
Daniell	zinc amalgamé, 1 acide sulfurique + 12 eau, solution de sulfate de cuivre, cuivre	0ᵛ,97
Bunsen	zinc amalgamé, 1 acide sulfurique + 12 eau, acide azotique fumant, charbon	1ᵛ,94
Poggendorff	zinc amalgamé, 12 bichromate de potasse + 25 acide sulfurique + 100 eau, charbon...............	2ᵛ,01

II

NOMBRES FONDAMENTAUX SERVANT DE BASE AUX CALCULS RELATIFS A L'ÉLECTROLYSE.

Un courant de un ampère réduisant $0^{gr},001\,118$ d'argent (*Congrès de Chicago*, 1893), on en déduit que ce courant dépose par seconde :

$$\frac{1}{96\,300} = 0,000\,010\,384$$

du poids monovalent d'un métal ou décompose cette même fraction du poids d'un corps composé contenant le poids monovalent du métal et dès lors :

	Par seconde.	Par minute.	Par heure.
	gr.	gr.	gr.
Argent réduit........	0,001 118	0,067 08	4,025
Cuivre réduit........	0,000 3280	0,019 68	1,181
Eau décomposée....	0,000 093 25	0,005 595	0,3357
Hydrogène.........	0,000 010 384	0,000 6230	0,037 38
Volume d'hydrogène à 0° et 76°........	0ᶜᶜ,115 58	6ᶜᶜ,935	416ᶜᶜ,1
Gaz de l'eau........	0ᶜᶜ,1739	10ᶜᶜ,433	626ᶜᶜ,00

Nombres calculés avec les poids atomiques :

$$\text{H} = 1 - \text{O} = 15,96 - \text{Ag } 107,67, \quad \text{Cu} = 63,18$$

et avec les densités des gaz données récemment par M. Leduc : hydrogène 0,069 47, oxygène 1,105 02, poids du litre d'air : $1^{gr},2932$.

III

SYMBOLES, POIDS ATOMIQUES ET ÉQUIVALENTS ÉLECTRO-CHIMIQUES DES CORPS SIMPLES.

Éléments.	Symboles et poids atomiques. $H = 1$.		Équivalents électro-chimiques. $H = 1$.	Quantités déposées par 1 coulomb ou équivalents électro-chimiques. $H = 0,000010884$.
Aluminium.	Al....	27,00	$\frac{Al^2}{6}$ 9,0	0,000 093 46
Antimoine .	Sb....	119,96	$\frac{Sb}{3}$ 39,99	0,000 415 25
Argent	Ag ...	107,67	Ag 107,67	0,001 118 04
Arsenic....	As....	74,92	$\frac{As}{3}$ 24,97	0,000 259 29
Bismuth...	Bi	207,5	$\frac{Bi}{3}$ 69,17	0,000 718 26
Cadmium..	Cd....	111,8	$\frac{Cd}{2}$ 55,9	0,000 580 46
Chlore.....	Cl....	35,37	Cl 35,37	0,000 367 28
Cobalt.....	Co ...	58,7	$\frac{Co}{2}$ 29,35 (cobalteux)	0,000 304 77
			$\frac{Co^2}{6}$ 19,57 (cobaltique)	0,000 203 22
Cuivre.....	Cu ...	63,18	$\frac{Cu^2}{2}$ 63,18 (cuivreux).	0,000 656 06
			$\frac{Cu}{2}$ 31,59 (cuivrique)	0,000 328 03
Étain......	Sn	117,6	$\frac{Sn}{2}$ 58,8 (stanneux)..	0,000 610 58
			$\frac{Sn}{4}$ 29,4 (stannique)	0,000 305 29
Fer	Fe ...	55,9	$\frac{Fe}{2}$ 27,95 (ferreux)..	0,000 290 23
			$\frac{Fe^2}{6}$ 18,63 (ferrique).	0,000 193 45
Hydrogène.	H....	1,00	H 1,00	0,000 010 384
Magnésium.	Mg ...	24,2	$\frac{Mg}{2}$ 12,1	0,000 125 65
Manganèse.	Mn...	54,8	$\frac{Mn}{2}$ 27,4 (manganeux)	0,000 284 52
			$\frac{Mn^2}{6}$ 18,27 (manganique)..	0,000 189 71
Mercure ...	Hg...	199,8	$\frac{Hg^2}{2}$ 199,8 (mercureux)	0,002 074 72
			$\frac{Hg}{2}$ 99,9 (mercurique)	0,001 037 36

III (*suite*).

Éléments.	Symboles et poids atomiques. $H = 1$.		Équivalents électro-chimiques. $H = 1$.		Quantités déposées par 1 coulomb ou équivalents lectro-chimiques. $H = 0,000\,010\,384$.
Nickel......	Ni ...	58,6	$\dfrac{Ni}{2}$	29,3 (nickeleux)..	0,000 304 25
			$\dfrac{Ni^2}{6}$	19,53 (nickelique).	0,000 202 80
Or	Au ...	196,2	$\dfrac{Au}{3}$	65,4.............	0,000 679 11
Oxygène...	O	15,96	$\dfrac{O}{2}$	7,98	0,000 082 86
Palladium..	Pd ...	106,3	$\dfrac{Pd}{2}$	53,15...........	0,000 551 91
Platine	Pt....	194,4	$\dfrac{Pt}{4}$	48,6............	0,000 504 66
Plomb.....	Pb ...	206,4	$\dfrac{Pb}{2}$	103,2	0,001 071 63
Potassium .	K	39,03	K	39,03...........	0,000 405 29
Sodium....	Na ...	22,99	Na	22,99	0,000 238 72
Thallium...	Th ...	203,7	Th	203,7	0,002 115 22
Zinc.......	Zn....	65,1	$\dfrac{Zn}{2}$	32,55............	0,000 338 00

NOTA. — Ce tableau a été calculé en admettant, d'après le Congrès de Chicago (année 1893), qu'un coulomb, débité par un courant d'un ampère en une seconde, dépose 0gr,001 118 d'argent. Soit, en prenant $H = 1$, $O = 15,96$, et $\dfrac{1}{96\,300} = 0,000\,010\,384$ du poids monovalent des corps simples.

IV

INTENSITÉS DES COURANTS EXPRIMÉES EN VOLUMES DE GAZ TONNANT
ET INVERSEMENT.

ampères.	c. cubes de gaz tonnant par minute.	c. cubes de gaz tonnant par minute.	ampères.
0,1	1,04	1	0,096
0,2	2,09	2	0,192
0,3	3,13	3	0,288
0,4	4,17	4	0,384
0,5	5,22	5	0,480
0,6	6,26	6	0,575
0,7	7,30	7	0,671
0,8	8,34	8	0,767
0,9	9,39	9	0,863
1,0	10,43	10	0,959
1,1	11,47	11	1,055
1,2	12,52	12	1,151
1,3	13,56	13	1,247
1,4	14,60	14	1,343
1,5	15,65	15	1,438
1,6	16,69	16	1,534
1,7	17,73	17	1,630
1,8	18,77	18	1,726
1,9	19,82	19	1,822
2	20,86	20	1,918
3	31,29	30	2,877
4	41,72	40	3,836
5	52,15	50	4,795
6	62,58	60	5,753
7	73,01	70	6,712
8	83,44	80	7,671
9	93,87	90	8,630
10	104,30	100	9,589

Ce tableau a été calculé avec les nouvelles données de M. Leduc pour
les densités de l'hydrogène, de l'oxygène et pour le poids du litre d'air.

V

RÉSISTIVITÉS OU RÉSISTANCES SPÉCIFIQUES DE QUELQUES MÉTAUX, ALLIAGES, OU AUTRES MATIÈRES, UTILISÉS DANS LES DISPOSITIONS ÉLECTROLYTIQUES (à la température de 0° C. en unités légales).

Nature des conducteurs.	Résistances spécifiques ρ exprimées en microhms-centimètres		Coefficient a d'accroissement de résistance entre 0° et 100°.	
	Matthiessen. ρ	Dewar et Flemming. ρ		
Argent recuit......	1,492	1,468	0,00400	Ag électrolytique.
— écroui......	1,620			
Cuivre recuit......	1,584	1,561	0,00428	
— écroui......	1,621			
Aluminium recuit..	2,889			
— de Neu- hausen.		2,563	0,00423	à 99 p. 100 d'Al.
Aluminium commer- cial..............	ρ	ρ 2,665	0,00435	à 97,5 p. 100 d'Al.
Platine recuit......	8,98	8,248	0,00360	
Fer recuit........	9,636			
--		9,065	0,00625	Fer Elswick ord- nance Works (H. W.).
—		10,512	0,00544	Fer Amstrong A.
Nickel recuit.......	12,356	12,350	0,00622	
Étain comprimé....	13,103			
—		13,048	0,00440	En fils (pur).
Plomb comprimé...	19,465		0,00411	
— ...		20,380		En fils (pur).
Mercure liquide....	94,340			

Alliages :

	Matthiessen.	Dewar et Flemming.	Coefficient a	
Platine 80, iridium 20.		30,896	0,000822	
— 90, rhodium 10.		21,142	0,00143	
Bronzes phospho- reux ou siliceux..	1,6 à 8	phosphoreux siliceux	0,00394 0,00152	Suivant la com- position.
Maillechort	20,760 à 35		0,00036	Suivant la com- position.
Ferro-nickel, type 4X recuit............		78,3	0,00093	

V (suite).

Matières diverses mauvaises ou médiocrement conductrices.

Bois secs.	Résistance spécifique moyenne.
Bouleau................	5oo mégohms-centimètres.
Acajou.................	6to —
Frêne	700 —
Sapin..................	1 o5o —
Pin blanc..............	1 470 —
Noyer	2 100 —
Chêne..................	3 200 —
Cerisier...............	6 000 —

Ces chiffres peuvent varier considérablement d'un échantillon à l'autre ; ils représentent la résistance moyenne. Elle est de 20 à 5o fois plus grande perpendiculairement aux fibres.

Matières diverses mauvaises ou médiocrement conductrices.

	Résistance spécifique moyenne.
Ardoise...... ⎫	280 mégohms-centimètres.
Stéatite...... ⎬ Secs...	5oo —
Marbre blanc. ⎭	8 800 —
Gutta-percha	45o millions de mégohms-centimètres.
Caoutchouc vulcanisé....	1 45o —
Gomme laque..........	9 000 —
Verre flint.............	20 000 —
Ébonite................	28 000 —
Paraffine..............	34 000 —
Charbons divers pour éclairage à incandescence ou à arc .... ⎬	6 000 à 7 000 microhms-centimètres.
Charbon de cornue......	66 75o —

Nota. — Des traces d'impuretés dans les métaux ou alliages ci-dessus font varier sensiblement leur résistance et suffiraient, en dehors de toute autre considération, à expliquer les quelques écarts observés entre les chiffres de divers expérimentateurs. En ce qui concerne les alliages, leur résistance doit nécessairement varier avec leur composition.

VI

RÉSISTANCE DES FILS OU BARRES DE CUIVRE PUR RECUIT, EN OHMS LÉGAUX À 0° C.

Diamètre en millim.	Section en millim. carrés.	Résistance à 0° en ohms par mètre.	Diamètre en millim.	Section en millim. carrés.	Résistance à 0° en ohms par mètre.
0,1	0,0079	2,0342	1,3	1,3273	0,01 204
0,2	0,0314	0,5082	1,4	1,5394	0,01 038
0,3	0,0707	0,2260	1,5	1,7671	0,00 904
0,4	0,1257	0,1271	1,6	2,0106	0,00 795
0,5	0,1963	0,08 137	1,7	2,2698	0,00 704
0,6	0,2827	0,05 650	1,8	2,5447	0,00 628
0,7	0,3848	0,04 151	1,9	2,8353	0,00 563
0,8	0,5027	0,03 178	2,0	3,1416	0,00 509
0,9	0,6362	0,02 511	2,1	3,4636	0,00 461
1,0	0,7854	0,02 034	2,2	3,8013	0,00 420
1,1	0,9503	0,01 681	2,3	4,1548	0,00 385
1,2	1,1310	1,01 413	2,4	4,5239	0,00 353
2,5	4,9087	0,00 325	5,5	23,7583	0,000 673
2,6	5,3093	0,00 301	6,0	28,2743	0,000 565
2,7	5,7256	0,00 279	6,5	33,1831	0,000 482
2,8	6,1575	0,00 259	7,0	38,4845	0,000 415
2,9	6,6052	0,00 242	7,5	44,1786	0,000 362
3,0	7,0686	0,00 226	8,0	50,2655	0,000 318
3,5	9,6211	0,00 166	8,5	56,7450	0,000 282
4,0	12,5664	0,00 127	9,0	63,6173	0,000 251
4,5	15,9043	0,00 101	9,5	70,8822	0,000 225
5,0	19,6350	0,000 814	10,00	78,5398	0,000 203

VII

RÉSISTANCE SPÉCIFIQUE DE L'ACIDE AZOTIQUE EN OHMS,

Densité 1,36

Températures en degrés centigrades.

2.	4.	8.	12.	16.	20.	24.	28.
1,94	1,83	1,65	1,50	1,39	1,30	1,22	1,18

VIII

RÉSISTANCES SPÉCIFIQUES DES SOLUTIONS D'ACIDE SULFURIQUE A 0° ET A 18° C., D'APRÈS BOUTY.

La résistance spécifique pour une température t comprise entre 0° et 18° est donnée par la formule

$$R_t = \frac{R_0}{1 + \alpha t + \beta t^2}$$

SO^4H^2 pour 100 en poids.	Densité à 15° d'après J. Kolb.	Résistance spécifique		α	β
		0°.	18°.		
		ohms.	ohms.		
96,09	1,833	18,55	10,64	0,03 454	+ 0,000 384
91,92	1,824	16,05	8,83	0,03 741	+ 0,000 431
88,07	1,807	18,90	9,05	0,04 282	+ 0,000 562
86,25	1,795	20,16	10,09	0,04 434	+ 0,000 625
84,57	1,776	21,36	10,45	0,04 374	+ 0,000 740
78,40	1,707	16,36	8,90	0,03 708	+ 0,000 532
73,13	1,652	9,959	6,057	0,03 042	+ 0,000 325
64,47	1,548	5,277	3,361	0,02 855	+ 0,000 198
57,65	1,476	3,700	2,409	0,02 724	+ 0,000 163
52,20	1,420	2,984	1,976	0,02 637	+ 0,000 135
47,57	1,376	2,577	1,734	0,02 549	+ 0,000 107
43,75	1,339	2,315	1,578	0,02 485	+ 0,000 087
40,49	1,311	2,149	1,480	0,02 427	+ 0,000 068
37,61	1,288	2,050	1,425	0,02 382	+ 0,000 054
33,11	1,249	1,962	1,380	0,02 320	+ 0,000 035
29,22	1,214	1,922	1,362	0,02 286	+ 0,000 021
26,63	1,195	1,908	1,356	0,02 273	+ 0,000 016
24,26	1,178	1,921	1,369	0,02 259	+ 0,000 011
22,27	1,164	1,930	1,413	0,02 199	− 0,000 005
19,13	1,146	2,078	1,505	0,02 162	− 0,000 024
15,80	1,112	2,353	1,711	0,02 111	− 0,000 033
12,25	1,086	2,822	2,078	0,02 073	− 0,000 046
9,996	1,068	3,342	2,477	0,02 040	− 0,000 056
7,840	1,052	4,122	3,077	0,02 009	− 0,000 066
6,444	1,042	4,965	3,711	0,02 001	− 0,000 069
4,741	1,032	6,623	4,968	0,01 981	− 0,000 075
2,413		12,68	9,600	0,01 919	− 0,000 079
0,9727		29,12	22,11	0,01 994	− 0,000 129
0,4876		55,71	42,02	0,02 068	− 0,000 144

NOTA. — Il est à remarquer que la résistance spécifique minima répond aux solutions contenant 26,63 p. 100 de SO^4H^2.

IX

RÉSISTANCE SPÉCIFIQUE DE QUELQUES SOLUTIONS AQUEUSES A 18° C.,
D'APRÈS KOHLRAUSCH.

La richesse des solutions est exprimée en centièmes du poids total de la solution (sels anhydres).

Richesse de la solution. pour 100.	Densité de la solution en G. Masse par CM³.	Résistance spécifique en ohms.
Potasse caustique KOH.		
4,2	1,04	6,90
8,4	1,08	3,69
16,8	1,16	2,21
25,2	1,24	1,86
29,4	1,29	1,85
33,6	1,33	1,88
42,0	1,43	2,54
Soude caustique Na OH.		
2,5	1,03	9,26
5,0	1,06	5,12
10,0	1,11	3,22
15,0	1,17	2,90
20,0	1,23	3,08
25,0	1,28	3,71
30,0	1,34	4,99
35,0	1,39	6,70
40,0	1,44	8,70
42,0	1,46	9,44
Chlorure de sodium Na Cl.		
5,0	1,03	15,00
10,0	1,07	7,66
15,0	1,11	6,15
20,0	1,15	5,16
25,0	1,19	4,72
26,4	1,20	4,68
Sulfate de zinc SO^4Zn.		
5,0	1,05	52,1
10,0	1,11	31,1
15,0	1,17	24,1
20,0	1,23	21,5
23,7	1,25	20,87
25,0	1,30	20,9
50,0	1,38	22,6
Sulfate de cuivre SO^4Cu.		
2,5	1,02	92,5
5,0	1,05	53,3
10,5	1,11	31,4
15,0	1,17	23,9
17,5	1,20	21,9

X

TABLE DES VALEURS DE $1 + 0,00367\,t$ ET DE LEURS LOGARITHMES DE 0° A 30°,
POUR LA CORRECTION DES VOLUMES GAZEUX.

t.	$1 + 0,00367\,t$.	Log.
0	1,00 000	0,00 000
1	1,00 367	0,00 159
2	1,00 734	0,00 318
3	1,01 101	0,00 476
4	1,01 468	0,00 633
5	1,01 835	0,00 790
6	1,02 202	0,00 946
7	1,02 569	0,01 102
8	1,02 936	0,01 257
9	1,03 303	0,01 411
10	1,03 670	0,01 565
11	1,04 037	0,01 719
12	1,04 404	0,01 872
13	1,04 771	0,02 024
14	1,05 138	0,02 176
15	1,05 505	0,02 327
16	1,05 872	0,02 478
17	1,06 239	0,02 628
18	1,06 606	0,02 778
19	1,06 973	0,02 927
20	1,07 340	0,03 076
21	1,07 707	0,03 224
22	1,08 074	0,03 372
23	1,08 441	0,03 519
24	1,08 808	0,03 666
25	1,09 175	0,03 812
26	1,09 542	0,03 958
27	1,09 909	0,04 103
28	1,10 276	0,04 248
29	1,10 643	0,04 392
30	1,11 010	0,04 536

XI

TENSION DE LA VAPEUR D'EAU EN MILLIMÈTRES DE MERCURE DE 0° A 30°.

Température.	Tension.	Température.	Tension.
0	4,57	16	13,5
1	4,91	17	14,4
2	5,27	18	15,3
3	5,66	19	16,3
4	6,07	20	17,4
5	6,51	21	18,5
6	6,97	22	19,6
7	7,47	23	20,8
8	8,0	24	22,1
9	8,5	25	23,5
10	9,1	26	25,0
11	9,8	27	26,5
12	10,4	28	28,1
13	11,1	29	29,7
14	11,9	30	31,5
15	12,7		

XII

TRANSFORMATION DES COLONNES D'EAU EN COLONNES DE MERCURE A 0°, POUR LA LECTURE DES VOLUMES GAZEUX (BUNSEN).

Millimètres d'eau.	Millimètres de mercure.	Millimètres d'eau.	Millimètres de mercure.
1	0,07	30	2,21
2	0,15	35	2,58
3	0,22	40	2,95
4	0,30	45	3,32
5	0,37	50	3,69
6	0,44	55	4,06
7	0,52	60	4,43
8	0,59	65	4,80
9	0,66	70	5,17
10	0,74	75	5,54
15	1,12	80	5,90
20	1,48	85	6,27
25	1,84	90	6,64

XIII

COMPOSITION THÉORIQUE DE QUELQUES SELS BIEN DÉFINIS EMPLOYÉS COMME EXEMPLES POUR LES DOSAGES DANS LES EXERCICES ANALYTIQUES.

		Pour 100.	
Antimoine	Tartrate de potassium et d'antimonyle. Émétique : $C^4H^4(SbO)KO^6 + \frac{1}{2}H^2O$	36,17	Sb.
	— anhydre	37,17	—
Argent........	Azotate d'argent : AzO^3Ag	63,50	Ag.
	Sulfate d'argent : SO^4Ag^2	69,20	—
	Chlorure d'argent : $AgCl$	75,27	—
Bismuth	Azotate de bismuth : $(AzO^3)^3Bi + 5H^2O$	68,49	Bi.
Cadmium	Sulfate de cadmium $SO^4Cd + 4H^2O$	40,00	Cd.
Cobalt....	Sulfate de cobalt : $SO^4Co + 7H^2O$	20,95	Co.
	— et de potassium : $SO^4CoSO^4K^2 + 6H^2O$	13,46	—
	Chlorure de cobalt : $CoCl^2 + 6H^2O$	24,75	—
Cuivre........	Sulfate de cuivre : $SO^4Cu + 5H^2O$	25,39	Cu.
	Chlorure — $CuCl^2 + 2H^2O$	37,20	—
Étain	Chlorure stanneux : $SnCl^2 + 2H^2O$	52,44	Sn.
	Chlorure d'étain et d'ammonium $SnCl^4 2AzH^4Cl$	32,15	—
Fer	Sulfate ferreux : $SO^4Fe + 7H^2O$	20,15	Fe.
	— ferroso-ammonique (sel de Mohr) : $SO^4FeSO^4(AzH^4)^2 + 6H^2O$	14,28	—
	— ferrico-potassique (alun de fer) : $(SO^4)^3Fe^2SO^4K^2 + 24H^2O$	11,13	—
	Oxalate ferrico-potassique : $(C^2O^4)^3Fe^2C^2O^4K^2 + 6H^2O$	11,40	—
Iridium........	Chlorure d'iridium et de potassium : $IrCl^3 3KCl + 3H^2O$	33,46	Ir.
	— et d'ammonium : $IrCl^3 3(AzH^4)^2Cl + H^2O$	40,41	—

XIII (*suite*).

COMPOSITION THÉORIQUE DE QUELQUES SELS BIEN DÉFINIS EMPLOYÉS COMME EXEMPLES POUR LES DOSAGES DANS LES EXERCICES ANALYTIQUES.

		Pour 100.	
Manganèse....	Sulfate de manganèse : $SO^4Mn + 7H^2O$	19,83	Mn.
	— —	27,53	Mn^3O^4.
	Azotate de manganèse : $(AzO^2)^2Mn + 6H^2O$	19,14	Mn.
	— —	26,57	Mn^3O^4.
	Sulfate de manganèse et d'ammonium : $SO^4MnSO^4(AzH^4)^2 + 6H^2O$	14,04	Mn.
	— —	19,50	Mn^3O^4.
	Chlorure de manganèse et d'ammonium : $MnCl^2 2AzH^4Cl + 7H^2O$	15,31	Mn.
	— —	21,25	Mn^3O^4.
Mercure........	Chlorure mercurique : $HgCl^2$	73,85	Hg.
Nickel..........	Sulfate de nickel : $SO^4Ni + 7H^2O$	20,92	Ni.
	— et d'ammonium : $SO^4NiSO^4(AzH^4)^2 + 6H^2O$	14,87	—
	Chlorure de nickel : $NiCl^2 + 6H^2O$	24,72	—
Or	Chlorure d'or : $AuCl^3 + 2H^2O$	58,01	Au.
	— et de potassium : $AuCl^3KCl + 2H^2O$	47,55	—
Palladium......	Chlorure de palladium et de potassium : $PdCl^2 2KCl$	32,46	Pd.
Platine...	Chlorure platinique : $PtCl^4 + 5H^2O$	45,67	Pt.
	— de platine et de potassium : $PtCl^4 2KCl$	40,11	—
Plomb..........	Azotate de plomb : $(AzO^2)^2Pb$	62,51	Pb.
	— —	72,18	PbO^2.
Rhodium.......	Chlorure de rhodium et de potassium : $RhCl^3 2KCl$	28,82	Rh.
	— — $RhCl^3 3KCl + \frac{3}{2}H^2O$	22,46	—
Zinc	Sulfate de zinc : $SO^4Zn + 7H^2O$	22,71	Zn.
	— et d'ammonium : $SO^4ZnSO^4(AzH^4)^2 + 6H^2O$	16,25	—

NOTES

NOTE 1.

CHAMP ÉLECTRIQUE ET POTENTIEL. — DÉFINITION.

Le potentiel peut être défini par le travail et sa définition suppose connue celle du champ électrique.

On appelle *champ électrique* un espace où un corps électrisé est soumis à des forces électriques. Un champ électrique est créé par la présence de un ou plusieurs corps électrisés.

Soient, par exemple, un nombre quelconque de points électrisés O_1, O_2, O_3... et considérons un point M situé en un point A (fig. 94) quelconque de l'espace et chargé de l'unité de quantité d'électricité positive. Ce point est soumis à une force électrique qui est la résultante des forces individuelles dont l'ensemble a créé le champ. L'intensité de cette force agissant ainsi sur l'unité de masse électrique s'appelle l'*intensité du champ* au point considéré A, sa direction et son sens sont la *direction* et le *sens* du champ.

Soit A un point du champ, supposons le point M, *chargé de l'unité de quantité d'électri-*

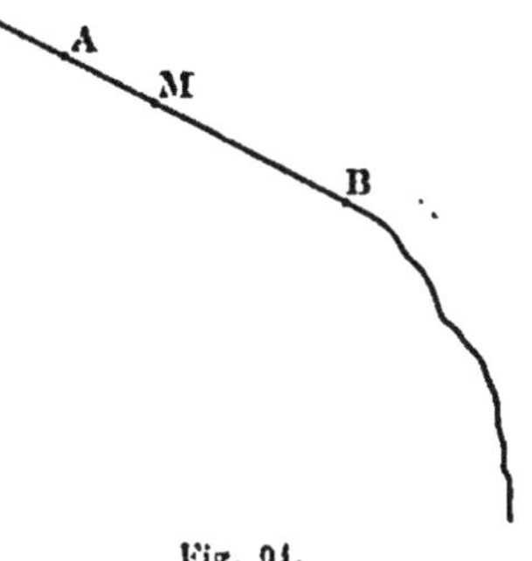

Fig. 94.

cité positive, placé d'abord au point A, le travail accompli par la force électrique pour transporter le point M depuis A jusqu'à l'infini sera, par définition, le potentiel V en ce point A du champ électrique. On démontre d'ailleurs que ce travail est indépendant de la trajectoire du point M et du point de l'infini atteint par lui. Il ne dépend donc que de la position du point A et en est une caractéristique.

Considérons maintenant le point M placé en un autre point B, le travail accompli pour transporter cette unité d'électricité de B à l'infini sera encore, par définition, le potentiel V_1 au point B du champ.

La différence de potentiel $V - V_1$ entre les points A et B du champ a pour mesure le travail T accompli pour déplacer le point M de A en B. En effet, le travail électrique pour déplacer ce point de A à l'infini se compose : 1° du travail T qui correspond au déplacement de A en B; 2° de celui V_1 qui correspond au déplacement de B jusqu'à l'infini; on a donc :

$$V = T + V_1$$

d'où

$$T = V - V_1$$

Les appareils de mesure, *électromètres*, ne nous permettent de mesurer que des différences de potentiel, d'ailleurs seules utiles en pratique. Il est impossible, du reste, de connaître la valeur absolue du potentiel déterminé par un champ électrique, car nous ne connaissons pas toutes les forces électriques de l'univers agissant sur ce point A du champ.

Les électromètres permettent encore de constater ce fait important, particulièrement pour l'électrolyse, à savoir : que le potentiel est le même dans toute l'étendue d'un conducteur homogène dans l'état d'équilibre, c'est-à-dire quand il n'est pas traversé par un courant.

NOTE 2.

COUPE-CIRCUITS ET CANALISATIONS ÉLECTRIQUES.

1° Coupe-circuits. — Les coupe-circuits consistent généralement en deux fils d'un alliage fusible, tendus parallèlement dans une boîte de matière isolante et incombustible, généralement en porcelaine. Ces fils interposés l'un dans le fil d'aller, l'autre dans le fil de retour du courant, fondent et rompent le circuit, dès que le courant dépasse l'intensité limite que le circuit peut supporter et que l'on ne doit pas dépasser; ce sont les protecteurs indispensables de toute canalisation électrique.

Les coupe-circuits à deux fils fusibles (coupe-circuits doubles), dont la forme est d'ailleurs très variable, sont préférables à ceux n'ayant qu'un seul fil. Le coupe-circuit double représenté ci-contre (fig. 95) consiste en une plaque de porcelaine portant encastrées en a, a, a, a, quatre tiges filetées munies chacune de deux écrous superposés; l'un d'eux servant à serrer l'une des quatre branches du circuit dans lequel passe le courant suivant les flèches, l'autre à serrer et à tendre entre chaque paire d'écrous un fil fin p de plomb ou d'un alliage fusible; ces deux brins de fil de plomb ferment ainsi le circuit (1).

Fig. 95.

Un couvercle de porcelaine C, évidé pour laisser passer les fils, sert à clore l'appareil. Son but principal est moins de le protéger contre les oxydations que d'empêcher les projections

---

(1) Le plomb pur n'est généralement pas employé : on a recours à des alliages formés de plomb, d'étain, et de bismuth, qui, suivant les proportions relatives, fournissent une gamme de fusibilité comprise entre 91° et 200°. On emploie aussi des fils d'étain alliés, paraît-il, à 5 p. 100 de phosphore.

dangereuses de plomb fondu, et souvent enflammées, qui se produisent, lors de la rupture des fils de plomb sous un excès de courant.

Le diamètre des fils fusibles, que l'on interpose ainsi dans les circuits, varie nécessairement avec le nombre limite d'ampères que l'on veut faire passer dans le circuit sans danger; les fils fins s'échauffent rapidement et fondent avec de faibles courants, aussi leur substitue-t-on des lames pour les courants intenses. L'industrie fournit des fils fusibles de divers diamètres en indiquant le nombre d'ampères qui produit leur fusion. Quand on ne connaît pas l'ampérage susceptible de les fondre, rien n'est plus facile que de le déterminer. Il suffit d'interposer dans un circuit, muni d'un ampèremètre et d'un rhéostat, un bout de fil fusible de 3 à 5 centimètres de long et de faire croître l'intensité du courant, au moyen du rhéostat, jusqu'à produire la rupture par fusion.

On ne saurait trop multiplier les coupe-circuits dans un laboratoire, non seulement pour les fils généraux de distribution d'électricité dans le service, mais encore pour ceux qui la conduisent à un appareil ou à un ensemble d'appareils électrolytiques; car, malgré tous les soins pris dans une bonne installation, on peut toujours, par inadvertance, faire un court-circuit susceptible d'altérer profondément les sources d'électricité ou de brûler les fils de distribution qui en émanent.

D'une manière générale, un coupe-circuit doit sauter lorsque l'intensité du courant dépasse de 50 p. 100 la valeur maxima normale pour laquelle la canalisation électrique a été prévue.

Diamètre approximatif d'un fil d'étain à employer dans les coupe-circuits pour une intensité déterminée.

Intensité.	Diamètre.	Intensité.	Diamètre.
ampères	millimètres.	ampères.	millimètres.
0,5	0,2	5	1,2
1	0,4	10	1,8
2	0,60	15	2,3
3	0,80	20	2,8
4	1,00	25	3,2

2° Canalisations électriques. — Les conducteurs généraux d'une canalisation électrique doivent être d'une section suffisante pour ne pas s'échauffer sensiblement, même avec un courant triple du courant normal qui leur est destiné.

En général, il ne faut pas faire passer dans les fils entourés d'une matière isolante plus de 2,5 ampères par millimètre carré pour les sections de fil inférieures à 5 millimètres; pour celles de 5 à 60 millimètres, on ne doit pas dépasser 2 ampères, et pour les sections supérieures, 1 ampère par millimètre carré. De plus, les conducteurs seront éloignés, autant que possible, des parties humides et des pièces métalliques, si nombreuses dans les laboratoires, et particulièrement des canalisations d'eau et de gaz. Toutes les fois qu'une canalisation électrique doit passer dans leur voisinage immédiat, elle sera en ce point enfermée dans un tube isolant de caoutchouc.

TABLE DES MATIÈRES

CHAPITRE III

CHAPITRE IV

APPAREILS ET DISPOSITIONS ÉLECTROLYTIQUES. — CONDUITE DES ÉLECTROLYSES.

DEUXIÈME PARTIE

Dosage individuel des métaux et des métalloïdes.

TROISIÈME PARTIE

Séparation quantitative des métaux.

QUATRIÈME PARTIE

Analyses spéciales industrielles et autres.

TABLEAUX.

NOTES.

1789-99. — CORBEIL. Imprimerie Éd. CRÉTÉ.